职业技能鉴定教材

电 工

（初级、中级、高级）（第 2 版）

人力资源和社会保障部教材办公室组织编写

编 写 人 员

主 编　朱照红　李成良

参 编　王 莉　刘 磊　曹汉敏

U0338010

中国劳动社会保障出版社

图书在版编目（CIP）数据

电工：初级、中级、高级/朱照红，李成良主编. —2 版. —北京：中国劳动社会保障出版社，2014

职业技能鉴定教材

ISBN 978－7－5167－1033－3

Ⅰ. ①电… Ⅱ. ①朱…②李 Ⅲ. ①电工技术-职业技能-鉴定-教材 Ⅳ. ①TM

中国版本图书馆 CIP 数据核字（2014）第 130192 号

中国劳动社会保障出版社出版发行

（北京市惠新东街 1 号 邮政编码：100029）

*

三河市华骏印务包装有限公司印刷装订 新华书店经销

787 毫米×1092 毫米 16 开本 22 印张 1 插页 507 千字

2014 年 6 月第 2 版 2023 年 12 月第 21 次印刷

定价：40.00 元

营销中心电话：400－606－6496

出版社网址：http://www.class.com.cn

修 订 说 明

1994 年以来，人力资源和社会保障部职业技能鉴定中心、教材办公室和中国劳动社会保障出版社组织有关方面专家，依据《中华人民共和国职业技能鉴定规范》，编写出版了《职业技能鉴定教材》（以下简称《教材》）及其配套的《职业技能鉴定指导》（以下简称《指导》）200 余种，作为考前培训的权威性教材，受到全国各级培训、鉴定机构的欢迎，有力地推动了职业技能鉴定工作的开展。

人力资源和社会保障部从 2000 年开始陆续制定并颁布了《国家职业技能标准》。同时，社会经济、技术不断发展，企业对劳动力素质提出了更高的要求。为适应新形势，为各级培训、鉴定部门和广大受培训者提供优质服务，教材办公室组织有关专家、技术人员和职业培训教学管理人员、教师，依据新颁布《国家职业技能标准》和企业对各类技能人才的需求，针对市场反响较好、长销不衰的《教材》和《指导》进行了修订工作。这次修订包括维修电工、焊工、钳工、电工、无线电装接工 5 个职业的《教材》和《指导》，共 10 种书。

本次修订的《教材》和《指导》主要有以下几个特点：

第一，依然贯彻"考什么，编什么"的原则，保持原有《教材》和《指导》的编写模式，并保留了大部分内容，力求不改变培训机构、教师的使用习惯，便于读者快速掌握知识点和技能点。

第二，体现新版《国家职业技能标准》的知识要求和技能要求。由于《中华人民共和国职业技能鉴定规范》已经作废，取而代之的是《国家职业技能标准》，所以，修订时，在保证原有教材结构和大部分内容的同时增加了新版《国家职业技能标准》增加的知识要求和技能要求，以满足鉴定考核的需要。

第三，体现目前主流技术设备水平。由于旧版教材编写已经十几年，当今技术有很大进步、技术标准也有更新，因此，修订时，删除淘汰过时技术、装备，采用新的技术，同时按照最新的技术标准修改有关术语、图表和符号等。

第四，改善教材内容的呈现方式。在修订时，不仅将原有教材的疏漏一一订正，同时，对原有教材的呈现形式进行丰富，增加了部分图表，使教材更直观、易懂。

本书由朱照红、李成良主编，王莉、刘磊、曹汉敏参编。

编写教材和指导有相当的难度，是一项探索性工作，不足之处在所难免，欢迎各使用单位和个人提出宝贵意见和建议，以使教材日渐完善。

人力资源和社会保障部教材办公室

目 录

第 1 部分 初级电工知识要求

第 2 部分 初级电工技能要求

第 3 部分 中级电工知识要求

第 **1** 部分

初级电工知识要求

第一章 初级电工基础知识

第一节 交、直流电路基础知识

电流通过的路径称为电路。电路一般由电源、负载、开关及导线组成。电路的形式有两种基本类型：一是进行能量的转换、传输和分配；二是进行信息处理。任何一个电路都可能具有三种状态：通路、断路和短路。按电路中流过的电流种类可把电路分为直流电路和交流电路两种。本节主要讨论电路中的基本物理量，以及进行电路计算的基本定理、公式。

一、电路的基本概念

1. 电阻、电容和电感

(1) 电阻 反映导体对电流起阻碍作用的物理量称为电阻。用符号 R 表示，常用单位是 Ω（欧姆）或 $k\Omega$（千欧）。

对于一段材质和粗细都均匀的导体来说，在一定温度下，它的电阻与其长度成正比，与材料的截面积成反比，并与材料的种类有关。用公式表示即：

$$R = \rho \frac{l}{s}$$

式中　l——导体长度，m；

s——导体截面积，m^2；

ρ——导体电阻率，取决于材料。

导体的电阻除了与材料的尺寸与种类有关外，还与温度有关。一般来说，电阻随温度升高而增加。常用导体的电阻率及温度系数见表 1—1。

表 1—1　　　　　　　　常用导体电阻率与温度系数

材料名称	20℃时的电阻系数（$10^{-8}\ \Omega \cdot m$）	0~100℃时温度系数（1/℃）
银	1.63	0.003 6
铜	1.75	0.004 0
铝	2.83	0.004 0

(2) 电容 凡是用绝缘物隔开的两个导体的组合就构成了一个电容器。电容器具有储存电荷的性能，这种性能可用电容来表示。如果把电容器的两个极板分别接到直流电源的正负极上，如图 1—1 所示。在电源的作用下两极板分别带数量相等而符号相反的电荷，其中任一极板上的电量 Q 与两极板间的电压 U 成正比，且 Q/U 是一个常数，

此常数叫电容器的电容量，简称电容，用字母 C 表示，即：

$$C = Q/U$$

其中 Q 是任一极板上的电荷量，单位是 C（库仑）；U 为两极板间的电压，单位是 V（伏特）。电容的单位为 F（法拉）。由于 F 的单位太大，常用 μF（微法）、pF（皮法）表示。

$$1\ \mu F = 10^{-6}\ F, 1\ pF = 10^{-12}\ F$$

（3）电感　导体中电流的变化，会在导体周围产生磁场，磁场的大小与流过导体中的电流、导体的形状及周围的介质有关。导体周围产生的磁场与导体中流过的电流之比值叫电感。用字母 L 表示，其单位是 H（亨利），简称亨。常用的单位是 mH（毫亨）、μH（微亨）。

$$1\ mH = 10^{-3}\ H, 1\ \mu H = 10^{-6}\ H$$

2. 电流

金属导体内有大量的自由电荷（自由电子），在电场力的作用下，自由电子会做有规律的运动，这就是电流。衡量电流大小的物理量叫电流强度，简称"电流"。用字母 I 表示，单位是 A（安培）。具体来说，1 s 内流过导体的电量为 1 C 时，则电流强度为 1 A。计算微小电流用毫安（mA）、微安（μA）表示，计算大电流用 kA（千安）表示。

电流的流动具有方向性，习惯上规定正电荷运动的方向为电流的方向。为了计算与说明问题方便，常以一个方向为"参考方向"。电流的实际方向是确定的，而参考方向可人为选定。在图 1—2 中，选定电流的参考方向为从 A 到 B，而这时电流的方向也正好是从 A 到 B，则电流 I_{AB} 为正。若选参考方向由 B 到 A，则 I_{AB} 为负。

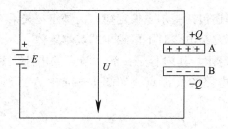

图 1—1　接于电源上的电容器

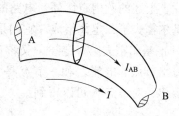

图 1—2　电流的参考方向与实际方向

3. 电压、电位、电动势

电压、电位、电动势这三个概念是非常重要的，它们都是描述电路能量特性的物理量。

（1）电压　电荷在电场力作用下移动时，电场力对电荷做了功。设电荷从 A 到 B，电场力作功 W_{AB}，如果被移动的电荷电量增加一倍，则做功也增加一倍，但 W_{AB}/Q（Q 是电荷量）比值不变。A_{AB}/Q 称为 AB 两点间的电压，记为 U_{AB}，单位为 V（伏特）。

（2）电位　上述电压的概念中，指出了 A、B 两个点，但都不是特殊点。如果在电场中指定一特殊点"O"（也称参考点），一般参考点是零电位点，那么电场中任意一点 x 与参考点 O 之间的电压，就称为 x 点的电位，用符号 V 表示，单位也是 V。实际上电位是电荷在电场中所具有的位能大小的反映。

（3）电动势 电动势与电压的定义相仿，但实际上它们有本质的差别：电压是电场力做功，电动势是非电场力做功；在电场力作用下，正电荷由电位高的地方向电位低的地方移动，而在电动势的作用下，正电荷由低电位移到高电位；电压的正方向是正极指向负极、高电位指向低电位，电动势的正方向是负极指向正极、低电位指向高电位；电压是存在于电源外部的物理量，而电动势是存在于电源内部的物理量。

二、电路的基本定律

1. 欧姆定律

欧姆定律是描述在纯电阻电路两端施加电压后，流过该电路的电流与该电路电阻之间关系的电路基本定律。一个完整的电路包括电源与负载，如图 1—3 所示。该电路 A、B 两点左边包括一个电源及内阻 r_0，称为含源电路。右边部分不包括电源称为无源电路。实验证明，对于右边的无源电路，存在如下规律：

$$I = U_{AB}/R$$

而对于左边的含源电路存在如下规律：

$$I = (E - U_{AB})/r_0$$

那么，可得：$U_{AB} = IR$；$U_{AB} = E - Ir_0$，即 $IR = E - Ir_0$，整理得 $I = E/(R + r_0)$

这就是全电路欧姆定律。用文字描述即：在整个闭合回路中，电流的大小与电源的电动势成正比，与电路中的电阻之和（包括电源内电阻及外电阻）成反比。

欧姆定律是分析和计算电路的基本定律。

2. 基尔霍夫定律

除了上述的欧姆定律外，电路的基本定律还包括基尔霍夫定律，由基尔霍夫第一定律和基尔霍夫第二定律组成。它们是分析计算复杂电路时不可缺少的基本定律。

（1）基尔霍夫第一定律 又称节点电流定律。其内容是：流入节点的电流之和恒等于流出节点的电流之和。节点是多条分支电路的交汇点，如图 1—4a 中 A 点所示。按此定律，对节点 A 可以得到：

$$I_1 + I_2 = I_3 + I_4 + I_5$$

实际上，节点可以是电路的实际交汇点，也可以是假想点，如图 1—4b 中所示的半导体三极管，圆圈内可被看作是假想节点，由基尔霍夫第一定律，可以得到 $I_b + I_c = I_e$。

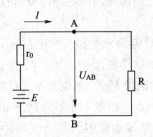

图 1—3 一个含电源与负载的完整电路

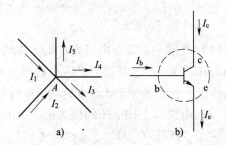

图 1—4 基尔霍夫第一定律例图

a）节点 A 电流 b）半导体三极管假想节点

（2）基尔霍夫第二定律　又称回路电压定律。其内容是：在任一闭合回路中，沿一定方向绕行一周，电动势的代数和恒等于电阻上电压降的代数和，即：

$$\sum E = \sum IR$$

注意，在列回路电压方程时必须考虑电压（电动势）的正负。确定正、负号的方法与列回路方程的步骤如下（见图1—5）：

1）首先在回路中假定各支路电流的方向。

2）假定回路绕行方向（顺时针或逆时针，图1—5中是顺时针方向）。

3）当流过电阻的电流参考方向与绕行方向一致时，电阻上的电压降为正；反之取负。

4）当电动势方向与绕行方向一致时，该电动势取正；反之取负。

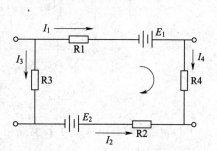

图1—5　基尔霍夫第二定律例图

由上述方法及步骤，可列出图1—5电路的回路方程为：

$$E_1 - E_2 = I_1R_1 - I_2R_2 - I_3R_3 + I_4R_4$$

三、电路的连接关系及计算

1. 电阻串联电路

两个或两个以上的电阻首尾相接，各电阻流过同一个电流的电路称电阻串联电路。图1—6a为三个电阻的串联电路。电阻串联电路具有以下特点：

（1）各电阻上流过同一电流。

（2）电路的总电压等于各个电阻上电压的代数和，即：$U = U_1 + U_2 + U_3$。

（3）电路的等效电阻等于各串联电阻之和，即：$R = R_1 + R_2 + R_3$，故图1—6a电路可用图1—6b来等效替代。

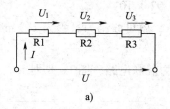

图1—6　串联电路

a）电路图　b）等效电路

（4）各电阻上的电压降与各电阻的阻值成正比。

（5）各电阻上消耗的功率之和等于电路所消耗的总功率。

2. 电阻并联电路

两个或两个以上电阻一端接在一起，另一端也接在一起的连接方式叫作并联。如图1—7a所示，并联电路具有以下特点：

（1）并联的各电阻承受的是同一电压。

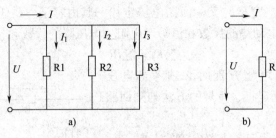

图1—7　并联电路

a）电路图　b）等效电路

（2）电路的总电流等于各支路电流之和，即：

$$I = I_1 + I_2 + I_3$$

（3）电阻并联电路的等效电阻 R 的倒数等于各并联支路电阻的倒数之和，即：

$$1/R = 1/R_1 + 1/R_2 + 1/R_3$$

特别对于两个电阻并联，有 $1/R = 1/R_1 + 1/R_2$，即 $R = R_1 R_2/(R_1 + R_2)$。不难看出，等效电阻必定小于并联电阻中的最小阻值。

（4）各并联电阻中的电流及电阻所消耗的功率均与各电阻的阻值成反比，即：

$$I_1 : I_2 : I_3 = P_1 : P_2 : P_3 = 1/R_1 : 1/R_2 : 1/R_3$$

例1—1　有一只磁电系表头，表头允许流过的最大电流为 $I_G = 80\ \mu A$，内阻 $R_G = 1\ 000\ \Omega$，若将其改制成量程为 250 mA 的电流表，需并联多大的分流电阻？

解：满量程时，分流电阻上流过的电流为：

$$I_{dc} = I - I_G = 250 - 0.08 = 249.92(mA)$$

此时表头承受的电压为：

$$U_G = I_G R_G = 80 \times 10^{-6} \times 1\ 000 = 0.08(V)$$

由于分流电阻与表头并联，故分流电阻两端的电压与表头的电压相等。分流电阻阻值为：

$$R_{dc} = U_G/I_{dc} = \frac{0.08}{249.92 \times 10^{-3}} \approx 0.32(\Omega)$$

即在表头两端并联一只 0.32 Ω 的分流电阻，就可改制为量程为 250 mA 的电流表。

3. 混联电路

既有电阻串联又有电阻并联的电路称为混联电路。图1—8列出了三种混联电路。

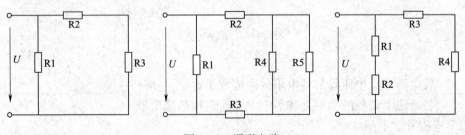

图1—8　混联电路

混联电路的计算方法是：先按串、并联等效简化的原则，将混联电路简化为一个无分支电路，再进行电压、电流的计算；根据要求，利用分压、分流公式求出所需的电压及电流。下面通过一个例题来说明求解过程。

例1—2　如图 1—9a 所示电路中，已知 $R_1 = R_2 = 100\ \Omega$，$R_3 = R_4 = 150\ \Omega$，电压 $U = 100$ V，求电流 I。

解：先求电路的等效电阻。图 1—9a 中 R_1 与 R_2 并联，其等效电阻为：

$$R_{1,2} = R_1 R_2 / (R_1 + R_2) = \frac{100 \times 100}{100 + 100} = 50(\Omega)$$

这样可将电路简化为图 1—9b，在图 1—9b 中 $R_{1,2}$ 与 R_4 串联，其等效电阻为：

$$R_{1,2,4} = R_{1,2} + R_4 = 50 + 150 = 200\ (\Omega)$$

电路又进一步简化为图 1—9c。显然 R_3 与 $R_{1,2,4}$ 并联，所以

$$R = \frac{R_3 R_{1,2,4}}{R_3 + R_{1,2,4}} = \frac{150 \times 200}{150 + 200} \approx 85.7(\Omega)$$

这样就得到最后的无分支电路图 1—9d。由欧姆定律，可求得电流为：

$$I = \frac{U}{R} = \frac{100}{85.7} \approx 1.17(A)$$

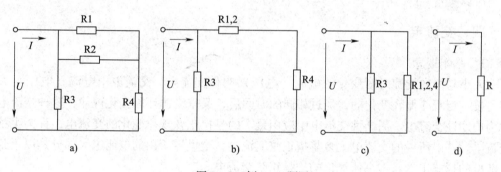

图 1—9　例 1—2 题图

4. 电路中各点的电位分析计算

电路中电位的计算实质上是电位差的计算。首先选好参考点，通常选大地为参考点，在无接地的电路中也可选许多元件汇集的公共点。现举例说明电路中各点电位的计算方法与步骤。

例1—3　如图 1—10 所示电路中，已知 $E_1 = 12$ V，$E_2 = 9$ V，$R_1 = 4\ \Omega$，$R_2 = 2\ \Omega$，求电路中各点的电位。

解：第一步，计算电路中的电流和各电阻上的电压。因为 $E_1 > E_2$，所以电流方向与 E_1 一致，为逆时针方向，由欧姆定律：

$$I = \frac{E_1 - E_2}{R_1 + R_2} = \frac{12 - 9}{4 + 2} = 0.5(A)$$

$$U_{ab} = IR_1 = 0.5 \times 4 = 2(V)$$

$$U_{bc} = IR_2 = 0.5 \times 2 = 1(V)$$

第二步，选参考点，从参考点出发，顺（逆）电流方向依次求出各点的电位。当选 a 点为参考点时，有：

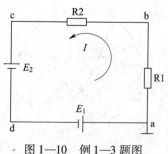

图 1—10　例 1—3 题图

$V_a = 0$（V）

由于 $U_{ab} = V_a - V_b$

所以 b 点电位　$V_b = V_a - U_{ab} = 0 - 2 = -2$（V）

又由于　$U_{bc} = V_b - V_c$

所以 c 点电位　$V_c = V_b - U_{bc} = -2 - 1 = -3$（V）

由于 $U_{cd} = V_c - V_d = E_2$

所以 d 点电位　$V_d = V_c - E_2 = -3 - 9 = -12$（V）

当选 b 点为参考点时，有：$V_b = 0$（V）

由于　$U_{bc} = V_b - V_c$

所以　$V_c = V_b - U_{bc} = -1$（V）

由于　$U_{cd} = V_c - V_d = E_2$

所以　$V_d = V_c - E_2 = -1 - 9 = -10$（V）

由于　$U_{da} = V_d - V_a = -E_1$

所以　$V_a = V_d + E_1 = -10 + 12 = 2$（V）

四、交流电

1. 基本概念

大小与方向均随时间变化的电流（电压）叫作交流电。交流电中电流（电压）大多是按一定规律循环变化的，经过相同的时间后，又重复循环原变化规律，这种交流电称为周期性交流电。周期性交流电中应用最广的是按正弦规律变化的交流电，称为正弦交流电。一般所说的交流电大多是指正弦交流电。全世界所用的电能绝大部分是以正弦交流电的形式出现，本书所讨论的均是正弦交流电。

2. 正弦交流电"三要素"

代表交流电瞬时大小与方向的数值叫瞬时值。正弦交流电的瞬时值是随时间变化的正弦函数，其一般表达式为：

$$u = U_m \sin(\omega t + \varphi)$$
$$i = I_m \sin(\omega t + \varphi)$$

上述表达式中 U_m（I_m）、φ、ω 三个量决定了该式的具体形式，其中 U_m（I_m）叫最大值，ω 叫角频率，φ 叫初相位。这三个量就是正弦交流电的"三要素"。一个正弦交流电用图形表示，如图 1—11a 所示。

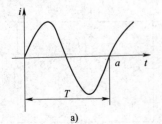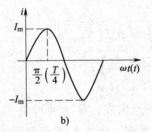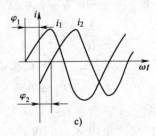

图 1—11　正弦交流电"三要素"

一个正弦交流电随时间的变化可快可慢。衡量交流电变化快慢的物理量为周期或频率。在图 1—11a 中，交流电由 0 变化到 a 所需的时间就是一个周期。在我国，工频交流电的周期是 0.02 s，一个周期对应的电角度是 2π 弧度或 360°。1 s 内交流电重复变化的次数叫频率，用符号 f 表示。频率的单位是 1/s 或 Hz（赫兹）。如周期为 0.02 s 的交流电，在 1 s 内变化的次数即频率 $f = \dfrac{1}{0.02} = 50$ Hz。50 Hz 的交流电又称为工频（工业频率）交流电。频率与周期间的关系很明显，互成倒数，即 $f = \dfrac{1}{T}$。对于直流电 $f = 0$。由于交流电变化一周，对应电角度是 2π 或 360° 弧度，所以又定义单位时间内变化的电角度为角频率，用 ω 表示，有 $\omega = \dfrac{2\pi}{T} = 2\pi f$。周期、频率和角频率都是反映交流电变化快慢的参数，只要知道一个，就可以求出另外两个。

交流电在一个周期中所出现的最大瞬时值叫作交流电的最大值，如图 1—11b 所示 $\pm I_m$。它是一个与时间无关的量。

在交流电的表达式中，符号"sin"后的总角度（$\omega t + \varphi$）叫作相位。在电工技术中，把 $t = 0$ 瞬间的相位叫作初相位，一般用 φ 表示，图 1—11c 中 i_1 的初相位为 φ_1，i_2 的初相位为 φ_2。初相位表示交流电在计时起点（$t = 0$ 时刻）的起始变化趋势，它对于描述同频率的几个正弦量间的相互关系是非常重要的。

3. 正弦交流电的几个参数及计算

除了上述的"三要素"外，正弦交流电的计算还经常用到有效值、平均值等参数。交流电流有效值的定义为：一个交流电流 i 与一直流电流 I 分别流过相同的电阻 R，如果在相同时间内产生相等的热量，则交流电流 i 的有效值就等于直流电流 I。交流电压有效值的定义也是如此。有效值描述了交流电做功本领的大小。今后，无特别说明，交流电气设备中提出的电压、电流以及通常所说的交流电压、交流电流均是指有效值。

有效值与最大值间的关系是：

$$I = I_m / \sqrt{2}, U = U_m / \sqrt{2}$$

从交流电的波形看，一个周期内横轴以上及横轴以下面积相等，所以平均值为零。故交流电的平均值是这样定义的：半个周期内的交流电平均值叫交流电的平均值。经过计算，平均值为 $I_p = \dfrac{2}{\pi} I_m$，$U_p = \dfrac{2}{\pi} U_m$。

4. 三相交流电概述

三个频率相同、最大值相同、相位依次互差 120° 的交流电，称为三相交流电。由于在发电、配电和用电等领域三相交流电比单相交流电优越，所以三相交流电得到广泛的应用。三相交流电是用三相发电机产生的，三相发电机有三个绕组、六根引出线，每相绕组相当于一个单相电源。把三个绕组产生的相位互差 120° 的同频单相交流电按一定规律连接，就产生出三相交流电。

第二节　电子线路基础知识

半导体器件中使用最广泛的是半导体二极管与半导体三极管。本节仅讨论它们的型号、参数以及半导体管构成的整流电路。

一、半导体二极管与三极管型号、主要参数及特点

1. 半导体二极管、三极管型号含义（见表1—2）

表1—2　　　　　　　　　　　　半导体二极管、三极管型号含义

第一部分（数字）	第二部分（拼音）	第三部分（拼音）	第四部分（数字）	第五部分（拼音）
电极数目	材料与极性	管子类型	器件序号	规格号
2 – 二极管	A – N 锗材料 B – P 锗材料 C – N 硅材料 D – P 硅材料 E – 化合物材料	P – 普通管 W – 稳压管 Z – 整流管 L – 整流堆 K – 开关管 F – 发光管 U – 光电管	表示某些性能与参数上的差异	表示同型号中的挡别
3 – 三极管	A – PNP、锗材料 B – NPN、锗材料 C – PNP、硅材料 D – NPN、硅材料	X – 低频小功率管（截止频率 < 3 MHz，耗散功率 < 1 W） G – 高频小功率管（截止频率 ≥ 3 MHz，耗散功率 < 1 W） D – 低频大功率管（截止频率 < 3 MHz，耗散功率 ≥ 1 W） A – 高频大功率管（截止频率 ≥ 3 MHz，耗散功率 ≥ 1 W）		

2. 半导体二极管的主要参数及特点

正确使用半导体二极管必须了解其主要参数。半导体二极管参数很多，其中最主要的有以下几个：

（1）最大正向电流　在规定的散热条件下，二极管长期运行时，允许通过二极管的最大正向电流平均值。使用时不允许超过此值。

（2）反向击穿电压　指二极管所能承受的最大反向电压。超过此值时，二极管将

被击穿。

（3）最高反向工作电压 一般为反向击穿电压的 1/2～2/3。

（4）反向电流 在最高反向电压下，通过二极管的反向电流值。一般越小越好。

（5）正向压降 在一定正向电流下二极管两端的正向电压降。通常锗二极管为 0.3～0.5 V，硅二极管为 0.7～1 V。

半导体二极管的图形符号如图 1—12 所示，表示出其最主要的特点是单向导电性。由图 1—12 可见，当二极管正极接电源正极，负极接电源负极时，二极管流过正向电流；反之，则二极管基本无电流流过。二极管的使用大多是利用这一特性。

3. 半导体三极管的主要参数

半导体三极管的图形符号如图 1—13 所示，其中三个极的名称分别是 b（基极）、e（发射极）、c（集电极）。三极管的参数较多，主要有以下几类：

图 1—12 二极管图形符号　　　　图 1—13 半导体三极管图形符号和极性

（1）直流参数

1）共发射极直流电流放大倍数 $\bar{\beta} = I_c / I_b$。

2）集电极－基极反向截止电流 I_{cb0} 　$I_e = 0$ 时，基极和集电极间加规定的反向电压时的集电极电流。

3）集电极－发射极反向截止电流 I_{ce0}（穿透电流）　$I_b = 0$ 时，集电极和发射极间加规定的反向电压时的集电极电流。

（2）交流参数

1）共发射极交流电流放大倍数 $\beta = \Delta I_c / \Delta I_b$　其中 ΔI_b 是 I_b 对应的变化量，ΔI_c 是 I_c 对应的变化量。

2）共基极交流放大倍数 $\alpha = \Delta I_c / \Delta I_e \approx 1$。

（3）极限参数

1）集电极最大允许电流 I_{cm} 　集电极 I_c 值超过一定限度时 β 值会下降，当 β 值下降到额定值的 1/2～2/3 时的 I_c 值叫 I_{cm}，正常工作时不允许超过 I_{cm}。

2）集电极－发射极击穿电压 BU_{ce0} 　基极开路时，加在集电极与发射极之间的最大允许电压。使用时如果 $U_{ce} > BU_{ce0}$，管子将会被击穿损坏。

3）集电极最大容许耗散功率 P_{cm} 　集电极电流 I_c 会使管子温度上升，管子因受热而引起的参数变化不超过允许值的功耗就是 P_{cm}。管子实际耗散功率 $P_c = U_{ce} I_c$，使用时必须使 $P_c < P_{cm}$。

4. 半导体三极管的主要特点

三极管有三种工作状态，即放大状态、截止状态和饱和状态。由此产生了三极管的两种应用场合：放大电路和开关电路。

使半导体管处于放大状态的原则是：发射结（e、b之间）加正向电压，集电结（c、b之间）加反向电压。如图1—14所示。

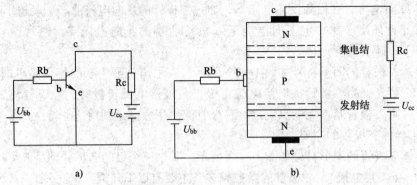

图1—14　半导体三极管放大状态

二、半导体管整流电路

将交流电变为直流电的过程叫整流。实现整流过程的电路叫整流电路。整流电路的主要器件是二极管。整流电路的形式有单相半波、单相全波、单相桥式、三相半波和三相桥式等。

1. 单相半波整流电路

电路如图1—15a所示。图1—15b是该电路各有关波形图。

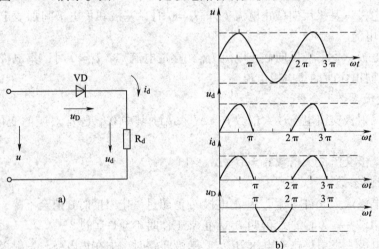

图1—15　单相半波整流电路

a）电路图　b）波形图

该电路负载电压u_d的平均值U_d为：

$$U_d = 0.45\ U$$

式中　U——电源电压有效值。

2. 单相桥式整流电路

电路及有关波形如图1—16所示。

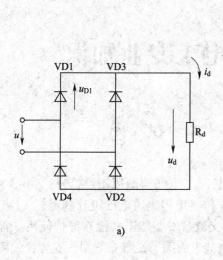
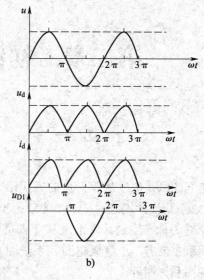

图 1—16　单相桥式整流电路

a）电路图　b）波形图

负载电压 u_d 的平均值 U_d 为：

$$U_d = 0.9\,U$$

式中　U——电源电压有效值。

3. 三相桥式整流电路

电路及波形如图 1—17 所示。

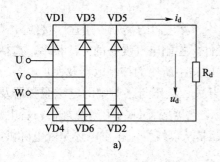
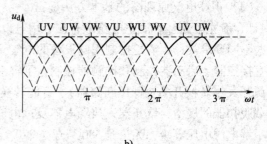

图 1—17　三相桥式整流电路

a）电路图　b）波形图

第二章　初级电工专业知识

第一节　电 工 识 图

电气图纸是电气从业人员的通用语言，它以《电气简图用图形符号》GB/T 4728、《供配电系统设计规范》（GB 50052—2009）和《民用建筑电气设计规范》（JGJ 16—2008）等为标准绘制，供电气从业人员设计交流、安装施工、检修维护使用。常用的电气图纸主要有：电气概略图（系统图）、电气平面图、设备布置图、安装接线图、电气原理图和详图等。

一、电工识图的一般方法

（1）首先要看图纸的有关说明　图纸说明包括图纸目录、技术说明、器材明细表和施工说明书等。看懂这些内容有助于了解图纸的大体情况、工程的整体轮廓、设计内容和施工要求等。

（2）识读电气概略图　主要关注系统的组成和相对位置关系，不要求弄清电气原理和接线等。

（3）识读电气原理图的基本方法是：

1）看主电路　看清主电路中有几个用电设备，及它们的类别、用途、接线方式和一些不同要求等；弄清楚控制用电设备的电气元件。控制电气设备的方法很多，包括开关直接控制、启动器控制和接触器控制；了解主电路中所用的控制电器及保护电器，如电源开关（转换开关及低压断路器）、万能转换开关、低压断路器中的电磁脱扣器及热过载脱扣器的规格、熔断器、热继电器及过电流继电器等元件的用途及规格；看电源，要了解电源电压等级，无论是 380 V 还是 220 V，是从母线汇流排供电还是配电屏供电，或是从发电机组接出来的。

2）看辅助电路　辅助电路包含控制电路、信号电路和照明电路。分析辅助电路时要根据主电路中各电动机和执行电器的控制要求，逐一找出控制电路中的其他控制环节，将控制线路"化整为零"，按功能不同划分成若干个局部控制线路来进行分析。

3）看联锁与保护电路　生产机械对于安全性、可靠性有很高的要求，除了合理地选择拖动、控制方案以外，在控制线路中还设置了一系列电气保护和必要的电气联锁。

4）看特殊功能电路　在某些比较复杂的控制线路中，还设置了一些与主电路、控制电路关系不很密切的特殊功能电路，如计数电路、检测电路、触发电路、调温电路等，这些电路往往自成一体，可进行独立分析。

（4）识读安装接线图　要先看主电路，由电源开始依次往下看，直至终端负载。

主要弄清用电设备通过哪些电气元件来获得电源；而识读辅电路时要按每条小回路去看，弄清辅助电路如何控制主电路的动作。尤其关注各模块电路外接端子的编号和导线的关系。

（5）识读照明电路的图样　要先了解照明原理图与安装图所表示的基本情况；再看供电系统，即弄清电源的形式、外设导线的规格及敷设方式；然后看用电设备，弄清图中各种照明灯具、开关和插座的数量、形式和安装方式；最后看照明配线。

二、典型电气图样的识读

1. 系统概略图

概略图只是概略表示系统或分系统的基本组成、相互关系及其主要特征，而不是全部组成和全部特征，这也是识读概略图应该把握的核心内容。

概略图的基本特点是：

（1）概略图和框图多采用单线图，只有在某些 380/220 V 低压配电系统中，概略图才部分地采用多线图表示。

（2）概略图中的图形符号应按所有回路均不带电，设备在断开状态下绘制。

（3）概略图应采用图形符号或者带注释的框绘制。框内的注释可以采用符号、文字或同时采用符号与文字。

（4）概略图中表示系统或分系统基本组成的符号和带注释的框均应标注项目代号。项目代号应标注在符号附近，当电路水平布置时，项目代号宜注在符号的上方；当电路垂直布置时，项目代号宜注在符号的左方。在任何情况下，项目代号都应水平排列。

（5）概略图上可根据需要加注各种形式的注释和说明。如在连线上可标注信号名称、电平、频率、波形、去向等，也可将上述内容集中表示在图的其他空白处。概略图中设备的技术数据宜标注在图形符号的项目代号下方。

（6）概略图宜采用功能布局法布图，必要时也可按位置布局法布图。布局应清晰，并利于识别和信息的流向。

2. 电气原理图

用图形符号绘制，并按工作顺序排列，详细表示电路、设备的全部组成部分和连接关系，而不考虑其相对位置的一种简图称为电气原理图或电气图。电气图的基本特点是：

（1）以国标图形符号和文字符号表示电气元件。

（2）主电路和控制电路分开，主电路通常用粗实线表示，画在辅助电路的左边或上部，辅助电路通常用细实线表示。

（3）同一电气元件可以根据原理解释需要分开绘制，但基本符号必须统一。

如图 2—1 所示为 CA 6140 车床电气控制原理图。从图中可以看出：主电路有 3 台交流异步电动机，其中，M1 是主轴电动机；M2 是冷却泵电动机；M3 是刀架快速移动电动机。3 台电动机均采用直接启动。热继电器 KH1、KH2 分别对 M1、M2 进行过载保护。FU1 对 M2 和 M3 进行短路保护，FU 串接在电源上，对 M1 进行短路保护，还可以作 FU1 的后备保护。接触器 KM1、KM2、KM3 分别控制 M1、M2、M3 做单方向运转。TC 是控制变压器，分别提供 110 V 交流控制电源、6 V 信号电源、24 V 照明电源。FU2、FU3、FU4 分别对以上 3 种电路进行保护，KM1 为联锁触头，确保只有 M1 启动后，M2 才能工作启动。刀架的快速移动通过 SB3、KM3，由 M3 控制。照明灯 EL 由 QS2 控制，HL 是电源信号灯。

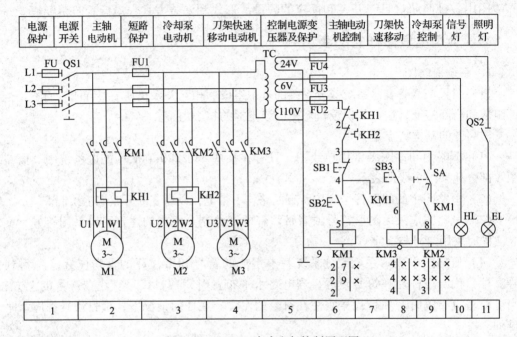

图 2—1   CA6140 车床电气控制原理图

3. 照明平面图

（1）照明线路的表示方法   照明线路在平面图上采用图线和文字符号相结合的方法表示出线路的走向，导线的型号、规格、根数、长度、线路配线方式，线路用途等。线路特征和功能及线路敷设方式所对应的文字符号请读者查阅相关电工手册。

如标注线路符号"WL1—BLV—3×6＋1×2.5—K—WE"含义是：第 1 号照明分支线（WL1）；导线型号是铝芯塑料绝缘线（BLV）；共有 4 根导线，其中 3 根为 6 mm^2，另一根中性线为 2.5 mm^2；配线方式为瓷瓶配线（K）；敷设部位为沿墙明敷（WE）。

（2）照明器具的表示方法   照明器具采用图形符号和文字标注相结合的方法表示。文字标注的内容通常包括电光源种类、灯具类型、安装方式、灯具数量、额定功率等。

1）表示电光源种类的代号   电光源种类的代号见表 2—1。

表 2—1   电光源种类

序号	电光源种类	代号	序号	电光源种类	代号
1	氖灯	Ne	4	汞灯	Hg
2	氙灯	Xe	5	碘钨灯	I
3	钠灯	Na	6	白炽灯	IN

续表

序号	电光源种类	代号	序号	电光源种类	代号
7	电发光灯	EL	10	红外线灯	IR
8	弧发光灯	ARC	11	紫外线灯	UR
9	荧光灯	FL	12	发光二极管	LED

2）表示灯具类型的符号　常用灯具类型的符号见表2—2。

表 2—2　　　　　　　　　　　　常用灯具类型符号

序号	灯具名称	符号	序号	灯具名称	符号
1	普通吊灯	P	8	工厂一般灯具	G
2	壁灯	B	9	荧光灯具	Y
3	花灯	H	10	隔爆灯	B
4	吸顶灯	D	11	水晶底罩灯	J
5	柱灯	Z	12	防水防尘灯	F
6	卤钨探照灯	L	13	搪瓷伞罩灯	S
7	投光灯	T	14	无磨砂玻璃罩万能灯	Ww

3）表示灯具安装方式的符号　安装方式的符号见表2—3。

表 2—3　　　　　　　　　　　　灯具安装方式文字符号

序号	名称	英文含义	文字代号		备注
			新符号	旧符号	
1	链吊	Chain pendant	C	L	
2	管吊	Pipe（conduit）elected	P	G	
3	线吊	Wire pendant	WP	X	
4	吸顶	Ceiling mounted（asborbed）	CM	XD	不注高度
5	嵌入	Recessed in	R	Q	
6	壁装	Wall mounted	W	B	

4）灯具标注的一般格式　灯具标注的一般格式如下：

$$a - b\frac{cd}{e}f$$

式中　a——某场所同类型照明器的个数；

　　　b——灯具类型符号；

　　　c——照明器内安装灯泡或灯管的数量；

　　　d——每个灯泡或灯管的功率，W；

　　　e——安装高度，m；

f——安装方式符号。

4. 电力平面图

用来表示电动机类动力设备、配电箱的安装位置和供电线路敷设路径、方法的平面图，称为电力平面图。

（1）电力线路的表示方法　电力线路在平面图上采用图线和文字符号相结合的方法表示出线路的走向、导线的型号、规格、根数、长度，线路配线方式，线路用途等。例如，线路符号"WP2—BLX—3×4—PC20—FC"的含义是：第2号动力分干线（WP2）；铝芯橡皮绝缘线（BLX）；3根导线，分别为4 mm²；穿直径（外径）为20 mm的硬塑料管（PC）；沿地暗敷（FC）。

（2）电力平面图表示的主要内容　电力平面图所表示的主要内容包括：电力设备（主要是电动机）的安装位置，安装标高；电力设备的型号、规格；电力设备电源供电线路的敷设路径、敷设方法、导线根数、导线规格、穿线管类型及规格；电力配电箱安装位置、配电箱类型、配电箱电气主接线。

某车间电力平面图如图2—2所示。从图上可以大致看出：

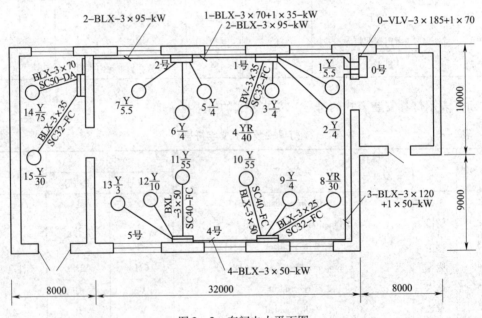

图2—2　车间电力平面图

1）配电干线　配电干线包括外电源至总电力配电箱（0号）和总配电箱至各分电力配电箱（1~5号）的配电线路。由总电力配电箱（0号）至4号配电箱的线缆，图中标注为：BLX—3×120+1×50—kW，表示导线型号为BLX，截面积为3×120+1×50 mm²，沿墙，采用瓷绝缘子敷设（kW），其长度约40 m。

2）电力配电箱　这个车间一共布置了6个电力配电柜、箱，其中：0号配电柜为总配电柜，布置在右侧配电间内，电缆进线，3条回出线分别至1号、2号、3号、4号、5号电力配电箱；1号配电箱，布置在主车间，4条回出线；2号配电箱，布置在主车间，3条回出线；3号配电箱，布置在辅助车间，2条回出线；4号配电箱，布置在主车间，3 条回出线；5 号配电箱，布置在主车间，3 条回出线。

3）电力设备　图中所描述的电力设备主要是电动机。各种电动机按序编号为 1～15，共 15 台电动机。图中分别表示了各电动机的位置、电动机的型号、规格等。

4）配电支线　由各电力配电箱至各电动机的连接线，称为配电支线，图中详细描述了这 15 条配电支线的位置、导线型号、规格、敷设方式、穿线管规格等。

第二节　电工材料基本知识

电工材料的种类很多，常见的有导电材料、绝缘材料、磁性材料，以及各种线、管等。本节介绍几类常用电工材料的性能及用途。

一、常用的电工材料

1. 导电材料

导电材料的用途是输送和传导电能，它也是制造各种电器的主要材料之一。导电材料一般可分为良导体材料和高电阻导电材料。常用的良导体材料主要有铜、铝、铁等，其他如金、银，其导电性能虽然很好但价格较贵，只用于特殊场合。高电阻导电材料主要有康铜、锰铜、铁铬铝合金等，它们主要用于制造精密电阻器。

应用在工程中的导电材料应具备以下特点：①导电性能好；②有足够的机械强度；③耐腐蚀；④容易加工和焊接；⑤价格便宜。铜、铝是具备以上特点的最常用材料。

2. 绝缘材料

绝缘材料又称电介质。这类材料的主要特点是具有极高的电阻率，在电压作用下，几乎无电流流过，所以常被用来隔离带电体，使电流能沿一定的方向流通。绝缘材料是保证电气安全的物质基础，它的种类很多，常见的有三大类：

（1）气体绝缘材料：空气、氮气、六氟化硫、二氧化碳等。

（2）液体绝缘材料：如变压器油、电容器油等矿物质油类。

（3）固体绝缘材料：如胶、纸板、木材、塑料、橡胶、云母等。

绝缘材料统一的型号规格一般由四位数字组成，第 1、2 位是材料的大、小类号；第 3 位是材料的耐热等级，按绝缘材料的最高允许工作温度可分为七个等级；第 4 位是同一产品的顺序号，用以表示配方成分或性能差异，见表 2—4。

表 2—4　　　　　　　　　绝缘材料极限工作温度等级及代号

代号	′	1	2	3	4	5	6
耐热等级	Y	A	E	B	F	H	C
极限工作温度（℃）	90	105	120	130	155	180	>180

3. 磁性材料

这类材料的主要特点是具有较高的磁导率。一般用来制造电气设备的铁心。常见的磁性材料有硅钢、铁氧体、玻莫合金、铸铁等。导电材料是电的良导体，磁性材料是磁的良导体，主要用来构成磁场的通路。

4. 电碳材料

实际上是一种特殊的导电材料。主要用来制造电机的电刷，连接旋转的转子与外部电源。其主要特点是具有良好的导电性及优越的电接触性能，一般是以石墨为主制造的。

二、铜、铝导线的特点及使用

导线是传输电能、传递信息的电工线材。一般由线芯、绝缘层、保护层三部分组成，其线芯绝大部分是用铜或铝拉制而成。电工所用导线分成两大类：电磁线及电力线。电磁线用来制作各种电感线圈，常见的有漆包线、丝包线、纱包线等。电力线则用来作各种电路连接，分为绝缘线和裸导线两类。绝缘线根据外包的不同绝缘材料又分为塑料线、塑料护套线、橡皮线、棉纱编织橡皮软线（花线）等。裸导线无绝缘包层，主要有裸铝绞线，钢芯铝绞线及各种型材，如母线、铝排等。

常用的绝缘导线的结构、型号及应用范围见表2—5。

表2—5 　　　　　　　　常用导线的结构、型号和应用范围

结构	型号	名称	用途
单根芯线 塑料绝缘 七根绞合芯线 十九根绞合芯线	BV－70 BLV－20	聚氯乙烯绝缘铜芯线 聚氯乙烯绝缘铝芯线	用来作为直流额定电压为500 V及以下的户内照明和动力线路的敷设导线，以及户外沿墙支架线路的架设导线
棉纱编织层　橡皮绝缘　单根芯线	BX BLX	铜芯橡皮线 铝芯橡皮线 （俗称皮线）	
	LJ LGJ	裸铝绞线 钢芯铝绞线	用来作为户外高低压架空线路的架设导线；其中LGJ应用于气候条件恶劣，或电杆档距大，或跨越重要区域，或电压较高等线路场合

续表

结构	型号	名称	用途
塑料绝缘多根束绞芯线	BVR BLVR	聚氯乙烯绝缘铜芯软线 聚氯乙烯绝缘铝芯软线	适用于不做频繁活动的场合电源连接线；不能作为固定的，或处于活动场合的敷设导线
绞合线 平行线	RVB-70 （或 RFB） RVS-70 （或 RFS）	聚氯乙烯绝缘双根平行软线（丁腈聚氯乙烯复合绝缘） 聚氯乙烯绝缘双绞合软线（丁腈聚氯乙烯复合绝缘）	用来作为交直流额定电压为 250 V 及以下的移动电具、吊灯的电源连接导线
棉纱编织层　橡皮绝缘　多束绞芯线 棉纱层	BXS	棉纱编织橡皮绝缘双根绞合软线（俗称花线）	用来作为交直流额定电压为 250 V 及以下的电热移动电具（如小型电炉、电熨斗和电烙铁）的电源连接导线
塑料绝缘 塑料护套　双根芯线	BVV-70 BLVV-70	聚氯乙烯绝缘和护套铜芯双根或三根护套线 聚氯乙烯绝缘和护套铝芯双根或三根护套线	用来作为交直流额定电压为 500 V 及以下的户内外照明和小容量动力线路的敷设导线
橡套或塑料护套　麻绳填芯　橡皮或塑料绝缘 四芯 芯线 三芯	RHF RH	氯丁橡套软线 橡套软线	用于移动电器的电源连接导线；或用于插座板的电源连接导线；或短时临时送电的电源馈线

　　如果在一个绝缘护套内按一定形状分布有单根、多根互相绝缘的导线称为电缆。电缆的型号由下列七部分构成：

| 1 | 2 | 3 | 4 | 5 | 6 | 7 |

其中，1—类别、用途；2—导体；3—绝缘层；4—内护层；5—特征；6—外护层；7—派生。型号中各部分代号及含义见表2—6。

表2—6　　　　　　　　　　　电缆型号各部分的代号及其含义

类别、用途	导体	绝缘层	内护层	特征	外护层	派生
A－安装线	G－铁心	V－聚氯乙烯塑料	BL－玻璃丝编织涂腊克	C－重型	0－相应的裸外护层	1－第一种（户外用）
B－绝缘线	J－钢铜线芯			H－焊机用	1－麻被护层	2－第二种
C－船用线		X－橡皮	F－复合物	G－高压	2－钢带铠装	0.3－拉断力为0.3 t
J－电机引出线	Z－铝芯	XD－丁基橡皮	H－橡套	Z－中型	麻被护层	
K－控制电缆		XF－氯丁橡皮	N－尼龙护套	W－户外用	3－单层钢丝铠装麻被护层	1－拉断力1 t
D－信号电缆		XG－硅橡皮	Q－铅包	Q－轻型		
R－软线		Y－聚乙烯塑料	V－聚氯乙烯护套	R－柔软	4－双层细钢丝铠装麻被护层	65－耐温为65℃
Y－移动电缆				S－双绞型		
U－矿用电				P－屏蔽型	5－单层粗钢丝铠装麻被护层	105－耐温105℃
				T－耐热	31－镀锌钢丝编织	
				Z－直流	32－镀锡钢丝编织	
				J－交流		

铜铝导线连接时应注意以下几点：

①铜导线不能与铝导线直接连接。

②铜、铝导线自身互连时应注意接触处的良好，避免出现过大的接触电阻，引起连接引线过热。

③导线连接时应保证足够的机械强度。

三、常用线管

安装电气线路时用来支持、固定、保护导线的钢管或塑料管叫线管。线管的种类一般有钢管及塑料管两类。线管的规格以管径的大小来划分，常用的线管管径规格有15 mm；20 mm；25 mm；32 mm；40 mm；50 mm；70 mm；80 mm；100 mm等。

第三节 电工测量仪表的一般知识

电工测量仪表的种类很多，按用途分有电流表、电压表、钳形表、兆欧表、万用表、电能表等；按工作原理分有磁电系、电磁系、电动系、感应系等；按使用方式分有安装式（开关板式）和便携式。

常用安装式仪表的型号规定如下：

$$\boxed{1} \quad \boxed{2} \quad \boxed{3} \quad \boxed{4} - \boxed{5}$$

其中，1—形状的第一位代号；2—形状的第二位代号；3—系列号；4—设计序号；5—用途号。

形状代号都是数字，表示仪表的外形及尺寸。仪表的外形有五种，最大尺寸为400 mm，最小尺寸为25 mm。仪表系列代号的含义见表2—7。

表2—7 仪表系列代号的含义

代号	B	C	D	E	G	L	Q	R	S	T	U	Z
系列	谐振	磁电	电动	热电	感应	整流	静电	热线	双金属	电磁	充电	电子

用途代号表示该仪表的用途，如 A－电流表；V－电压表；W－功率表等。

一、电流表、电压表

电流表、电压表是用来测量线路中的电流与电压的仪表，包括测量直流的直流表和测量交流的交流表。

1. 常用电流表、电压表的型号及规格

型号规格的定义上文已述。电流表、电压表的具体型号规格分别有 1CZ—A、1T1—A、1C2—V、1T1—V 等，其中 1CZ—A 是磁电系电流表、1T1—V 是电磁系电压表。

2. 电流表、电压表的使用与维护

电流表、电压表的使用与维护应注意以下几点：

（1）电流表必须串联接入电路：直接串联或与分流电阻并联后串入。

（2）电压表必须并联接入电路：直接并联或与分压电阻串联后并入。

（3）注意电流表、电压表量程的选择，避免烧坏仪表。

（4）直流仪表应注意极性的选择，避免指针反偏，打坏指针。

二、钳形表

钳形表是在不断开电路的情况下进行电流测量的一种仪表，可分为直流钳形表和交流钳形表两类。

1. 常用钳形表的规格型号

见表2—8。

表2—8　　　　　　　　　　常用钳形表的规格型号

型号	级别	用途	测量范围
MG20	5.0	测量交、直流电流	0～100 A，0～200 A，0～300 A 0～400 A，0～500 A，0～600 A
MG21	5.0	测量交、直流电流	0～750 A，0～1 000 A，0～1 500 A
MG25	2.5	测量交流电流、电压和直流电阻	交流电流为 5 A/25 A/100 A，5 A/50 A/250 A 交流电压为 300 V/600 V 直流电阻 0～50 kΩ
MG4－AV	2.5	交流电流、电压	交流电压为 0～150～300～600 V 交流电流为 0～10～30～100～300～1 000 A
T301－A	2.5	交流电流	0～10～25～50～100～250 A 0～10～25～100～300～600 A 0～10～30～100～300～1 000 A
T302－AV	2.5	交流电流、电压	交流电流为 0～10～50～250～1 000 A 交流电压为 0～250～500 V，0～300～600 V

2. 钳形表的使用与维护

（1）使用钳形表时应由两人操作。测量时，必须戴绝缘手套并站在绝缘垫上，不得触及其他设备。观察仪表时，要特别注意保持头部与带电设备的安全距离。

（2）测量时，被测载流导体应放在钳口中央。钳口两个面要闭合紧密。测量时如果有噪声，可将钳口打开，重新合一次。

（3）测量前应先估计被测电流的大小，选用适当量程。

（4）测量完毕，应立即取下仪表，并拨到最大电流挡。使用完毕，将钳形表放入匣内存放。

三、万用表

万用表是电工最常用的仪表，主要用来测量电路的电压、电流、电阻等参量，也可以用来判断元器件的性能和电路的状态等。高档的多功能智能数显万用表除了具备常用万用表的一切功能外，还可以用来测量绝缘电阻、交流电流、相位、功率因数、温度、噪声分贝等。常用的万用表分为指针式万用表和数字式万用表。下面以 MF47 型指针式万用表和 DT890 数字式万用表为例分别介绍其基本功能和使用方法。

1. 指针式万用表

普通的 MF47 型指针式万用表常用来测量交直流电压、直流电流、电阻等。

（1）测量交、直流电压　MF47 型指针式万用表的刻度盘如图2—3所示。

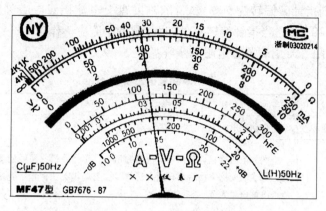

图 2—3　MF47 型万用表刻度盘

1）选择量程　将转换开关转到直流电压挡，将红、黑表棒分别插入"＋""－"插孔中。该表的直流电压挡有 1 V、2.5 V、10 V、50 V、250 V、500 V、1 000 V 7 个挡位，根据所测电压大小将量程转换开关置于相应的测量挡位上。如果所测电压数值无法确定大小时，可先将万用表的量程转换开关旋在最高测量挡位（1 000 V），指针若偏转很小，再逐级调低到合适的测量挡位。

2）测量方法　将红、黑两表笔搭在被测直流电源的高电位和低电位端。测量时应注意正、负极性，如果指针反偏应及时调换红、黑表笔。

3）读取数据　观察图 2—3 所示刻度盘中标有"≈"符号所对应的刻度线。设量程开关旋在 50 V 挡，则指针满偏转为 50 V，因刻度盘上电压挡对应的满刻度为 50 小格，所以每小格对应 1 V，当图示指针偏转 20 格时，测量电压应读作 20 V。同理，又设图示量程开关旋在 250 V 挡，则指针满偏转为 250 V，因刻度盘上电压挡对应满刻度仍是 50 小格，所以每小格对应 5 V，当图示指针偏转 20 格时，测量电压应读作 100 V。

4）测量交流电压首先将万用表量程转换开关旋在"～"挡合适的量程，然后将其两测量端直接并接于被测线路或负载两端即可读数。

（2）测量直流电流

1）选择量程　将转换开关转到直流电流挡，将红、黑表棒分别插入"＋""－"插孔中。该表的直流电流挡有 50 μA、0.5 mA、5 mA、50 mA、500 mA 和 5 A 六个挡位。根据所测电流大小将量程转换开关置于相应的测量挡位上。如果所测的电流数值无法确定大小时，可先将万用表的量程转换开关旋在 500 mA 挡，指针若偏转很小，再逐级调低到合适的测量挡位。

2）测量方法　将红、黑两表笔串入到电路中，红表笔接电路高电位端，黑表笔接电路低电位端。如果指针反偏应及时调换红黑表笔。使用 5 A 挡时，红笔插入 5 A 插座，量程开关置于 500 mA 挡。

3）读取数据　观察刻度盘中标有"≡"符号所对应的刻度线。设量程开关旋在 50 mA 挡，则指针满偏转为 50 mA，因刻度盘上电流挡对应满刻度是 50 小格，所以每小格对应 1 mA，当指针偏转 40 格时，测量电流应读作 40 mA。同理，假设量程开关旋在 500 mA 挡，则指针满偏转为 500 mA，因刻度盘上电流挡对应满刻度仍是 50 小格，所以每小格对应 10 mA，当指针偏转 40 格时，测量电流应读作 400 mA。

（3）测量电阻　万用表测量电阻的步骤见表 2—9。

表 2—9　　　　　　　　　　　　　万用表测量电阻步骤

序号	训练步骤	操作要领
1	选择合适倍率	初步估测电阻大小选择合适倍率
2	调零	将两表笔短接，调节调零电位器旋钮，直至指在第一条欧姆刻度线的零位上。注意：每次改变倍率挡后都必须重新调零。当调零无法使指针到达欧姆零位时，则可能是电池电压太低，需更换电池
3	测量	正确的测量方法是：直接用万用表的红黑表笔接触被测电阻的两引脚，当指针停留在表盘满刻度的 1/3～2/3 范围内变化时可读数。若指针偏转不明显应转动挡位开关，重新选择倍率 错误的测量方法是：借助手指捏紧元件引脚进行测量。由于人体电阻直接并接在被测电阻两端，会造成不必要的测量误差
4	读取表盘刻度值	待指针稳定后，读取欧姆刻度线上的指针指示数值
5	计算被测电阻值	被测电阻值＝表盘读数×倍率
6	判断电阻器性能	把电阻器的标称阻值与万用表实际测量值做差，若差值在误差值以外，则表明电阻器可能变值（一般是阻值增大）或开路

测量电阻时应注意：禁止带电测量电阻。测量电阻时，必须切断电路中的电源，确保被测电阻中没有电流，防止烧坏表头；必须考虑被测电阻所在回路中所有可能的串、并联电阻对测量结果的影响，最好焊下被测电阻的一端引脚，然后测量。测量完毕应将万用表转换开关旋在交流电压最高挡，防止下次测量时不注意转换开关的位置，而直接去测交流电压将表烧坏。

（4）估测电容性能　在设备维修过程中经常会遇到电容器发生断路（即开路或失效）、击穿（即短路）、漏电等典型故障，一般情况下这些故障都可用普通的指针式万用表估测出来，见表2—10。

表 2—10　　　　　　　　　　使用指针式万用表估测电容性能

训练举例	测量方法	现象描述及估测结果
25 V/470 μ／CL（电解）	选择万用表 R×100 挡，将两表笔分别接触电容器两引脚	指针先偏向 Ω 刻度线的"0"位，然后反方向迅速偏向 Ω 刻度线的"∞"位，表明被测电容基本正常
		指针始终停在 Ω 刻度线的"∞"位置，表明被测电容可能断路或失效

续表

训练举例	测量方法	现象描述及估测结果
25 V/470 μ/CL（电解）	选择万用表 $R \times 100$ 挡，将两表笔分别接触电容器两引脚	指针偏向 Ω 刻度线的"0"位并停在该位置，表明被测电容可能击穿或短路
		指针先偏向 Ω 刻度线的"0"位，然后反方向偏转并在刻度盘某个位置摆动，表明被测电容漏电
1.6 kV/5n6/CJ	选择万用表 $R \times 10$ k 挡，将两表笔分别接触电容器两引脚	指针先向 Ω 刻度线的"0"位跳动一下，然后反方向迅速偏向 Ω 刻度线的"∞"位，表明被测电容基本正常

2. 数字式万用表

DT890A 型数字式万用表除了可以测量电压、电流、电阻等基本参量外，还可以测量电容、二极管、三极管等设备的部分参数。由于采用液晶屏直接数显，可以即测即读，所以使用极其方便。

本节简单介绍 DT890A 型数显万用表测量直流电压的过程，其他功能的使用可参考说明书。

（1）选择量程　将数字万用表置于直流电压合适的挡位（此处选 200 V 挡），所选挡位量程应大于被测电压值。如果事先不知道被测电压的大小，应先将转换开关拨至最高量程试测，然而再根据实际情况调整到合适的量程。

（2）测量方法　测量直流电压的电路连接如图 2—4 所示。E 为 24 V 电源，R_L 为负载。测量时，把两表笔直接并联在待测元件端电压的两点上。因数字万用表具有自动转换并显示极性的功能，所以一般在测量直流电压时可不必考虑表笔极性的接法。

（3）读取数据　在液晶屏上直接读出被测元件的端电压数值。如果红表笔接被测电压的正极，黑表笔接被测电压的负极，则液晶屏上显示出来的数字不带正、负符号；若将两表笔调换，则液晶屏所显示的数字将带负号。如果液晶屏只显示"1"，说明被测电压值已超出所选量程，应换成更高量程进行测量。

注意事项：

1）电压测量过程中不能旋动量程转换开关，特别是在测高电压时，严禁带电转换量程。

2）用指针式万用表测量电压时，应注意万用表的"＋""－"极性；而数字式万用表则不需要。

3）数字式万用表直流电压挡 1 000 V 旁边的符号"!"表示不要输入高于 1 000 V 的直流电压，否则，有损坏仪表内部电路的危险。

4）用数字式万用表测量电压时，若误用直流电压挡去测量交流电压，或者误用交流电压挡去测量直流电压，仪表将显示"000"，或在低位上出现跳数现象，此时应及时调换到正确的挡位。

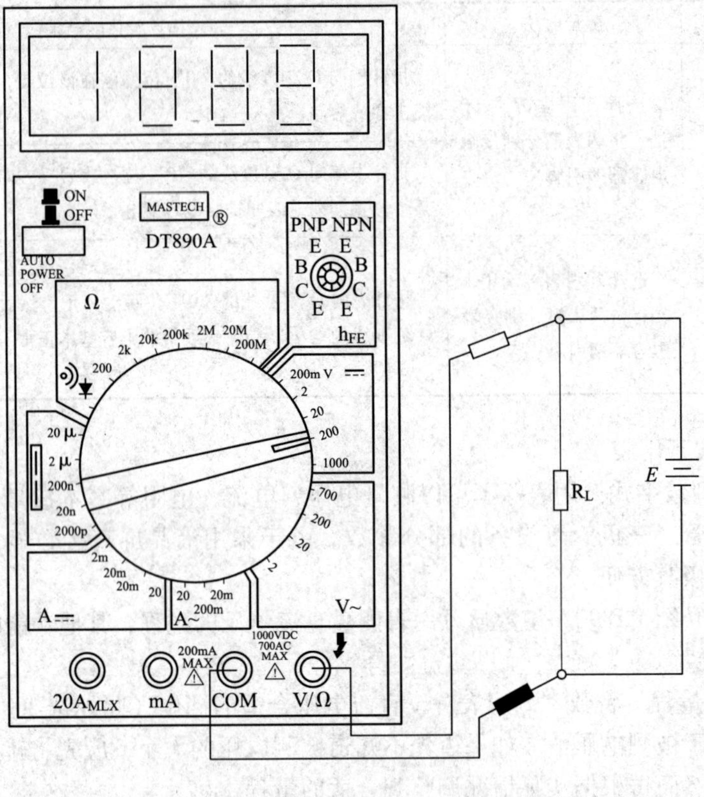

图2—4　数字式万用表测量直流电压

5）由于数字式万用表电压挡的输入电阻很高，所以当两支表笔处于开路状态时，外界干扰信号很容易从输入端窜入，使仪表在低位上出现没有规律跳动的数字，这是正常现象。

四、绝缘电阻表

绝缘电阻表是进行绝缘电阻测量的仪表。

1. 绝缘电阻表的型号、规格

见表2—11。

表2—11　　**绝缘电阻表主要技术数据**

型号	额定电压（V）	测量范围（MΩ）	准确度等级	备注	型号	额定电压（V）	测量范围（MΩ）	准确度等级	备注
	100	0 ~ 200	1.0		ZC11 - 1	100	0 ~ 500	1.0	
	250	0 ~ 500	1.0		ZC11 - 2	250	0 ~ 1 000	1.0	
ZC - 7	500	0 ~ 500	1.0	手摇发电机	ZC11 - 3	500	0 ~ 2 000	1.0	手摇发电机
	1 000	2 ~ 2 000	1.0		ZC11 - 4	1 000	0 ~ 5 000	1.0	
	2 500	5 ~ 5 000	1.0		ZC11 - 5	2 500	0 ~ 10 000	1.0	

续表

型号	额定电压（V）	测量范围（MΩ）	准确度等级	备注	型号	额定电压（V）	测量范围（MΩ）	准确度等级	备注
ZC11－6	100	0～20	1.0		ZC－17	250/500 500/1 000	50/100 1 000/2 000	1.5 1.5	半导体管变换器
ZC11－7	250	0～50	1.0						
ZC11－8	500	0～100	1.0		ZC－30	5 000	0～100 000	1.5	半导体管变换器
ZC11－9	1 000	0～200	1.0						
ZC11－10	250	0～2 500	1.0	手摇发电机	YA1－VC600	1 000 V/2 500 V	0～20 GΩ		数显多功能
ZC25－1	100	0～100	1.0						
ZC25－2	250	0～250	1.0		2R4056－20	50/1 000 V	0～2 GΩ		数显多功能
ZC25－3	500	0～500	1.0						
ZC25－4	1 000	0～1 000	1.0						

2. 绝缘电阻表的选用与维护

（1）绝缘电阻表的选用　见表 2—12。

表 2—12　　　　　　　　不同额定电压的绝缘电阻表使用范围

测量对象	被测对象的额定电压（V）	所选绝缘电阻表的额定电压（V）
线圈绝缘电阻	500 以上 500 以下	500 1 000
电力变压器和电机的线圈绝缘电阻	500 以上	1 000～2 500
发电机线圈绝缘电阻	380 以下	1 000
电气设备绝缘电阻	500 以下 500 以上	500～1 000 2 500
瓷瓶	—	2 500～5 000
CEM/DT—6605 500 V/5000 V	0～60 GΩ	高压测试/数显

（2）绝缘电阻表的维护

1）在测量前，被测设备必须切断电源，并充分放电。

2）绝缘电阻表与被测设备的连线不能用双股线，必须用单股线分开单独连接，以免引起误差。

3）测量前先检查绝缘电阻表的好坏，方法是摇动手柄，先将连线断开，指针应在∞（大）处；再将连线短接，指针应在 0（零）处。

4）测量时，手摇发电机应由慢到快，转速应达到 120 r/min，并保持匀速，使指针稳定。

5）在测量电缆的缆芯对缆壳的绝缘电阻时，除将缆芯和缆壳分别接于 L（线）和

E（地）接线柱外，还要将电缆壳芯之间的内层绝缘物接 G（屏蔽）接线柱，以消除因表面漏电而引起的误差。

五、电能表

1. 电能计量

用于计量电能的装置叫电能计量装置。电能计量装置包括各种类型电能表、计量用电压、电流互感器及其二次回路、电能计量柜（箱）等。根据 DL/T 448—2000《电能计量装置技术管理规程》的规定，用于贸易结算和电力企业内部经济技术指标考核用的电能计量装置按其所计量电能的多少和计量对象的重要程度分为 I、II、III、IV、V 五类，其适用对象见表 2—13。

表 2—13　　　　　　　　　　　　　计量装置分类及其适用对象

类别	适用对象
I 类电能计量装置	月平均用电量为 500 万 kWh 及以上或变压器容量为 10 000 kVA 及以上的高压计费用户；200 MW 及以上发电机、发电企业上网电量、电网经营企业之间的电量交换点；省级电网经营企业与其供电企业的供电关口计量点
II 类电能计量装置	月平均用电量为 100 万 kWh 及以上或变压器容量为 2 000 kVA 及以上的高压计费用户；100 MW 及以上发电机、供电企业之间的电量交换点
III 类电能计量装置	月平均用电量 10 万 kWh 及以上或变压器容量为 315 kVA 及以上的计费用户；100 MW 以下发电机、发电企业厂（站）用电量、供电企业内部用于承包考核的计量点 3 考核有功电量平衡的 110 kV 及以上的送电线路
IV 类电能计量装置	负荷容量为 315 kV·A 以下的计费用户；发供电企业内部经济技术指标考核用
V 类电能计量装置	单相供电的电力用户计费用电计量装置

2. 普通电能表

电能表是专门用来测量电能累积值的一种仪表。常见的普通单相电能表有感应式（机械式）电能表和静止式（电子式）电能表两种，其外形如图 2—5 所示。

（1）感应式电能表　利用固定交流磁场与由该磁场在可动部分的导体中所感应的电流之间的作用力而工作的仪表，称为感应式仪表。常用的交流电能表就是一种感应式仪表，它由测量机构和辅助部件两大部分组成。测量机构包括驱动元件、传动元件、制动元件、轴承及计数器；辅助部件包括基架、底座、表盖、端钮盒及铭牌。

（2）电子式电能表　电子式电能表也称静止式电能表，它是把单相或三相交流功率转换成脉冲或其他数字量的仪表。电子式电能表有较好的线性度，具有功耗小、电压和频率的响应速度快、测量精度高等优点。

常用的单相普通电子式电能表具有以下功能：

1）电能计量功能　单相普通电子式电能表具有电能计量功能，且为正反双向累计，防止用户采用输入、输出线路交换的方式进行窃电。

图 2—5　常见的单相电能表

a）DD862 感应式电能表　b）DDS607 单相电子式电能表

c）DDSY9001 单相电子式预付费电能表　d）DDSF607 单相电子多费率（分时）电能表

2）功率脉冲输出　单相普通电子式电能表具有光耦隔离的无源脉冲输出电量信号，可为集中抄表系统提供脉冲电能。

3）电能显示　电能显示包括机械计度器、数码管和液晶显示器。

3．智能电能表

智能电能表由测量单元、数据处理单元、通信单元等组成，是具有电能计量、信息存储及处理、实时监测、自动控制、信息交互等功能的电能表。

智能电能表具有以下特点：

1）减少了电流的规格等级，去掉了 3 A、15 A、30 A 这样的规格。

2）单相表均为费控表，费控分负荷开关内置与外置两种。

3）所有表都有电压、电流、功率、功率因数等监测参数。

4）通信模块采用可插拔方式，不影响计量，方便升级更换与技术改进。

5）统一的通信协议、通信接口，各厂家的掌机程序或通信软件可通用。

6）增加了阶梯电价功能。

智能电能表型号的含义如图 2—6 所示。

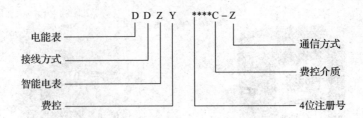

图2—6 智能电能表型号含义

智能电能表表型见表2—14。

表2—14 智能电能表表型

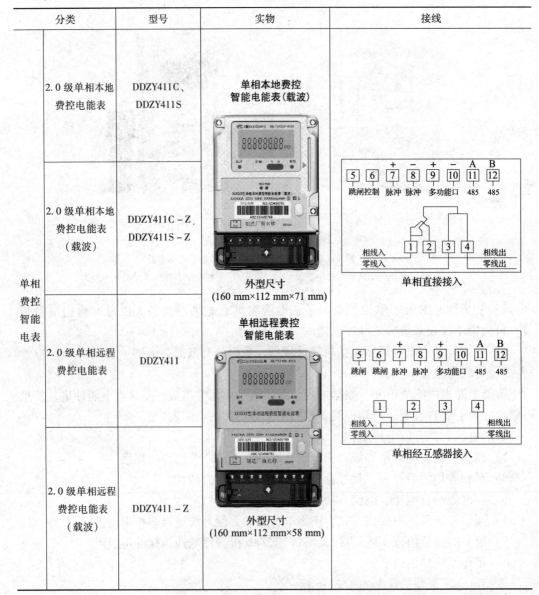

续表

分类	型号	实物	接线
三相智能电表（无费控功能）：0.2S级三相智能电能表；0.5S级三相智能电能表；1.0级三相智能电能表	三相三线型号：DSZ149 三相四线型号：DTZ149	三相智能电能表（0.2S、0.5S、1.0级） 外形尺寸（265 mm×170 mm×75 mm）	三相四线直接接入
三相费控智能电表：0.5S级三相费控智能电能表（无线）；1.0级三相费控智能电能表（无线）；1.0级三相费控智能电能表（载波）	DSZY411 – G DTZY411 – G DSZY411C – G DTZY411C – G DSZY411S – G DTZY411S – G DSZY411 – Z DTZY411 – Z DSZY411C – Z DTZY411C – Z DSZY411S – Z DTZY411S – Z	三相费控智能电能表（0.2S、0.5S、1.0级） 外形尺寸（290 mm×170 mm×85 mm）	三相四线经电压、电流互感器接入 三相三线经电压、电流互感器接入

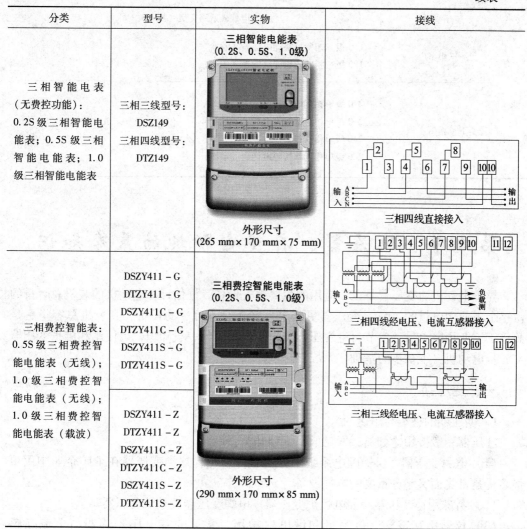

智能电表选用时可以根据不同安装环境选用，见表2—15。

表2—15   不同安装环境适用表类型

安装环境	电能表适用类型（推荐）
100 kVA 及以上专变用户	0.2S 级三相智能电能表 0.5S 级三相智能电能表 1.0 级三相智能电能表
100 kVA 以下专变用户	0.5S 级三相费控智能电能表（无线） 1.0 级三相费控智能电能表（载波） 1.0 级三相费控智能电能表（无线）

安装环境	电能表适用类型（推荐）
公变下三相用户	1.0级三相费控智能电能表（载波） 1.0级三相费控智能电能表（无线）
公变下单相用户	2.0级单相本地费控电能表 2.0级单相本地费控电能表（载波） 2.0级单相远程费控电能表 2.0级单相远程费控电能表（载波）

第四节　变压器、异步电动机的基本知识

异步电动机与变压器是工业应用的主要电气设备。据估计，电动机的装机总容量约占整个工业用电量的40%。变压器更是电力输送必不可少的设备，其装机总容量更是数倍于工业用电总量。本节讨论变压器与异步电动机的一般知识，为使用和维护变压器与异步电动机打下初步的基础。

一、变压器

1. 变压器的种类与用途

变压器一般按用途分类，常见的有下列几类：

（1）电力变压器　供输配电系统中升压或降压用，这类变压器在工矿企业中用得最多，是常见而又十分重要的电气设备。

（2）特殊用途变压器　如电弧炉变压器、电焊变压器及整流变压器。

（3）仪器用互感器　供测量和继电保护用，常见的有电压互感器与电流互感器。

（4）试验变压器　供电气设备作耐压试验用的高压变压器。

（5）控制变压器　用于自动控制系统中的小功率变压器。

2. 变压器的结构与工作原理

（1）变压器的结构　变压器一般由下列主要部分组成：铁心、线圈（绕组）、油箱（油浸式变压器才有）及附件。铁心和绕组构成变压器的主体。图2—7是油浸式电力变压器结构外形图。

（2）变压器的工作原理　以单相变压器一次侧空载运行来说明变压器的工作原理。所谓空载运行是指一次侧接交流电源，二次侧开路的运行情况。如图2—8所示空载运行原理图。

变压器一次绕组在交流电源电压 U_1 的作用下会有交变电流流过，由于二次侧开路 $I_2=0$，此时的一次电流叫空载电流 I_0，此电流在绕组中产生交变磁通，由此而产生感

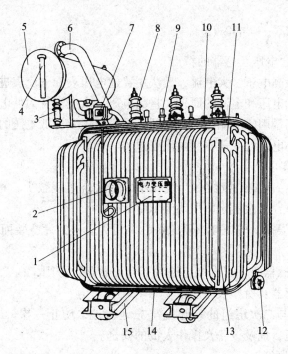

图2—7　油浸式电力变压器

1—铭牌　2—信号式温度计　3—吸湿器　4—油标　5—储油柜　6—安全气道
7—气体断电器　8—高压套管　9—低压套管　10—分接开关　11—油箱
12—放油阀门　13 散热器　14—接地板　15—活动支架

应电动势。由于一次和二次绕组绕在同一铁心上，交变磁通在一次和二次绕组上同时产生感应电动势 E_1 和 E_2。根据电磁感应定律，该电动势的大小可由下式进行计算：

$$E = 4.44fN\Phi_m \text{（V）}$$

式中　f——电源频率，Hz；

　　　N——绕组匝数，匝；

　　　Φ_m——主磁通，Wb。

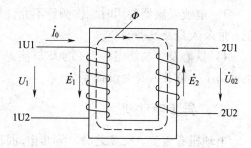

图2—8　理想变压器的空载运行

由于一二次绕组频率一致，主磁通相同，所以一二次绕组产生的感应电动势分别为：

$$E_1 = 4.44fN_1\Phi_m$$
$$E_{20} = 4.44fN_2\Phi_m$$

在忽略变压器一二次绕组的损耗时，$E_1 = U_1$，$E_{20} = U_{02}$（数值上相等）。所以

$$\frac{U_1}{U_{02}} = \frac{E_1}{E_{20}} = \frac{4.44fN_1\Phi_m}{4.44fN_2\Phi_m} = \frac{N_1}{N_2}$$

即变压器一次和二次的电压比等于其一次和二次绕组的匝数比。利用这一规律，在制造变压器时控制一次和二次绕组的匝数，就可得到升压或降压变压器。例如，一台变压器一次绕组匝数 $N_1 = 100$ 匝，二次绕组匝数 $N_2 = 200$ 匝，一次侧加电压 220 V，则二

次侧得到电压 $U_{02} = U_1 \dfrac{N_2}{N_1} = 440$（V）。

3. 电流互感器、电压互感器的特点

电力系统往往是高电压、大电流，无法用普通电压表和电流表进行测量。因此，人们利用变压器能改变电压和电流的原理，将高电压、大电流变为低电压、小电流，然后进行测量。这种供测量用的变压器叫互感器。将高电压变为低电压的变压器叫电压互感器；将大电流变为小电流的变压器叫电流互感器。

（1）电压互感器的特点

1）电压互感器一次绕组匝数多，线径小，二次绕组匝数少，相当于降压变压器。为了使仪表规格统一，二次额定电压均为 100 V。

2）为减小测量误差，电压互感器的铁心采用优质硅钢片叠装而成，工作时空载电流很小。

3）使用电压互感器时，二次绕组绝对不允许短路，否则，在二次绕组中会产生很大的电流，烧坏互感器及所接仪表。

4）互感器铁心与二次绕组的一端应牢靠地接地，防止一次、二次绕组绝缘损坏时，二次侧出现高压，危及设备及操作人员的安全。

（2）电流互感器的特点

1）电流互感器一次绕组匝数少，线径大，二次绕组匝数多，线径小，为使仪表规格统一，二次侧额定电流均为 5 A。

2）电流互感器为使测量准确，其铁心用优质硅钢片叠成，空载电流很小。

3）电流互感器使用时二次侧绝不允许开路，否则铁心会过热，且二次侧会产生高压，危及人身及设备安全。

4）铁心及二次绕组一端必须牢靠接地，防止一次、二次绕组绝缘损坏造成二次侧出现高压，危及人身及设备安全。

二、异步电动机

电动机有直流、交流之分。异步电动机属于交流电动机的一种；另一种交流电动机是同步电动机。异步电动机由于结构简单、维护方便、价格便宜，所以应用最为广泛。

1. 异步电动机的分类及用途

异步电动机可分为感应式和换向器式两种。换向器式异步电动机应用较少，本书主要讨论感应式异步电动机。感应式异步电动机根据转子绕组的结构分有笼型异步电动机和绕线转子异步电动机两种。

常见的异步电动机结构与用途见表 2—16。

表 2—16 常见异步电动机结构特点与用途

名称	结构特点	用途
封闭式三相笼型电动机	铸铁外壳，封闭自扇冷式，外壳上有散热片，铸铝转子	一般拖动用，适用于灰尘多、尘土飞溅的场所

续表

名称	结构特点	用途
变极式多速 三相异步电动机	有双速、三速、四速等，其他同封闭式三相笼型电动机	适用于需分级调速的一般机械设备
封闭式绕线异步电动机	转子为绕线型，刷握装置于轴承内盖的凸块上，无举刷装置	启动电流小、启动转矩大、可在小范围内调速
深井水泵异步电动机	防滴立式自扇冷式，底座有单列向心推力球轴承	专供立式深井水泵，为工矿、农业提取地下水用
隔爆异步电动机	电动机外壳适应隔爆的要求	用于有爆炸性混合物的场所

2. 异步电动机的结构与工作原理

（1）异步电动机结构　分为定子和转子两个主要部分。定子主要包括机座、定子铁心和定子绕组。转子由转子铁心和转子绕组组成。转子绕组又可分为绕线式和笼型式两种。

绕线式转子结构如图 2—9 所示。绕线式转子绕组通过滑环与外部的变阻器连接，用来改善电动机的启动与调速性能。具有这种转子结构的电动机称为绕线式异步电动机。笼型转子结构如图 2—10 所示。一般用铸铝制成，具有笼式转子的电动机叫笼型电动机。它结构简单、坚固，造价低，用途广泛。

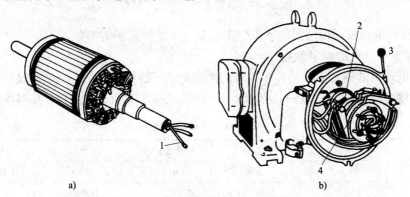

a)　　　　　　　　　　　　　　b)

图 2—9　绕线式转子和电刷装置

a) 绕线式转子　b) 滑环和电刷装置

1—绕组出线端　2—短路装置　3—电刷　4—滑环

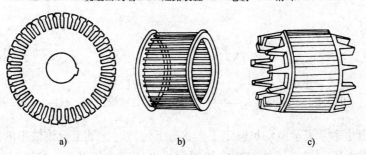

a)　　　　　　　b)　　　　　　　c)

图 2—10　笼型式转子的构成

a) 转子铁心冲片　b) 笼式绕组　c) 铝铸转子

（2）异步电动机工作原理　如图2—11所示。N、S是一对可转动的磁极，转子上嵌有短路的线圈。当磁极在空间转动起来，线圈就会切割磁通而感应电流，线圈中通过电流在磁场中会受到力的作用，它使转子顺磁场转动方向而旋转。由于转子与旋转磁场方向一致，如果转子转速等于旋转磁场转速，那么转子导体不能切割磁场，也就不能使转子旋转起来。旋转磁场的转速叫同步速度 n_1，异步电动机的转子转速必须不等于旋转磁场同步速度 n_1，这就是异步电动机名称的来源。转子速度与同步速度之差称为转差速度，转差速度与同步速度之比称为转差率，以 S 表示。

$$S = \frac{n_1 - n}{n_1}$$

式中　n——转子速度，r/min；

　　　S——转差率。

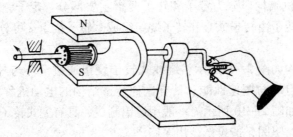

图2—11　异步电动机的工作原理

S 是异步电动机运行情况的基本数据，是一个非常重要的参数。

3．异步电动机的额定参数

异步电动机的额定参数均标在机座的铭牌上。了解铭牌上的数据的意义，对于正确使用电动机十分重要。表2—17是电动机铭牌的式样。下面分别介绍其中各项的含义。

表2—17　　　　　　　　　　　　三相异步电动机铭牌

型号	YX3 – 180M – 4	功率	18.5 kW	电压	380 V
电流	35.9 A	频率	50 Hz	转速	1 470 r/min
接法	△	工作方式	连续	绝缘等级	IP44
产品编号		质量			
		××电机厂　　　　　×年×月			

（1）型号

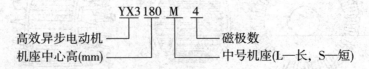

（2）额定功率　表示电动机额定工作状态下运行时，轴上允许输出的机械功率。

（3）额定电压　指定子绕组规定使用的线电压，单位是 V。按国家有关规定，额定电压等级有220 V、380 V、3 000 V、6 000 V 等。

（4）接法 指电动机定子绕组的连接方式。若铭牌上标明 380 V、接法 △（三角形），表示电动机额定电压 380 V，应接成 △。若铭牌上是 380/220 V、接法 丫/△，表明电源线电压为 380 V 时应接成 丫（星形），电源线电压为 220 V 时应接成 △。多数异步电动机将绕组的首、末端引出至机座的接线盒中，可根据需要接成 丫 或 △。如图 2—12 所示。

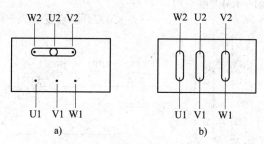

图 2—12 接线盒内端子的接法
a）丫接法 b）△接法

（5）额定电流 表示电动机在额定工作状态下运行时，电源输入电动机绕组的线电流，单位为 A。若铭牌上标有两个电流，表示定子绕组对应两种接法时的输入电流。

（6）额定频率 指输入电动机的交流电的频率，单位为 Hz。我国采用 50 Hz（工频）。

（7）功率因数 电动机在额定状态下运行时，输入的有功功率与视在功率的比值。电动机空载运行时，功率因数很低，约为 0.2；满载运行时，一般为 0.75 ~ 0.93。

（8）温升 表示电动机允许发热的限度。例如温升 80℃，环境温度 40℃，则电动机温度不允许超过 120℃（80℃ + 40℃ = 120℃）。否则，会缩短电动机使用寿命。温升限度取决于电动机所采用的绝缘材料耐热等级。

4. 异步电动机的保护

异步电动机在工作时如果出现不正常情况，必须及时切断电源，否则会缩短电动机使用寿命，甚至会损坏电动机。对电动机危害较大的故障现象有短路及过载，这两种情况下都会造成电动机电流过大，绕组发热严重，造成温升过高，会缩短电动机使用寿命，严重时会烧毁电动机。对这两种故障分别用熔断器和热继电器进行保护。当出现短路电流时，熔断器熔断，从而切断电源，避免故障扩大；当出现过载时，热继电器动作切断控制电路，从而切断主电路电源，避免电动机受到损伤。异步电动机还容易出现缺相运行故障，一般也是用热继电器进行保护。

5. 异步电动机的启、制动控制

（1）异步电动机接入电网的瞬间，启动电流大约是额定电流的 4 ~ 7 倍。过大的启动电流会造成电网电压变化过大；并且对于启动时间较长的电动机，过大的启动电流会对电动机造成损害。所以除了小型异步电动机外，大多数异步电动机采用降压启动方法，以减小启动电流。常见的降压启动方法有 丫/△ 降压启动、延边三角形降压启动、自耦变压器降压启动等。

1）三相异步电动机单向启动控制线路 电路图如图 2—13 所示。其工作原理是：

启动

按下SB2→KM线圈得电 ┬→ KM主触点闭合→电动机M得电运行
　　　　　　　　　　　└→ KM常开触点闭合→实现自保

停机

按下SB1→KM线圈失电 ┬→ KM主触点复位→电动机M断电停机
　　　　　　　　　　　└→ KM常开触点复位→自保解除

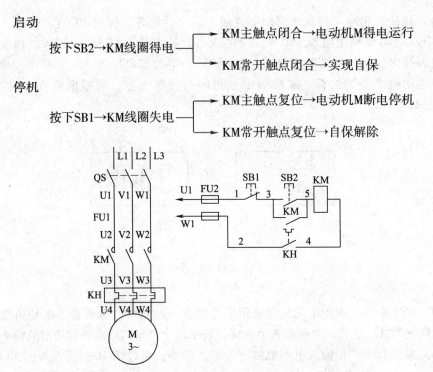

图2—13　三相电动机单向启动控制线路电气原理图

2）星形—三角形降压启动控制电路　正常运行时，定子绕组为三角形联结的笼型异步电动机，可采用星形—三角形降压启动方式来达到限制启动电流的目的。

启动时，定子绕组首先联结成星形，待转速上升到接近额定转速时，将定子绕组的联结由星形联结成三角形，电动机便进入全压正常运行状态。

主电路由3个接触器进行控制，KM1、KM3主触点闭合，将电动机绕组联结成星形；KM1、KM2主触点闭合，将电动机绕组联结成三角形。控制电路中，用时间继电器来实现电动机绕组由星形向三角形联结的自动转换。图2—14给出了星形—三角形降压启动控制电路。

控制电路的工作原理是：按下启动按钮SB2，KM1通电并自锁，接通时间继电器KT，KM3的线圈通电，KM1与KM3的主触点闭合，将电动机绕组联结成星形，电动机降压启动。待电动机转速接近额定转速时，KT延时完毕，其常闭触点动作断开，常开触点动作闭合，KM3失电，KM3的常闭触点复位，KM2通电吸合，将电动机绕组联结成三角形联结，电动机进入全压运行状态。

（2）异步电动机制动控制线路　当电动机断电后，由于转子具有惯性，电动机不能立即停止转动。而生产机械往往要求电动机能迅速停机，准确地停在某个位置上，为此就必须对电动机进行制动。制动的方法很多，常用的有两大类：机械抱闸制动和电气制动。本书主要介绍电气制动的原理及线路。常见的电气制动方法有：反接制动、能耗制动等。

1）反接制动　对于三相异步电动机，当调换定子绕组任意两根电源线后，电动机旋转方向就反向。通过这种方法可改变电动机的转向，这就是反接制动的工作原理。在需要制动时，任意对调定子绕组的两根电源线，从而产生与转子转动方向相反的磁场和

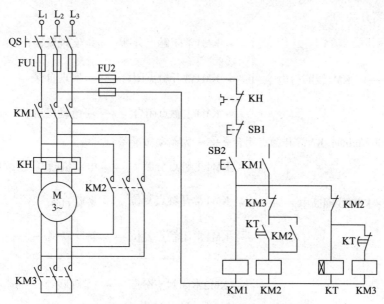

图 2—14 星形—三角形降压启动控制电路

电磁转矩，使电动机迅速停机。必须注意的是：当电动机转速接近于零时应立即切断电源，避免电动机反向启动。图 2—15 是电动机单向运行反接制动的电路图。主电路中 KM1 是正常运行接触器，KM2 是反接制动接触器，KN 是速度继电器，高速时其触点闭合，当电动机转速接近 100 r/min 时 KN 触点断开，切断 KM2，避免电动机反向启动。KM1 与 KM2 之间设有辅助触点联锁，防止电源短路。线路中 KM1 的控制与单向启动电路完全相同。其控制动作如下：

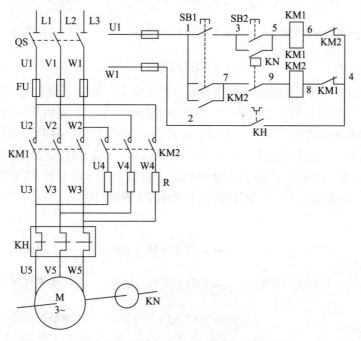

图 2—15 电动机单向运行反接制动电路图

合上隔离开关 QS

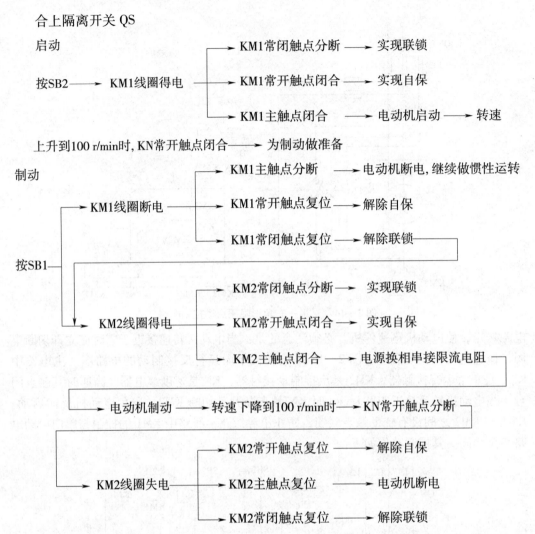

2）能耗制动　其制动原理是停机时断开交流电源，给定子绕组通入直流电，在惯性作用下旋转的转子切割此直流电产生的磁场而产生与旋转方向相反的力矩，从而产生制动作用。这种制动方法实际上是把转子旋转的动能消耗在转子回路电阻上。其电路图如图 2—16 所示。它的主电路中 QS、FU1、KM1 和 KH 组成单向启动控制环节。整流器 V 将 W 相电源整流，由 KM2 控制通入电动机定子绕组。时间继电器 KT 的延时触头控制 KM2 的动作。制动电源通入电动机的时间长短由 KT 的延时决定。线路动作过程如下：

　　合上 QS

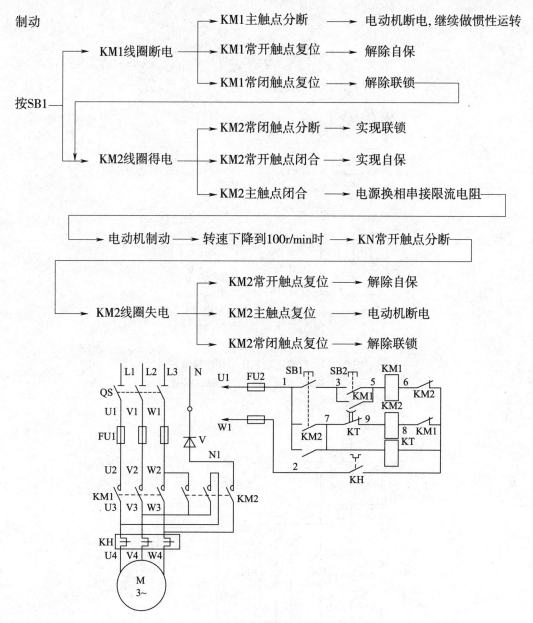

制动

按SB1

KM1线圈断电
→ KM1主触点分断 → 电动机断电,继续做惯性运转
→ KM1常开触点复位 → 解除自保
→ KM1常闭触点复位 → 解除联锁

KM2线圈得电
→ KM2常闭触点分断 → 实现联锁
→ KM2常开触点闭合 → 实现自保
→ KM2主触点闭合 → 电源换相串接限流电阻

→ 电动机制动 → 转速下降到100r/min时 → KN常开触点分断

KM2线圈失电
→ KM2常开触点复位 → 解除自保
→ KM2主触点复位 → 电动机断电
→ KM2常闭触点复位 → 解除联锁

图 2—16　电动机能耗制动控制电路图

6. 双速电动机的工作原理与控制线路

异步电动机的转速 $n = (1 - S)\dfrac{60f}{p}$，可见如果能改变极对数 p 就能改变电动机的转速，由于极对数必须成倍改变，比如 2 极变 4 极、4 极变 8 极等。故改变极对数一般为有级调速，常见的是 2 极变 4 极、4 极变 8 极，即双速电动机。改变极对数的方法是将电动机的定子绕组每相做成两个相同的部分。其绕组接线图与控制线路分别如图 2—17 与图 2—18 所示。

控制电路的工作原理请读者按上述方法自行分析。

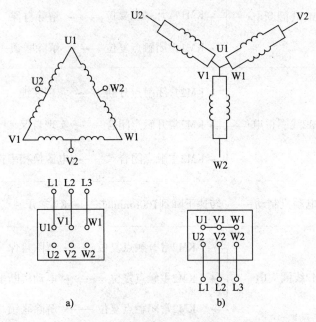

图 2—17　双速电动机定子绕组接线图

a）三角接法—低速　b）ΥΥ接法—高速

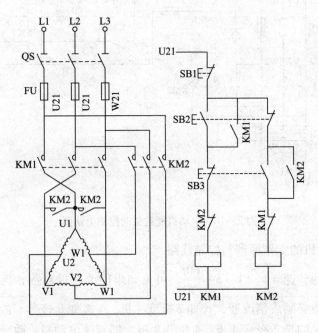

图 2—18　双速电动机控制线路

第五节　供电常识

一、工业企业配电接线

1. 基本接线形式

在电力系统中，根据网络所承担的任务可分为系统联络网与供配电网两类。系统联络网用于联系电力系统中的发电厂和枢纽变电所；供配电网用于联络负荷，担负供给用户电能的任务。供配电网的接线形式随用户的要求而异，基本接线形式有无备用接线方式和有备用接线方式两大类。

无备用接线方式又可分为单回路放射式、干线式、链式、树枝式等几种，其结构如图 2—19 所示。这类接线主要优点在于接线简单，运行方便；但由于只能从一个方向取得电源，因而供电可靠性差。

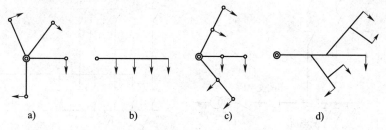

图 2—19　无备用接线方式

a）放射式　b）干线式　c）链式　d）树枝式

有备用接线方式又可分为双回路放射式、双回路干线式、环式、两端供电式、多端供电式等几种，其结构如图 2—20 所示。这类接线主要优点在于供电可靠性高，缺点是操作复杂、继电保护复杂、经济性较差。

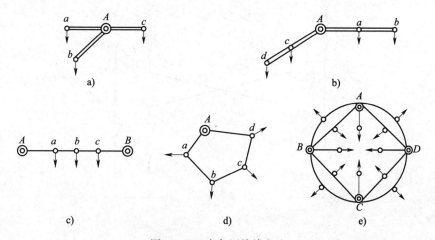

图 2—20　有备用接线方法

a）双回路放射式　b）双回路干线式　c）两端供电式　d）环式　e）多端供电式

2. 工业企业配电网接线形式

工业企业负荷集中，对供电可靠性要求很高，为了提高运行维护的安全一般都要求简化接线和减少供电电压等级，并应尽量采用 35 kV 及以上的高压线路直接向车间供电以提高运行的经济性。企业配电网按电压等级不同可分为高压配电网和低压配电网两类，二者结构形式相似。具体选择高压配电网接线时还需要根据它与低压网的联络情况进行综合考虑。

（1）高压配电网接线形式 由厂区总降压变电所引出的 6～10 kV 高压配电线路承担向各个车间变电所输电的任务。高压配电网通常有放射式、干线式、链式和环式 4 种。

1）放射式配电网 常用的放射式配电网有单回路放射式网络、有公共备用线路的放射式网络和双电源双回路的放射式网络三种，其网络结构如图 2—21 所示。

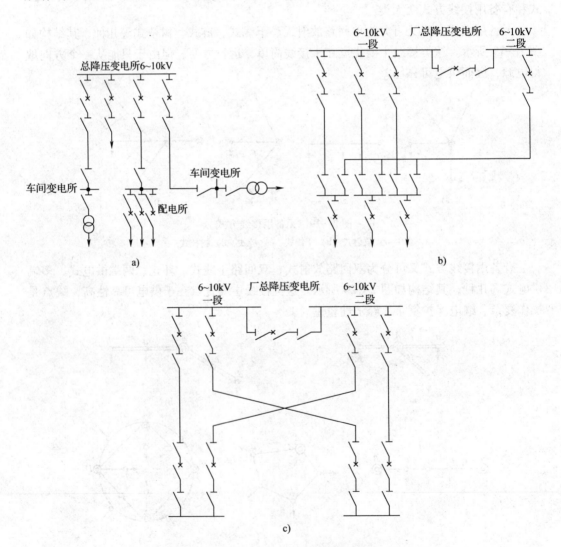

图 2—21 放射式配电网

a）单回路放射式配电网络 b）有公共备用线路的放射式配电网 c）双电源双回路

单回路放射式配电网络，优点是线路敷设简单，维护方便，保护装置简化；主要缺点是供电可靠性差。它只适用于三级和部分次要的二级负荷。

有公共备用线路的放射式网络，当任一条线路故障或停电检修时，另一条线路可继续供电，适用于对二、三级负荷供电。

双电源双回路的放射式网络的电源互为备用，无支接，供电可靠性最高，适用于对一级负荷供电。

2）干线式配电网　干线式网络如图 2—22 所示，各车间变压器沿干线敷设，接线简单、投资较少、节约有色金属，但由于干线故障会导致各车间停电，为此一般将分支数限制在 5 个以内。

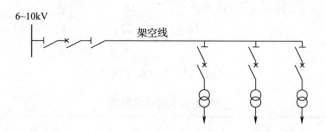

图 2—22　干线式网络

3）链式配电网　链式网络如图 2—23 所示。干线中某一段故障时，在电源端的断路器分断后，可拉开故障段隔离开关，恢复前段干线的供电，缩小了停电范围。这种接线最适用于电缆线路。

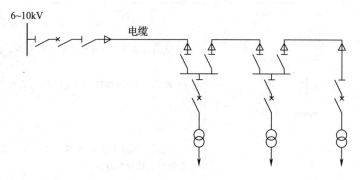

图 2—23　链式网络

4）环式配电网　环式配电网络如图 2—24 所示。它可以开环或闭环运行，其可靠性和灵活性都较高。闭环运行时，保护装置较复杂，短路电流也较大。为简化继电保护及降低短路电流，一般采用正常情况开环运行。若环网任何一段故障，在该段切除闭合原开环点后，仍能保持对各负荷供电。这种网络的缺点在于导线截面按总负荷考虑，所以有色金属消耗量和投资费用较大。

（2）低压配电网接线形式　低压配电网接线基本形式有放射式、树干式和链式三种，其结构特点及优缺点见表 2—18。

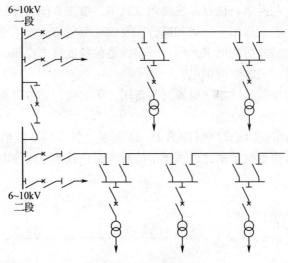

6~10kV
一段

6~10kV
二段

图2—24　环式配电网络

表 2—18　　　　　　　　低压配电网接线形式

接线形式	接线形式	优缺点
放射式		1. 优点：线路故障时影响范围小，因此可靠性较高；控制灵活，易于实现集中控制； 2. 缺点：线路多，有色金属消耗量大；不适于发展
树干式		1. 优点：线路少，有色金属消耗量少，投资省；易于发展； 2. 缺点：干线故障时影响范围大，因此供电可靠性较低
链式		1. 优点：线路上无分支点，适于穿管敷设或电缆线路；节省有色金属消耗量； 2. 缺点：线路检修或故障时，相连设备全部停电，因此供电可靠性较低

1）放射式低压配电网接线适用于供大容量设备，或供要求集中控制的设备，或供要求可靠性高的重要设备。

2）树干式低压配电网接线适用于明敷线路，也适于供可靠性要求不高和较小容量的设备。

3）链式低压配电网接线适用于暗敷线路，也适于供可靠性要求不高的小容量设备；链式相连的设备不宜多于5台，总容量不超过10 kW。

二、变、配电所常用的高、低压设备类型与作用

1. 高压设备

变、配电所（站）中的高压设备主要有高压断路器、高压隔离开关、高压负荷开关、高压熔断器等。这些设备放在室内时，通常用一个金属柜将其组合起来，这就是高压开关柜。

（1）高压断路器　高压断路器是变、配电所中的主要设备之一，它具有完善的灭弧结构和足够的断流能力，可在正常工作或故障情况下可靠地切断工作电流或故障电流。高压断路器种类很多，一般按安装场所可分为户内式和户外式；按灭弧介质可分为油断路器、真空断路器、空气断路器、六氟化硫（SF₆）断路器等。

高压断路器的型号规定如下：

$$\boxed{1}\;\boxed{2}\;\boxed{3}-\boxed{4}\;\boxed{5}/\boxed{6}-\boxed{7}$$

其中，1—产品名称，一般用字母表示。常见的有：D—多油断路器；S—少油断路器；K—空气断路器；C—磁吹断路器；L—六氟化硫断路器；Z—真空断路器。

型号规定中 2—安装场所，3—设计序号，4—额定电压（kV），5—派生代号，6—额定电流（A），7—额定断流容量（MV·A）或开断电流（kA）。

高压断路器中最常见的两类是油断路器与真空断路器，分别介绍如下：

1）油断路器　可分为多油式和少油式两种。多油断路器中油的作用一是灭弧；二是绝缘。由于其体积庞大，安装、维护不方便等原因，现已停止生产。少油断路器中油只起灭弧作用，其体积小，断流量大，结构坚固，目前使用广泛。但因其外壳带电，安装时一定要注意外壳与地之间的绝缘。

2）真空断路器　这是 20 世纪 60 年代发展起来的一种新型高压断路器，它利用真空作为灭弧介质。其优点有体积小、重量轻、触头动作快、防火防爆、噪声小等。目前有取代其他断路器的趋势。

（2）高压隔离开关　也是一种使用广泛的高压开关设备。由于它没有灭弧装置，所以它不能用来切断负荷电流，更不能切断短路电流。其主要作用是：

1）隔离电压　由于隔离开关触头具有明显的断开点，可用来隔离要检修的高压设备与带电的高压线路，以保证检修人员的安全。有的隔离开关还附有接地刀开关，供检修时将出线端作安全接地。

2）倒换母线　在双母线制的电路中，利用隔离开关将设备或线路从一组母线切换到另一组母线上去。

3）按规定隔离开关还可进行如下操作：

①分、合电压互感器或避雷器回路。

②分、合电压 10 kV 以下、容量 315 kV·A 以下、励磁电流 2 A 以下的空载变压器。

③分、合电压 35 kV、长度 10 km 的空载架空线或电压 10 kV、长度 5 km 的空载电缆线路。

隔离开关与高压断路器的配合通常如图 2—24 所示。在接通负荷时，应先合上隔离开关，再合上断路器；在切断负荷时，应先切断断路器，再断隔离开关。次序绝对不能有错。

隔离开关的型号规定如下：

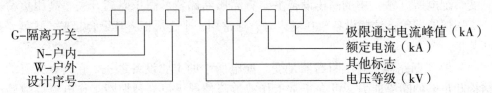

G—隔离开关 —— 极限通过电流峰值（kA）
N—户内 —— 额定电流（kA）
W—户外 —— 其他标志
设计序号 —— 电压等级（kV）

（3）高压负荷开关　从外观上看与隔离开关相似，具有明显的触头断开点。但它设置有简单的灭弧装置，能切除一定的负荷电流。高压负荷开关在线路中的作用如下：

1）通断正常的负荷电流。

2）与高压熔断器一起配合使用，可代替高压断路器。

高压负荷开关的型号含义如下：

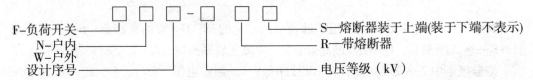

F—负荷开关 —— S—熔断器装于上端（装于下端不表示）
N—户内 —— R—带熔断器
W—户外
设计序号 —— 电压等级（kV）

（4）高压熔断器　这是人为设置在电网中的一种发热元件。当过负荷电流或短路电流流过该元件时，利用电流的热效应将熔体熔化，从而达到分断电路、保护电气设备的目的。其型号含义如下：

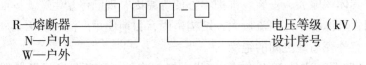

R—熔断器 —— 电压等级（kV）
N—户内 —— 设计序号
W—户外

（5）高压开关柜　也称高压成套配电装置。它将高压电器、保护装置、测量仪表及操作机构安装在金属柜体内，使运行、维护既方便又安全，而且占地小，施工方便。因此，高压开关柜成为变、配电所的主要设备。目前常用的有固定式（GG 型）和手车封闭式（GFC 型）两种。

2. 低压设备

（1）闸刀开关　闸刀开关是结构最简单、应用最广泛的低压开关电器。其作用是隔离电源；当开关有灭弧罩，并用杠杆操作时，可通断额定电流；当开关中配有熔体时也能进行短路保护。闸刀开关按极数分有单极、双极和三极；按结构分有平板式和框架式；按操作方式分有直接操作式和杠杆操作式。其型号规定如下：

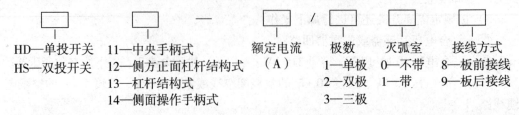

HD—单投开关	11—中央手柄式	额定电流	极数	灭弧室	接线方式
HS—双投开关	12—侧方正面杠杆结构式	（A）	1—单极	0—不带	8—板前接线
	13—杠杆结构式		2—双极	1—带	9—板后接线
	14—侧面操作手柄式		3—三极		

（2）自动空气开关　这是一种较复杂的低压开关电器。它能通、断正常的负荷电流；当电路发生短路、过载和电压严重降低时，它能自动切断电路。自动开关种类较多，按结构分有框架式（DW 型）和塑料外壳式（DZ 型）；按操作方式分有手柄操作式、杠杆操作式、电磁铁操作式等。

自动空气开关的型号含义如下：

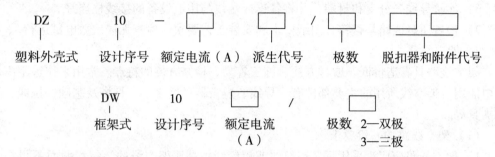

（3）低压熔断器　与高压熔断器的作用一样，也是一种短路保护装置，只是低压熔断器工作在 1 000 V 以下。工厂供电系统中常用的低压熔断器有瓷插式（RC）、螺栓式（RL）、密闭管式（RM）、有填料管式（RT）、自复式（RZ）等。无论是高压还是低压熔断器，其熔断时间与流过的电流之间存在以下关系：流过熔断器的电流越大，熔断时间越短，这叫反时限特性。

（4）接触器　这是一种低压控制电器，主要用来远距离频繁通、断交直流主电路。一般指电磁式接触器。按触头所控制的电流种类可分为直流与交流接触器；按极数可分为单极、双极、三极、多极等。

三、配电线路的一般知识

1. 室内低压配线

（1）配线方式与适用范围　在建筑物内敷设、固定导线，安装各类用电电器的工作叫室内配线。室内配线分为明配线与暗配线两类。室内配线的常见方式有：护套线配线、瓷柱配线、线槽配线、线管配线等。

（2）室内配线的技术要求　室内配线不仅要使电能传输安全可靠，而且要使线路布局合理，安装牢固，整齐美观。技术要求如下：

1）选用的材料应符合设计要求，绝缘应符合线路的安装方式，导线截面应能满足供电的要求。

2）布线时应尽量避免导线有接头，必要时设置接线盒，线管内不允许有接头。

3）安装明配线路水平敷设时，导线距地面不得低于 2.5 m。

4）导线穿越墙壁、楼板时应加保护管，同一回路的导线可穿在一根保护管内。

5）敷设的导线如有互相交叉时，应在每根导线上套塑料管或其他绝缘管。

6）安装在室内的电气管线和配电设备应与其他管道保持一定的距离。

（3）室内布线的基本方法　进行室内布线的一般程序如下：

1）熟悉电路图，按施工图纸确定敷设路径、穿墙孔位置、导线支撑点位置及使用电器位置。

2）按图纸要求认真备料。

3）配合土建施工，按图纸设定位置埋入预埋件。

4）安装线路所需的绝缘支撑物、线夹等。

5）敷设导线。

6）连接导线、分支和封端，并将各连接端线与用电设备的接线柱连好。

7）检查所装线路是否符合图纸要求和安装工艺要求，检查无误后通电试运行。

2. 架空线路

架空线路具有造价低、取材方便、施工容易、检修方便的特点。常用来作远距离传送电能用。架空线所用的主要部件有：导线、避雷器、绝缘子、杆塔及基础、拉线、固定夹具等。

（1）架空线路的一般要求

1）架空线路应广泛采用钢芯铝绞线或铝绞线。高压架空线的铝绞线截面不得小于 $50~mm^2$，钢芯铝绞线截面不小于 $35~mm^2$；低压架空线截面不小于 $16~mm^2$。

2）导线截面应满足最大负荷时的需要。

3）截面的选择还应满足电压损失不大于额定电压的 5%（高压架空线）、或 2% ~ 3%（对视觉要求较高的照明线路），并应满足一定的机械强度。

（2）架空线路的施工　架空线路的施工方法及步骤如下：

1）线路测量　根据设计图勘察地形地物，确定线路起点、转角点和终端点的电杆位置，最后确定中间杆及加强杆位置并插上标桩。

2）基坑挖掘及回填　挖掘基坑时应注意土质及周围环境，坑口尺寸一般为宽 0.8 m、长 1.3 m。拉线坑口尺寸一般为宽 0.6 m、长 1.3 m。电杆埋设深度参考值如下：

水泥杆杆长（m）：　7　8　9　10　11　12　15

埋设深度　（m）：　1.1　1.6　1.7　1.8　1.9　2.0　2.5

杆塔基础和拉线基础回填时不准填回树根、杂草等物，土壤应夯实两遍以上，回填后应高出地面 300 ~ 500 mm。

3）立杆　电杆是架空线路中用来支持导线的设备。电杆的类型很多，按其作用常见的有直线杆、转角杆、终端杆等。常用的立杆方法有：起重机立杆、三角架立杆，倒落式立杆、架脚立杆等。

三角架立杆是一种较简易的立杆方式，它主要依靠在三角架上的小型卷扬机来吊立电杆，立杆时首先将电杆移到坑边，立好三角架，在电杆梢部结三根拉绳，以控制杆身，然后将电杆竖起落在杆坑中，最后调整杆身，填土夯实。

4）横担组装　横担是安装绝缘子、开关设备、避雷器等的支架。按材质分有木横担、铁横担、陶瓷横担等。直线杆横担应装设于负荷侧，非直线杆应装设于张力反侧。

5）绝缘子　绝缘子是用来固定导线的。所以它应有足够的电气绝缘性能和机械强度。架空线路常用的绝缘子有针式绝缘子、悬式绝缘子、蝶式绝缘子等。低压绝缘子额定电压为 1 kV，高压绝缘子额定电压有 3 kV、6 kV、10 kV 等。绝缘子外形图如图 2—25 所示。

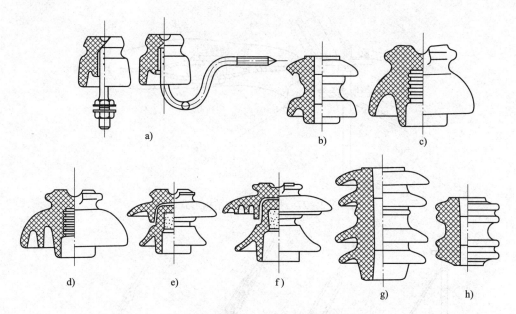

图 2—25　针式、蝶式、悬式绝缘子
a）低压针式绝缘子　b）低压蝶式绝缘子　c）、d）、e）、f）高压针式绝缘子
g）高压蝶式绝缘子　h）线轴式绝缘子

6）拉线施工　架空线中拉线起支撑电杆的作用，一般转角杆、终端杆、张力杆等必须有拉线支撑电杆，以免被导线的张力拉斜。一般拉线与地面的夹角为 30°～60°，施工时分别做好拉线上把、拉线中把和拉线下把，如图 2—26、图 2—27 及图 2—28 所示。

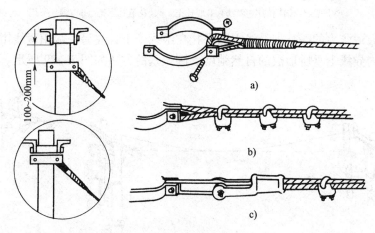

图 2—26　拉线上把的结构形式
a）绑扎上把　b）U 形扎上把　c）T 形扎上把

7）导线架设方法　架设导线包括放线、导线连接、挂线和紧线等。放线是把导线从线盘上放出来架设在电杆横担上。放线有拖放法和展放法两种。架空线导线连接常用绞接、绑接、压接等。挂线是将导线用小绳拉上电杆，放在横杆上。

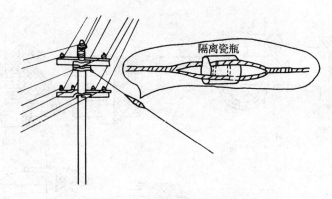

图2—27 拉线中把的结构形式

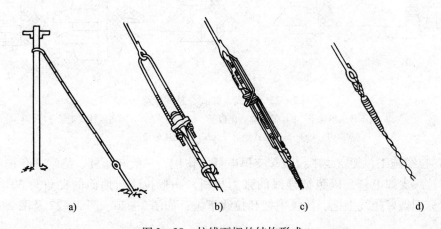

a)   b)   c)   d)

图2—28 拉线下把的结构形式

a）下把与地锚柄的连接 b）T形扎把 c）花篮扎下把 d）绑扎下把

　　紧线是在耐张力的一端把导线牢固绑扎在绝缘子上，在另一端用紧线钳收紧。弧垂是一个档距内导线下垂所形成的自然弛度。测弧垂的方法如图2—29所示。

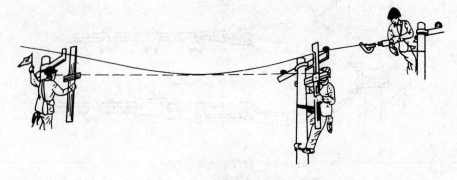

图2—29 导线弧垂的测量方法

8）接户线的施工要求

①高、低压接户线不应跨越铁路。低压接户线不应从高压引线附近穿行。

②自杆塔引下的接户线，其档距不应超过30 m。线间距离：10 kV及其以下不应小

于 0.5 m，0.5 kV 以下不应小于 0.3 m。

③低压接户线应使用绝缘导线，其截面应按导线安全电流选择。对地距离不小于 2.5 m。

④低压接户线跨越通车街道，垂直距离不应小于 6 m，特殊位置不应小于 3.5 m。

⑤低压接户线与弱电线路交叉点的距离不应小于 0.6 m。

⑥低压进户线线管可采用铁管、瓷管等，其屋外露出部分不得小于 60 mm，并须装设防水弯头。

3. 电缆线路

（1）电缆线路概述　电缆一般分电力电缆及控制电缆两种。其基本特点是：一般埋设在地下，不易受外界的破坏及环境的影响，但施工复杂、价格较高、维修较麻烦。一般应用在工矿企业车间内部，以及架空线无法跨越的水域等位置。

（2）电缆线路施工技术要求　电缆敷设技术要求参照《电力工程电缆设计规范》（GB 50217—2007）。

1）明确线路走向　根据配电要求及设计图纸确定其走向。

2）埋设深度　一般应在地下 0.7 m 深处，在与其他电缆接近或与其他管道接近时应埋在地下 1 m 深处。

3）直埋电缆沟的沟底必须平整，或在沟底铺一层厚 100 mm 的细土，并在地面装设标志。

4）电缆穿越路面时应穿套保护管。

5）铠装和铅包电缆的金属外皮两端必须接地。

（3）电缆线路的施工方法

1）挖掘电缆沟在穿越建筑物等特殊位置时均应安装保护管。

2）电缆的敷设　一般分人工敷设和机械牵引两种。人工敷设用于规格较小的电缆，两组人员分站在电缆沟两旁，抬着电缆盘架沿敷设方向缓慢前进，将电缆渐渐放出线盘，落入沟内。机械牵引用于各种规格电缆，在电缆沟底，每隔两米放置一副滚轮；在电缆沟一端设放线架，在另一端放置卷扬机或绞盘，以 8 ~ 10 m/min 的速度把电缆拉出，落在滚轮上，然后撤出滚轮，将电缆埋入沟内。

3）中间接头　由于环氧树脂接头盒工艺简单、价格低，所以应用广泛。其外形如图 2—30 所示。

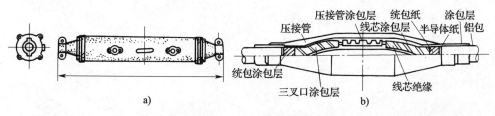

图 2—30　电缆接头盒

a）铸铁接头盒　b）环氧树脂接头盒

做好中间接头及终端头后，电缆施工即告完成，在交付使用前，还须进行相关测试。

（4）电缆线路的维护常识

1）巡线检查　应定期定人对电缆线路全线进行巡察，检查电缆沟及周围有无异常情况，如道路施工、种树、建房等。

2）运行检查　常见的检查项目有：

①电压与电流的测量。

②电缆温度的测量。

③电缆绝缘性能的测量。

④耐压试验。

四、用电设备的工作制及计算负荷

1. 用电设备的工作制

根据用电设备的工作情况、温升特点，可分为长期工作制、反复短时工作制、短时工作制三类。

（1）长期工作制　用电设备运行时间较长，且连续工作，其温升足可达到稳定温升。

（2）短时工作制　用电设备运行时间很短，温升尚未达到稳定值设备就已停止运行。

（3）反复短时工作制　用电设备时而工作，时而停歇，反复交替。其工作一个周期的时间不超过 10 min。对于这类情况通过一个叫暂载率 JC（%）的参数来描述，其定义为：

$$JC = \frac{t_g}{t_g + t_o} \times 100\%$$

式中　t_g——工作时间，s；

t_o——停歇时间，s。

2. 用电设备的计算负荷

所谓计算负荷是指一年之中负荷量最大的半小时平均负荷值。电气设备、导线的截面及额定电流均是依据计算负荷而选择的。

确定计算负荷的方法有：需要系数法、二项系数法、利用系数法等。下面仅介绍需要系数法。其计算方法为：

有功功率　$P_{js} = k_x P_s$　（kW）

无功功率　$Q_{js} = P_{js} \tan\varphi$　（kvar）

视在功率　$S_{js} = \sqrt{P_{js}^2 + Q_{js}^2}$　（kV·A）

计算电流　$I_{js} = \dfrac{S_{js}}{\sqrt{3} U_N}$　（A）

式中　P_{js}、Q_{js}、S_{js}、I_{js}——通称计算负荷；

P_s——设备容量；

k_x——需要系数（可查有关手册）；

$\cos\varphi$、$\tan\varphi$——功率因数及功率因数角正切值（查手册）。

设备容量 P_s 的确定方法：对长期工作制设备来说，铭牌容量即 P_s；对反复短时工作制设备，需对铭牌容量做如下换算：

$$P_s = \sqrt{JC_N/JC_{100}}\,S_N \cos\varphi$$

式中　S_N、JC_N——铭牌额定容量及额定暂载率；

　　　　JC_{100}——换算后的暂载率 $JC_{100} = 100\%$。

对于起重机类设备以 $JC_{25} = 25\%$ 代替 JC_{100}。

五、按电流选择导线和电缆的截面

1. 基本的选择方法

按电流选择导线和电缆的截面就是按照导线的允许载流量来选择，使导线的长期允许截流量 I_{yx} 大于或等于导线的最大计算电流 I_{js}，即：

$$I_{yx} \geq I_{js}$$

导线的允许载流量可查有关手册。

2. 中性线截面的选择

一般三相四线制系统，由于中线只流过三相不平衡电流，数值比相电流小得多，在中线与相线使用同样材料时，中线截面只需不小于相线截面的50%即可。但要注意中线截面不能过小，要保证足够的机械强度，以免中线断线影响供电系统的正常工作。

六、熔断器的选择

熔断器的选择包含两个方面：一是熔体的选择；二是熔管的选择。

1. 用作线路保护的熔体电流选择

（1）熔体的额定电流 I_{RT} 不小于线路的计算电流 I_{js}，保证在线路正常运行时不致熔断。

（2）熔体的额定电流 I_{RT} 还应大于线路的峰值电流 I_{jf}，即 $I_{RT} \geq kI_{jf}$。

式中　k——熔化系数：电动机启动时间 $t < 3$ s 时，取 $k = 0.25 \sim 0.4$；$t = 3 \sim 8$ s 时，$k = 0.35 \sim 0.5$；$t > 8$ s 或频繁启动、反接制动时，取 $k = 0.5 \sim 0.6$。

2. 用作变压器保护的熔体电流选择

$6 \sim 10$ kV 的降压变压器，容量在 1 000（kV·A）以下，对供电的可靠性要求不高时，都可采用熔断器保护，其熔体的额定电流可取变压器一次侧额定电流的 $1.4 \sim 2$ 倍。即：

$$I_{RT} = (1.4 \sim 2)I_{1N}$$

3. 用作电焊机保护的熔体电流选择

$$I_{RT} \geq 1.2\sqrt{JC}\,I_N$$

式中　I_N、JC——电焊机的额定电流及暂载率。

4. 熔管的选择

（1）熔管的额定电压应不低于线路额定电压。

（2）熔管额定电流应不小于其熔体的额定电流。

（3）熔管的类型应符合安装条件（户内或户外）及被保护设备的技术要求（限流或快熔等）。

七、继电保护常识

1. 常用保护继电器的一般知识

常用的保护继电器可分为电量和非电量两大类。属于电量的继电器有：电流继电器、电压继电器、中间继电器、时间继电器、信号继电器等；属于非电量的有：气体（瓦斯）继电器、温度继电器等。保护继电器按其结构原理又可分为电磁式、感应式、半导体式等。

（1）电磁式继电器

1）电流继电器　这种继电器检测对象是电流，当线圈中电流增加到某一定值时继电器触点将动作。它在继电保护中的作用是作为电流继电保护装置的启动元件。

2）电压继电器　这种继电器的检测对象是电压，在电压继电保护装置中作启动元件。

3）时间继电器　这种继电器从线圈得电到触点闭合有一个延时，在继电保护装置中，时间继电器可使保护具有一定的动作时限，从而实现保护的选择性。由于电磁式时间继电器的延时时间与继电保护的检测对象（电流、电压等）的大小无关，故这种继电器构成的保护称为定时限保护。

4）中间继电器　其特点是触头数量多、容量大，在继电保护中的作用是信号放大，提高触点的容量及增加保护回路的触点数量。

5）信号继电器　又称指示继电器。信号继电器动作时，接通信号回路，同时其内部有一信号吊牌也会落下，在指示窗口中显示。

（2）感应式电流继电器　感应式电流继电器由电磁式的瞬动元件和感应式延时元件两部分组成。它兼有上述电流继电器、时间继电器、中间继电器的作用，从而能大大简化继电保护的接线。其延时特性兼有定时限和反时限的延时特性。如图2—31所示，感应式电流继电器组成的电流继电保护不仅可实现延时动作，还可实现瞬时动作。

（3）气体继电器　这是一种非电量继电器，检测对象是气体。气体继电器专门用来保护电力变压器。在油浸式电力变压器的油箱内发生故障时，变压器内部的油会分解产生大量的气体，从油箱经气体继电器通过时，带动触头动作，从而实现保护。气体继电器有两种触点：一种只用来发出警告信号，叫轻瓦斯；另一种使断路器跳闸，叫重瓦斯。

2. 常用的继电保护的基本原理

继电保护装置是在电力网、发电厂、变电所及电气设备发生各种故障（如断线、短路、接地等）及不正常运行（如过载、过热等）时及时发出信号，并使断路器自动跳闸，切断故障线路的一种自动装置。电力系统对继电保护的一般要求是：良好的选择性、反应故障的快速性、灵敏性、可靠性及投资维护的经济性。

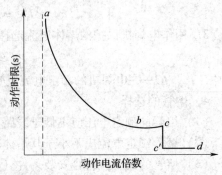

图2—31　感应式电流继电器动作电流倍数

常用的继电保护按工作原理分有：过电流保护、电流速断保护、过（欠）电压保护、差动保护、瓦斯保护、单相接地保护等。下面简单介绍一些基本的继电保护原理：

（1）过电流保护　过电流保护是一种最基本的电流保护，用来反映短路故障及严重的过载故障。保护对象很广泛：如线路、发电机、变压器和各种负载等。过流保护一般带有动作时限，可分为定时限和反时限两种。图 2—32 是过电流保护的方框图。

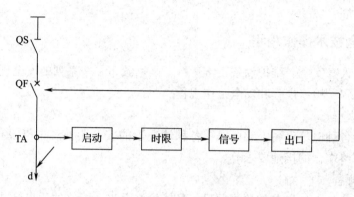

图 2—32　过电流保护方框图

图 2—32 中启动、时限、信号、出口各个环节分别是电流继电器、时间继电器、信号继电器、中间继电器。

当线路中出现短路故障时，短路电流通过电流互感器 TA，电流继电器检测出故障并启动，经过时限环节的延时后，再利用中间继电器使断路器 QF 跳闸，同时通过信号继电器发出灯光及音响信号。

（2）电流速断保护　这是另一种电流保护，这种保护没有延时，是瞬间动作的，图 2—32 中去掉时限环节，即为速断保护框图。速断保护通常与过流保护配合使用，构成所谓"两段式保护"。

（3）差动保护　是根据被保护区域内的电流变化差额而动作的。它广泛用来保护大容量的电力变压器、变电所母线、高压电动机等。

图 2—33 是电力变压器的差动保护原理图。电流互感器 TA1 和 TA2 之间的区域就是差动保护区，当保护区内发生短路故障时（d_1 点），电流继电器 KA 中将产生较大的启动电流使保护动作；而当保护区外短路时（如 d_2 点），电流继电器 KA 中只流过一较小的不平衡电流，保护不会动作。

（4）单相接地保护　也称零序保护。可分为大电流接地系统的零序保护和小电流接地系统的零序保护两种。对大电流接地故障，实际上是单相短路，过电流保护虽能反映，

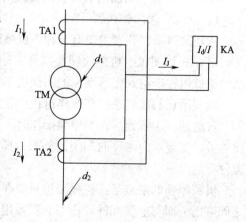

图 2—33　差动保护原理图

但灵敏度较低，动作时限长，故需装设专门的接地保护，以提高灵敏度。对小电流接地系统，单相接地只是一种不正常运行状态，发生这种故障后，按规定系统还可以继续工作 2 h，故这种接地保护一般只作用于信号。

第六节　安全文明生产

一、安全技术操作规程

为了保障人身安全、维护设备正常运行，国家颁布了一系列的安全规定和规程。主要包括安装规程、检修规程和安全工作规程。

1. 安装规程

主要包括各种电气设备安装要求；各种情况下的安全距离；电气设备接地的要求；电缆接头盒、终端盒的接地要求等。

2. 检修规程

主要包括各类电气设备的检修项目、具体检修内容、检修的质量标准等。

3. 安全工作规程

按工种分为：内外线、维修电工等的工作规程。其内容随工种的不同而有差异。必须注意，在停电或部分停电后，进行设备安装、检修等操作时，必须进行如下过程：停电、验电、装设接地线及悬挂标志牌和装设遮栏。

二、电气防误闭锁技术

在电力系统运行和维护过程中曾经发生多起误合闸事件，给工农业生产和人民的生命财产带来巨大危害。为此人们在电气设计和应用过程中提出了"五防"的概念，即防止误分、合闸断路器；防止带负荷分、合刀闸；防止带电挂地线或合地刀；防止带地线合闸；防止误入带电间隔。电气"五防"功能的实现成了电力安全生产的重要措施之一。

实现"五防"功能的装置包括常规防误闭锁装置和微机防误闭锁装置两种。

1. 常规防误闭锁装置

常规防误闭锁装置主要有三种：机械闭锁、程序锁和电气闭锁。

（1）机械闭锁　机械闭锁是在开关柜或户外闸刀的操作部位之间用互相制约和联动的机械机构来达到先后动作的闭锁要求。`

机械闭锁的优点是：在操作过程中无须使用钥匙等辅助操作，随操作顺序的正确进行，自动地步步解锁。在发生误操作时，可以实现自动闭锁，阻止误操作的进行。机械闭锁可以实现正向和反向的闭锁要求，具有闭锁直观、不易损坏、检修工作量小、操作方便等优点。

机械闭锁的缺点是：机械闭锁只能在开关柜内部及户外闸刀等的机械动作相关部位之间应用，而与电器元件动作间的联系用机械闭锁无法实现。对两柜之间或开关柜与柜外配电设备之间及户外闸刀与开关（其他闸刀）之间的闭锁要求也无能为力。所以在开关柜及户外闸刀上，只能以机械闭锁为主，还需辅以其他闭锁方法，方能达到全部"五防"要求。

（2）程序锁　程序锁是用钥匙随操作程序传递或置换而达到先后开锁操作的要求。

程序锁的优点是：钥匙传递不受距离的限制。程序锁在操作过程中有钥匙的传递和钥匙数量变化的辅助动作，符合操作票中限定开锁条件的操作顺序的要求，与操作票中规定的行走路线完全一致，易为操作人员所接受。

程序锁的缺点是：

1）某些程序锁功能简单，只能在较简单的接线方式下采用，由于不具备横向闭锁功能，在复杂的接线方式下一般不采用。

2）闭锁方案中必须设置母线倒排锁，使得操作过程十分复杂。

3）在很多变电站中，隔离开关分合闸采用按钮控制电动机正反转，而程序锁对按钮开关无法进行程序控制。

4）程序锁需要较多的程序钥匙，由于安装不规范、生产工艺及材料差等问题，使程序锁易被氧化锈蚀、发生卡涩，致使一定时间内失去闭锁功能。

此外，程序锁在倒闸操作中，分、合两个位置的精度无法保证；使用时，必须从头开始，中间不能间断。所以程序锁目前已基本淘汰。

（3）电气闭锁　电气闭锁是通过电磁线圈的电磁机构动作，来实现解锁操作。在防止误入带电间隔的闭锁环节中，电气闭锁是不可缺少的闭锁元件。

电气闭锁的优点是：操作方便，没有辅助动作。

电气闭锁的缺点是：

1）电气闭锁单独使用时，只有解锁功能没有反向闭锁功能。需要和电气联锁电路配合使用才具有正反向闭锁功能。

2）作为闭锁元件的电气闭锁结构复杂，电磁线圈在户外易受潮霉坏，绝缘性能降低，增加了直流系统的故障率。

3）需要敷设电缆，增加额外施工量；

4）串入的辅助触点容易产生接触不良而影响动作的可靠性。

2. 微机防误闭锁装置

自 20 世纪 90 年代初，微机保护技术就进入了防误闭锁领域。微机防误闭锁装置是一种采用计算机技术，用于高压开关设备防止电气误操作的装置。经过 20 多年的发展，微机防误闭锁装置已逐渐成熟，并已在电力系统中广泛推广。

微机防误闭锁系统一般由防误主机、计算机钥匙、遥控闭锁控制单元、机械编码锁、电气编码锁及智能锁具等功能元件组成，完全满足电气设备"五防"功能的要求。该系统建立闭锁逻辑数据库，将现场大量的二次电气闭锁回路变为计算机中的防误闭锁规则库，防误主机使用规则库对模拟预演操作进行闭锁逻辑判断，记录符合防误闭锁规则的模拟预演操作步骤，生成实际操作程序。防误主机按照实际操作程序，根据设备闭锁方式的不同采用以下三种方式进行解锁操作：

1）智能钥匙解锁；

2）通过遥控闭锁控制单元等直接控制智能锁具解锁；

3）通过通信接口对监控系统执行解锁。

运行人员按照防误主机及智能钥匙的提示，依次对设备进行操作。对不符合程序的操作，设备拒绝解锁，操作无法进行，从而防止误操作的发生。通过跟踪现场设备的实际状态、接收电脑钥匙的回传信息，防误主机对当前操作进行确认后，进行下一步操作，直到操作任务结束。

三、触电急救知识

人体并非绝缘体，人体电阻一般在千欧数量级，且人体出汗时电阻值将降低。当人体接触到带电设备或线路时，会有电流流过人体，此电流超过一定值时就会对人体有伤害，达到几十毫安时就会有生命危险。电流流过人体叫触电，发生触电事故时，必须立即采取措施，避免人身伤亡。发生触电后一般采用的措施有：

（1）迅速切断电源。如果一时找不到电源开关或距离很远，可用绝缘良好的棍棒拨开触电者身上的带电体。

（2）救护者如果戴有绝缘手套或已穿绝缘鞋，可用一只手迅速把触电者拉离电源。

（3）触电者一脱离电源，应立即进行检查，如果出现心脏停跳或停止呼吸时，必须紧急进行人工呼吸，并及时通知医务人员。

（4）人工呼吸方法是：触电者面向上平躺地上；松开衣领、腰带；清理口、鼻内异物；然后进行口对口人工呼吸；以吹气 2 s、排气 3 s 较恰当。

（5）在心脏停跳时，还须采用"闭胸心脏按压"起搏方法进行抢救。

第2部分

初级电工技能要求

第三章 初级电工基本操作技能

第一节 电工工具的使用与维护

一、常用工具

（1）验电笔 验电笔又叫验电器，分为高压和低压验电笔。

1）低压验电器有笔式、旋具式、数显式等。使用时用手指触及笔尾金属体，将笔尖触及带电体，并将氖管朝向自己。

2）高压验电器由金属钩、氖管、绝缘棒、护环、握柄等组成。使用时，应戴绝缘手套，手握住验电器的握柄（切勿超过护环部分），最好站在绝缘垫上，并与带电体保持足够的安全距离。

（2）螺钉旋具 俗称螺丝刀或启子。它是一种紧固和拆卸螺钉的工具。

（3）电工钢丝钳 是一种夹持和剪切工具。刃口可剪切导线，侧口可剪切钢丝。

（4）尖嘴钳 其头部尖细，适用于在狭小的空间夹持较小的螺钉、垫圈、导线及将导线弯成一定的圆弧等。

（5）剥线钳 是剥除导线端头绝缘层的工具。

（6）电工刀 是用来剖削导线绝缘层的工具，其背部可刮除导线表面的氧化层。

（7）活扳手 用来紧固或松开螺母的工具。

二、电工防护用具

（1）安全带 是登高超过 2.5 m 时必须使用的安全防护用品。

（2）绝缘手套、绝缘靴 用于具有触电危险的场合时穿戴。

（3）绝缘垫 用作脚垫来进行高压操作，防止出现触电事故。

（4）绝缘拉杆 主要用于拉开或闭合高压隔离开关、跌落式熔断器等。

三、专用工具

（1）断线钳 专门用于剪切较粗的金属丝、电线、电缆等。

（2）喷灯 用于大截面导线连接处的加固搪锡熔接、母线弯曲成型等。

（3）紧线钳 是架空线路施工中用作拉紧导线或钢丝的专用工具。

（4）登高工具 进行架空线施工和高处作业的专用工具。包括踏板、脚扣、梯子等。

（5）压接钳　是制作大截面导线接线鼻子的压接工具。有手动压接钳、液压压接钳等。

第二节　基本操作工艺

一、电工基本操作工艺

1. 导线的剖削

导线连接前必须把导线端头的绝缘层削掉，剖削长度依接头连接方法和截面大小而定。常用的剖削方法有单层剖削法、分段剖削法、斜削法等。如图3—1所示。

2. 导线连接

基本要求是：接触紧密、接触电阻小、稳定性好、接头处的机械强度不低于原导线强度的80%、接头处的绝缘强度与原导线一样。连接前线头表面要用砂纸打磨干净，除去氧化层。

（1）单股铜导线的直线连接及丁字形分支连接如图3—2所示。

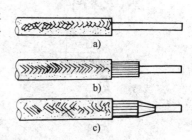

图3—1　导线绝缘层剖削方法
a）单层剖削法
b）分段剖削法　c）斜削法

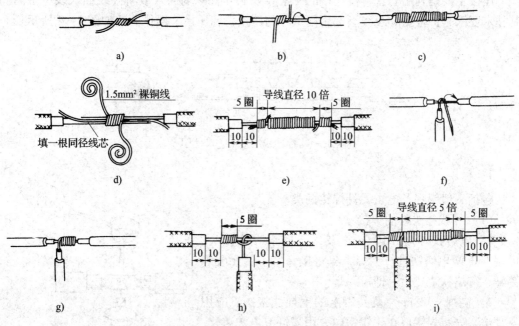

图3—2　单股铜导线的直线连接和丁字形分支连接
a）～e）直线连接　f）～i）丁字形连接

（2）多股导线的缠绕及连接如图3—3所示。

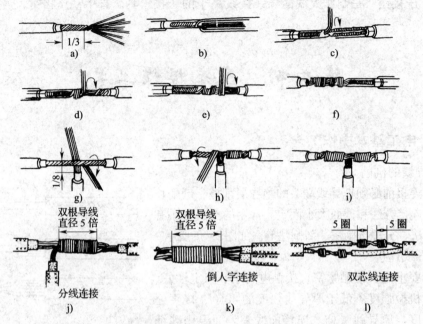

图3—3 7股铜芯导线的直接连接、丁字形分支连接和其他连接
a）~f）直接连接 g）~i）丁字形连接 j）~l）其他连接方式

3. 压接

压接主要是利用套管将待连接的两根导线从套管两端插入或将导线插入线鼻子内。其技术要求是：根据导线线型选用同型号的压接管和压模。操作方法如图3—4所示。

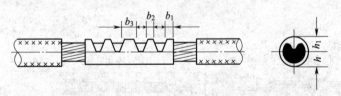

图3—4 铝导线压接工艺尺寸图

4. 焊接

包括一般锡焊及电子元件焊接两类。

（1）导线接头处的焊接

1）电烙铁焊接 10 mm² 及以下的铜导线接头，可用150 W电烙铁进行锡焊，先将接头涂一层无酸焊锡膏，待烙铁烧热后，即可锡焊。

2）浇焊 16 mm² 及其以上的铜导线接头，应用浇焊法。先将焊锡放在化锡锅内，用喷灯或电炉熔化，然后将导线接头放在锡锅上，用勺盛出熔化的锡，从接头上面浇下，如图3—5所示。

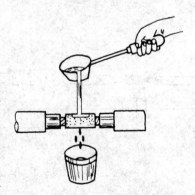

图3—5 铜芯导线接头浇焊法

（2）电子元器件焊接　一般用 20～30 W 内热式电烙铁进行焊接，焊剂用松香。这种焊接对操作人员要求较高，要注意烙铁的温度和焊接的时间，加锡量要适当，操作要平稳，须经反复训练后才能熟练掌握。绝对要避免虚焊与接触不良，更不能损坏较脆弱的电子元器件，包括各种精密电阻、电容、半导体管及集成电路。

二、钳工基本知识

1. 平面划线

根据图样或实物的尺寸，准确地在一平面上划出加工界线称平面划线。划线的常用工具有：钢直尺、划线平台、划针、划线盘等。

2. 錾削

用锤子敲击錾子对多余的金属进行切削的加工方法，称为錾削。錾削的操作方法如图 3—6 所示。

（1）后角控制为 5°～8°。

（2）倾斜角应等于尖角与后角之和的 $\frac{1}{2}$。在錾削过程

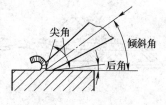

图 3—6　錾削示意图

中不得变化。

（3）每次打击在錾子上的力应保持均匀。

3. 锉削

用锉刀对工件表面进行切削加工，使工件尺寸、形状、位置和表面粗糙度达到技术要求的加工方法叫锉削。操作方法如图 3—7 所示。

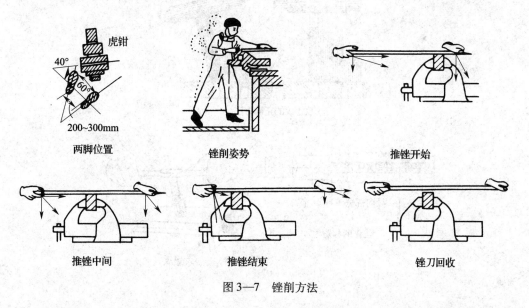

两脚位置　　　　锉削姿势　　　　推锉开始

推锉中间　　　　推锉结束　　　　锉刀回收

图 3—7　锉削方法

4. 锯割

用锯把工件或材料切割开或在工件上锯出沟槽的操作叫锯割。锯割操作方法如图 3—8 及图 3—9 所示。

5. 钻孔

这是用钻头在材料上钻削孔眼的加工方法。使用的设备和工具有钻床、手电钻、手摇钻。钻孔时应注意：工件要装夹牢靠；通孔将穿时要减小进刀量；不准带手套；应该用刷子清除切屑；钻孔时要适当添加切削液，以降低切削温度。

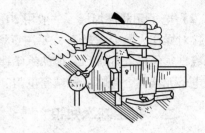

图3—8　锯割方法

6. 攻螺纹和套螺纹

用丝锥在圆孔内套阴螺纹叫攻螺纹；用板牙在圆杆上套阳螺纹叫套螺纹。

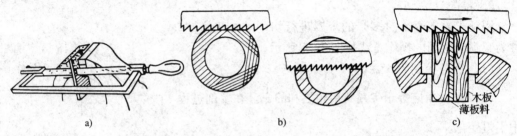

a)　　　　　　　　　　b)　　　　　　　　　　c)

图3—9　锯割种类

a）深缝锯割方法　b）锯割管料　c）锯薄板

（1）攻螺纹　丝锥的构造及攻螺纹的方法如图3—10所示。

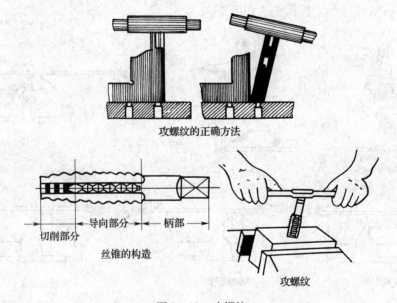

攻螺纹的正确方法

切削部分　导向部分　柄部

丝锥的构造

攻螺纹

图3—10　攻螺纹

（2）套螺纹　板牙的结构及套螺纹的方法如图3—11所示。

7. 弯管

进行动力配线时，经常用到各种线管，配线时经常需要将管子弯成一定的形状，这种加工过程叫作弯管。常用弯管器进行弯管操作，如图3—12所示。

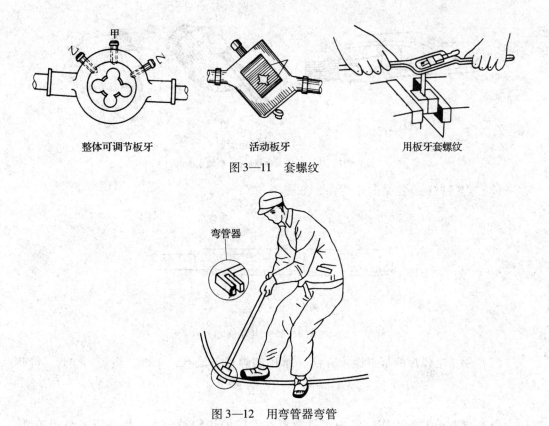

整体可调节板牙　　　　活动板牙　　　　用板牙套螺纹

图 3—11　套螺纹

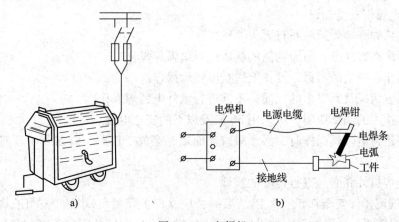

弯管器

图 3—12　用弯管器弯管

三、焊工基本知识

通过加热或加压使两个分离的工件连接成一个整体的工艺叫焊接。利用气体火焰将金属预热、氧化，从而将金属分离的过程叫气割。焊接与气割是焊工的基本工作技能。

1. 焊接

（1）焊接工具　常用的焊接工具有电焊机（见图 3—13）、焊钳和面罩（见图 3—14）。

电焊机　　电源电缆　　电焊钳
电焊条
电弧
工件
接地线

a)　　　　　　　　　　　　b)

图 3—13　电焊机

a）交流电焊变压器和外接线　b）焊接时电示意

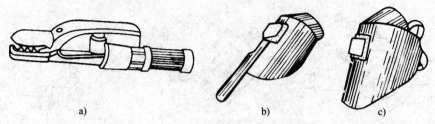

图 3—14　焊钳和面罩

a）焊钳　b）手持式面罩　c）头戴式面罩

（2）焊接材料　主要是电焊条，如图3—15所示。

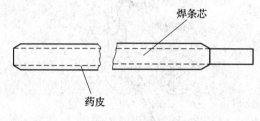

图 3—15　电焊条

（3）手工电弧焊的基本操作方法　常用的焊接方法有：平焊、横焊、立焊、仰焊等。

2．气割

（1）气割前准备工作　将加工件放置在专门的切割平台上，检查设备是否正常，氧气压力是否正常，将乙炔调整到适当的火焰温度。

（2）手工气割操作要领

1）选用正确的氧气压力、火焰温度。

2）操作要平稳、准确无误。气割时火焰焰芯离工件表面的距离应保持在 3 ~ 5 mm，移动要均匀。

3．焊工安全知识

（1）电弧焊安全知识

1）电弧焊场地附近应备有灭火器材。

2）不准在有易燃、易爆物品的场所进行电弧焊操作。

3）禁止在带电的器材、设备上进行电弧焊操作。

4）遇五级风及其以上的气候，不准进行室外电弧焊操作。

5）焊接用的局部照明，应采用 36 V 及以下的安全电压。

6）在进行电弧焊操作时，必须戴遮光面罩，穿戴工作服、脚盖和手套等安全防护用品。

7）电焊机外壳必须进行良好的接地。

（2）气割操作安全知识　气割结束时，应立即关闭氧气阀，再关闭乙炔阀，最后关闭预热氧气阀。操作过程中如果出现回火，操作者应立即关闭预热阀门和切割氧气阀门，防止氧气倒流入乙炔管内，产生爆炸。

第三节　半导体管测试及整流电路安装

一、半导体管测试

1. 半导体二极管的测试

（1）二极管极性判别　使用二极管时必须要弄清楚管脚极性，否则电路不仅不能正常工作，甚至可能烧坏二极管及其他元器件。一般可用万用表方便地判别二极管极性。具体方法是：用万用表的 $R \times 100\ \Omega$ 或 $R \times 1\ \text{k}\Omega$ 挡，测量二极管正反向电阻。一般正反向电阻差值较大，由于万用表红表笔接表内电池负极，黑表笔接表内电池正极，所以当测得阻值较小（正向电阻）时，黑表笔所接的管脚为二极管正极；反过来，当测得阻值较大（反向电阻）时，红表笔所接管脚是正极。如图 3—16 所示。

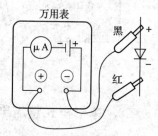

图 3—16　判断二极管极性

（2）判断二极管好坏　用万用表测量二极管正反向电阻，如果正向电阻几十欧至几百欧，反向电阻在 200 kΩ 以上，可以认为二极管是好的。

2. 半导体三极管的测试

半导体三极管的特性最好用半导体管测试仪测试，也可用万用表简单估测三极管的极性、好坏及放大倍数。

（1）三极管管脚极性判别

1）根据管脚排列及色点识别　多数小功率三极管的管脚是等腰三角形排列，顶点是基极，左边是发射极，右边是集电极；有的管脚用色点标明极性，红色为集电极，绿色为发射极，白色为基极。如图 3—17 所示。

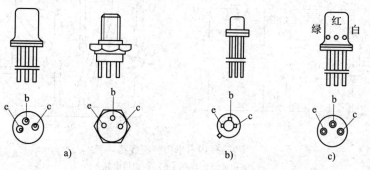

图 3—17　部分三极管管脚极性

2）用万用表判别管脚极性　用万用表 $R \times 100\ \Omega$ 或 $R \times 1\ \text{k}\Omega$ 挡分别测量各管脚间电阻，必有一只管脚与其他两脚阻值相近，那么这只脚是基极。以红表笔（+）接基极，如果测得与其他两只管脚电阻都小，那么是 PNP 型管子；反之则是 NPN 型管子。找到基极后，分别测基极对另外两管脚电阻，阻值较小的那个是集电极，另一个就是发射极。

（2）三极管好坏大致判别　用万用表测量集电极与发射极间的反向电阻值来估算穿透电流 I_{ce0} 的大小。如果集电极、发射极间反向电阻偏小，说明管子质量不太好。

（3）三极管放大系数 β 的估计　如图 3—18 所示，用手指捏住管子的集电极与基极，表针会迅速向低端摆动，摆动幅度越大，说明三极管 β 值越大。

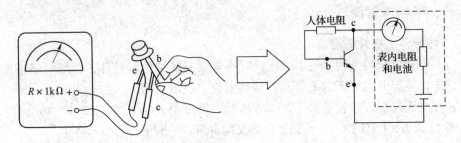

图 3—18　使用万用表估测 β 值

二、单相桥式整流电路安装

单相整流电路一般均为小功率的，整流管及其他元器件安装在印制电路板上，其安装过程如下：

1. 印制电路图的绘制及印制板制作

（1）取单面铜箔板，先用金相砂纸除去铜箔表面氧化层，按照电路原理图备齐元器件，并用万用表检查元件极性及好坏；再准备快干漆及稀释剂各一小瓶、三氯化铁溶液一瓶、干净的小楷毛笔一只、绘图用鸭嘴笔一只及瓷盘两只。

（2）根据原理图将元件摆放在底板上以确定其位置，再根据元件的安装尺寸在底板上定位，并在每个焊接点处用漆涂上圆点标记。用笔蘸快干漆绘电路图，如图 3—19 所示。待底板上的漆干后，放入三氯化铁溶液中浸泡腐蚀后，用水冲干净、吹干。

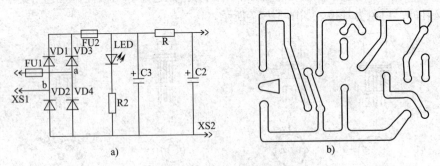

图 3—19　单相整流线路

a）单相整流电路图　b）印制板电路图

（3）在底板上按焊接点位置，用 $\phi0.8$ mm 的钻头钻安装电子元件的孔；对接插件、大功率电阻、大容量电容及大容量二极管等，视元件尺寸选择钻头直径，并根据需要在印制板的四个角上用 $\phi3.5$ mm 的钻头钻好安装孔。

2. 元器件的安装与焊接

首先将电子元件的引线除锈搪锡，再用尖嘴钳夹持引线根部将引线变成一定角度，然后插入底板的孔中。除接插件、熔丝座等必须紧贴底板外，其余元器件距底板约3~5 mm，以平整美观为宜。焊剂一律用松香，烙铁功率通常为15~30 W。焊接时注意掌握加锡量、焊接温度、焊接时间，要求焊点饱满，无虚焊、假焊。最后，将过长的引线用斜口钳剪去。安装后的外形图如图3—20所示。

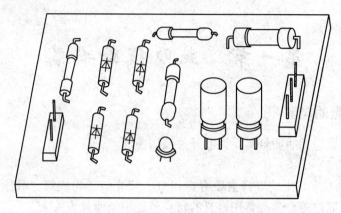

图3—20　制作完成的整流装置外形图

三、三相桥式整流电路的安装

三相整流电路一般功率较大，整流二极管要加装散热装置，且应装在电木板或金属架等专门的支撑物上。整流元件间的连接一般采用较粗的绝缘导线。在安装过程中有以下两点需要注意：

（1）大功率的整流二极管及其他半导体元件必须安装散热器。散热器一般用导热较好的材料（铜或铝）制成，有现成的产品，也可自制。散热器表面应涂上黑色耐热漆，以提高散热效果。

（2）小容量的二极管可集中安装在一个散热器上，但要注意管子与散热器之间的绝缘，比如用薄云母片隔离二极管与散热器。大容量二极管一般每个散热器只安装一个整流管，无绝缘要求。散热器与整流元件间应接触紧密，尽量降低热阻。散热器应安装在空间较大、散热条件较好的地方，还应尽可能远离对温度敏感的电子元器件。

第四章 初级电工内、外线安装技能

第一节 照明线路安装

一、常用照明电器

常用照明电器包括照明灯具、控制开关及插座等。

1. 照明灯具

（1）基本类型 常用的灯具主要有白炽灯、荧光灯、卤钨灯、高压汞灯、高压钠灯、卤化物灯、氙灯等。各类常用灯具的特点及适用场所见表4—1。

表4—1 　　　　　　　　　　常用灯具特点及适用场所

光源	灯具种类	外形	特点	适合场所
热辐射光源	白炽灯		1. 构造简单，使用可靠，安装维修方便，无电磁波干扰； 2. 发光效率低，经不起震动，寿命相对较短	居室、办公室、车间仓库等
	卤钨灯		1. 构造简单，使用可靠，光色好，体积小，安装维修方便，无电磁波干扰； 2. 发光效率较低，灯管温度高	舞台等
气体放电光源	荧光灯	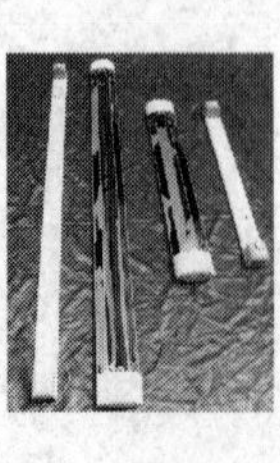	1. 光色好，效率高，寿命长； 2. 功率因数低，结构复杂，工作不稳定，电压低时难启动	居室、办公室等

续表

光源	灯具种类	外形	特点	适合场所
气体放电光源	高压汞灯	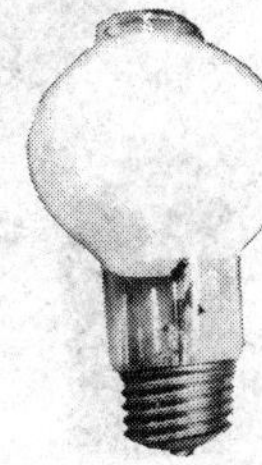	1. 耐震、耐热，效率高； 2. 启动时间长，工作不稳定，易自熄	工厂、车间和路灯等
	高压钠灯		1. 光效高，寿命长，透雾性强； 2. 显色性差，工作不稳定，易自熄	街道、广场、车站、港口、码头等
	金属卤化物灯		1. 光效高，光色好，体积小； 2. 紫外线辐射较强	广场、码头和车站等大面积照明

（2）基本结构

1）白炽灯及双控照明电路　白炽灯利用电流通过灯丝电阻的热效应，将电能转换成光能和热能。白炽灯泡灯头有螺口和插口两种形式，结构如图 4—1a、图 4—1b 所示。灯泡的主要工作部分是钨丝制成的灯丝。为了防止断裂，灯丝多绕成螺旋式。40 W 以下的灯泡内部抽成真空；40 W 以上的灯泡在内部抽成真空后充有少量氩气或氮气等气体，以减少钨丝挥发，延长灯丝寿命。灯泡通电后，灯丝在高电阻作用下迅速发热发红，直到白炽程度而发光，白炽灯由此得名。

灯座用来固定灯泡并给其提供电源。常用灯座有螺口和插口两种，结构如图 4—1c 所示。按其用途不同有普通型、防水型、安全型和多用型；按其安装方式有吊式、平顶式和管式。

白炽灯可以接成单控照明，也可接成双控照明。双控照明广泛用于楼梯口、过道、客厅等处照明，基本要求是人来灯亮，人走灯灭，两地控制。双控照明的电路形式常用的有三种，如图 4—2 所示，读者可根据具体安装条件选择。

图 4—1　白炽灯灯具结构

a) 螺口灯头　b) 插口灯头　c) 螺口灯座和插口灯座

1—玻璃壳　2—灯丝　3—引线　4—玻璃支架　5—螺口　6—插口　7—平装灯座螺纹口
8—平装灯座弹簧片　9—平装灯座外壳　10—吊装螺口灯座　11—吊装插口灯座

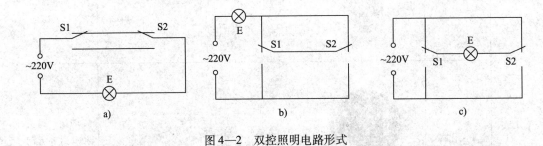

图 4—2　双控照明电路形式

2）电感镇流器荧光灯　电感镇流器荧光灯主要由灯管、镇流器、启辉器及灯具座等部件组成，电感镇流器和启辉器结构如图 4—3a、图 4—3b 所示，荧光灯工作原理如图 4—3c 所示。

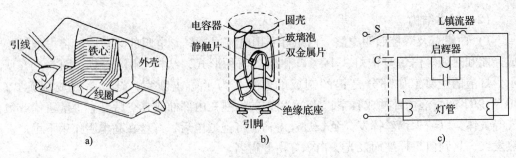

图 4—3　荧光灯部件和工作原理

a) 镇流器　b) 启辉器　c) 荧光灯工作原理

常见的荧光灯为圆形长直玻璃管，管内壁上涂有荧光粉。灯管内抽出空气后，并充以水银蒸汽和惰性气体，玻璃管两端各有 1 个灯丝。

启辉器的外观为圆筒铝壳或塑料壳扣在绝缘底座上，底座上固定着 2 个引脚。在圆壳内，2 个引脚上并接着 1 个纸介电容器（5 000 ~ 20 000 pF）和 1 个氖泡。纸介电容器的主要作用是吸收动、静触片闭合与分开时产生的电火花能量，保护触点，减少对其他电子设备的干扰。氖泡内充有氖气，装有静触片和动触片。

镇流器是荧光灯的重要部件，目前使用的镇流器有电感镇流器和电子镇流器。电感镇流器是具有一定电感量的带铁心的线圈，用来启动和限制荧光灯的工作电流。按"配套功率"选用镇流器，配套功率要和荧光灯功率相同。电子镇流器与电感镇流器相比具有无噪声、启动性能好、功率因数高、省电等特点，其应用范围越来越广泛。

电感镇流器荧光灯的工作原理是：闭合开关 S，启辉电压加在启辉器动、静触片之间产生辉光放电，U 形双金属片受热膨胀，与静触片接触，电流流过灯丝预热。由于动、静触片的接触，辉光放电停止，U 形双金属片冷却而收缩，动、静触片突然断开，在镇流器的线圈上产生很高的自感电动势与电源电压叠加后加在灯管的两端，使灯管内的惰性气体与水银蒸气电离产生辉光放电而导通。

3）电子荧光灯　电子荧光灯具主要由灯管、电子镇流器及灯具座等部件组成，如图 4—4a 所示；电子镇流器外形如图 4—4b 所示，工作原理如图 4—4c 所示。工作原理分析如下：

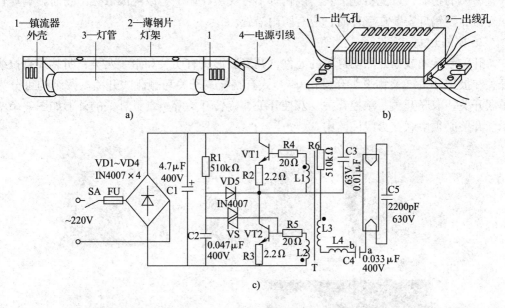

图 4—4　电子荧光灯

a）电子荧光灯基本结构　b）电子镇流器外形　c）电子镇流器原理图

电子镇流器电路主要由整流滤波电路、高频振荡电路和 LC 串联谐振电路三部分组成。由整流二极管 VD1 ~ VD4 组成桥式整流电路，C1 为滤波电容。高频振荡电路由电阻 R1、电容器 C2、双向二极管 VS、三极管 VT1、VT2 和高频磁芯变压器 T 等元件组成，工作时可产生 5 ~ 10 MHz 的高频振荡电流，分别由三极管 VT1、VT2 交替输出到后面的 LC 串联谐振电路。LC 串联谐振电路由高频扼流圈 L4、电感 L3、电容器 C5 组成，由于 C5 的电容量很小、容抗很大，C 两端的振荡电压高达 600 V，这个高电压输出到灯管两端，使灯管直接启动。

4）碘钨灯 碘钨灯发光原理与接线同白炽灯一样，都由灯丝作为发光体，所不同的是碘钨灯管内充有碘，当管内温度升高后，碘和灯丝蒸发出来的钨化合成挥发性的碘化钨。碘钨灯在靠近灯丝的高温处又分解为碘和钨，钨留在灯丝上，而碘又回到温度较低的位置，依此循环，从而提高光效率和灯丝寿命。其结构和接线如图4—5所示。

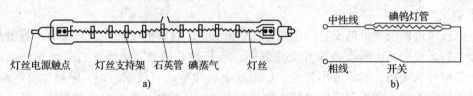

图4—5 碘钨灯的结构和接线

碘钨灯安装时，必须保持水平位置，水平线偏角应小于4°，否则会破坏碘钨灯循环，缩短灯管寿命。碘钨灯发光时，灯管周围的温度很高，因此，灯管必须装在专用的具有隔热装置的金属灯架上，切不可安装在易燃的木制灯架上，同时，不可在灯管周围放置易燃的物品，以免引起火灾。碘钨灯不可安装在墙上，以免因散热不畅而影响灯管的寿命。碘钨灯安装在室外时，应有防雨措施。

2. 控制开关

开关是接通或断开照明灯具的元件，其安装形式有明装和暗装两类，明装式有拉线开关和扳把开关（又称平头开关）；暗装式有跷板式开关和触碰式开关。按结构可分为单联开关、双联开关、单控开关、双控开关、旋转开关等。常见开关的外形如图4—6所示。开关必须串联在火线回路中。

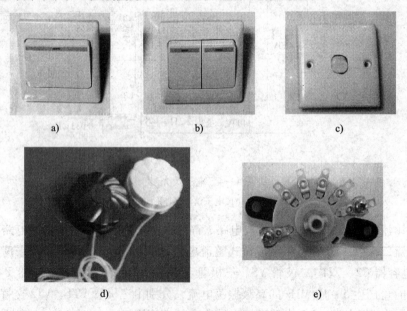

图4—6 常见开关的外形

a）单相大一开 b）单相大两开 c）单相小一开 d）胶木拉线开关 e）吊扇五位调速开关

开关安装应符合下列规定：

1）拉线开关距地面的高度一般为 2 ~ 3 m，距门口为 150 ~ 200 mm，且拉线的出口应向下。

2）扳把开关距地面的高度为 1.3 m，距门口为 150 ~ 200 mm，开关不得置于单扇门后。

3）暗装开关的面板应端正、严密并与墙面平。

4）开关位置应与灯位相对应，同一室内开关方向应一致。

3. 插座

插座是专为移动照明电器、家用电器和其他用电设备提供电源的元件，有明装和暗装之分，按其基本结构分有单相双极双孔、单相三极三孔、三相四极四孔插座等。常见插座外形如图 4—7 所示。

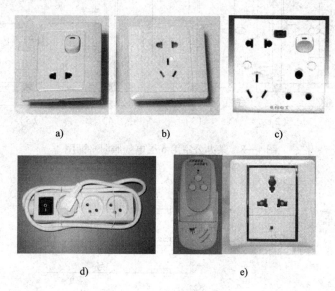

图 4—7　常见插座的外形

a）单相一开一插　b）单相两插　c）多用墙壁插座　d）多用插座　e）墙壁遥控插座

二、照明线路识图

图 4—8 是某办公室第 6 层电气照明平面图。图 4—9 是其供电概略图。识读如下：

（1）基本图表示的非电信息　为了确切地表示线路和灯具的布置，图 4—8 中用细实线简略地绘制出了建筑物墙体、门窗、楼梯、承重梁柱的平面结构。用定位轴线 1 ~ 6 和A、B、B/C、C 和尺寸线表示了各部分的尺寸关系。在施工说明中交代了楼层结构，从而提供了照明线路和设备安装时需要考虑的有关土建资料。

（2）电源　由概略图可知，该楼层电源引自第 5 层，单相 220 V，经照明配电箱 XMI，分成三路分干线，送至各场所。

（3）照明线路　采用三种规格的线路，见施工说明第 2 条。线路的文字标注在施工说明中表示，避免了在图上重复标注，以使图面清晰。

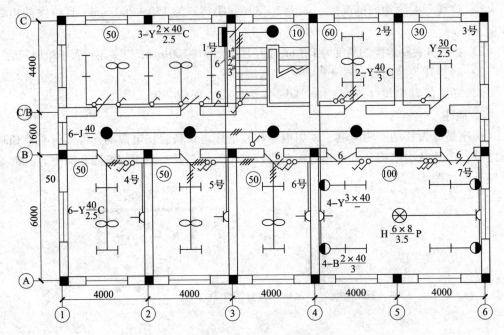

图4—8 某办公室第6层电气照明平面图

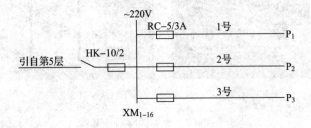

图4—9 某办公室第6层供电概略图

表4—2 负荷统计表

线路编号	供电场所	负荷统计			
		灯具（个）	电扇（个）	插座（个）	计算负荷（kW）
1#	1号房间、走廊、楼道	9	2		0.41
2#	4、5、6号房间	6	3	3	0.42
3#	2、3、7号房间	12	1	2	0.47

施工说明：1. 该层层高4 m，净高3.88 m，楼面为预制混凝土板，抹厚80 mm水泥浆。

2. 导线及配线方式：电源引自第5层，总线PG－BLX－2X10－DG25－QA；分干线（1～3），MFG－BLV－2×6－VG20－QA；各支线BLVV－2×2.5－RVG15－QA。

3. 配电箱为XM1－16，并按系统图接线。

4. 本图采用的电气图形符号含义见"GB 4728.11—2008"，建筑图形符号含义见"GB/T 50104—2010"。

（4）照明设备　图 4—8 中的照明设备有灯具、开关、插座及电扇等。照明灯具有荧光灯、吸顶灯、型灯、花灯（6 管荧光灯）等。灯具的安装方式有链吊式（C）、管吊式（P）、吸顶式、壁式等，例如：

$$3 - Y\frac{2 \times 40}{2.5}C \ （1 号房间）$$

表示该房间有 3 盏荧光灯，每盏灯 2 支 40 W 灯管，安装高度 2.5 m，链吊式（C）安装。

$$6 - J\frac{1 \times 40}{-} \ （走廊及楼道）$$

表示走廊及楼道 6 盏灯具，水晶底罩灯 J，每灯 40 W，吸顶安装。

（5）照度　各照明场所的照度图 4—8 上均已表示，例如 1 号房间照度为 50 lx，走廊及楼道照度为 10 lx。

（6）图上位置　由定位轴线和标注的有关尺寸数字可直接确定设备、线路管线安装位置，并可计算出线管的长度。例如，配电箱的位置在定轴线 "C"、"3" 交点（+C3）附近。

三、照明配线工艺

室内线路的安装有明线安装和暗线安装两种。导线沿墙壁、天花板、梁与柱子等敷设，称为明线安装。导线穿管暗设在墙内、梁内、柱内、地面内、地板内或暗设在不能进入的吊顶内，称为暗线安装。在不同的场合应该根据具体的情况进行线路的安装敷设。

根据导线的支持物或保护材料不同，常用的室内配线有护套线配线、塑料槽板配线、金属桥架配线、硬质阻燃型塑料管（PVC）暗配线、PVC 明配线、钢管配线、线卡（塑料或率片卡）配线等型式。本节重点学习前两种配线的准备知识、基本技能、施工工艺和验收规范。

1. 护套线配线

护套线配线是一种具有塑料保护层的双芯绝缘导线，具有防潮、耐酸、耐腐蚀等性能，且施工简单、维修方便、整齐美观、造价较低，多用于直接敷设在空心楼板、墙壁及建筑物上，但不宜直接埋入抹灰层内暗敷设，也不宜在室外露天场所敷设。

（1）定位划线　先确定起点和终点位置，然后用粉线袋按导线走向划出正确的水平和垂直线，并按护套线安装要求每隔 150 ~ 300 mm 划出固定线卡的位置。距开关、插座、灯具的木台 50 mm 处和导线转弯两边 80 mm 处，都为设线卡的固定点，如图 4—10 所示。

（2）敷设导线　在水平方向敷设护套线时，如果线路较短，为了便于施工，可按实际需要长度将导线剪断后盘起来，一手扶导线，另一手将导线固定在线卡上。如果线路较长，又有数根导线平行敷设时，可用绳子把导线吊挂起来，使导线的重量不完全由线卡承受，然后把导线逐根扭平，再轻轻拍平，使其与墙面紧贴。垂直敷线时，应由上而下，以便操作。转角处敷线时，弯曲护套线用力要均匀，其弯曲半径至少应等于导线宽度的 6 倍。导线通过墙壁和楼板也应穿在保护管中。

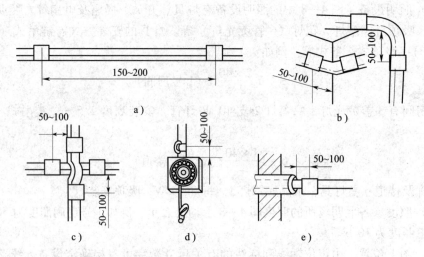

图 4—10　塑料护套线固定与间距
a) 直线部分　b) 转角部分　c) 十字交叉　d) 进入木台　e) 进入管子

塑料护套线的接头最好放在开关、灯头和插座处，以求整齐美观。如果接头不能放在这些地方，则可装设接线盒，将接头放在接线盒内。

（3）固定护套线　传统的铝片卡固定护套线，由于施工前需固定木榫，且铝片卡夹持工效较低，故现在很少使用。利用塑料卡和钢钉固定护套线则方便得多，可在定位及划线后边放线边固定。现在在农电或施工临时用电中应用较广泛。

（4）检查验收　对照以下条款，验收检查施工质量。

1）护套线截面的选择　室内铜芯线不小于 $1.0\ \mathrm{mm}^2$，铝芯线不小于 $1.5\ \mathrm{mm}^2$；室外铜芯线不小于 $1.5\ \mathrm{mm}^2$，铝芯线不小于 $2.5\ \mathrm{mm}^2$。

2）护套线与接线盒或电气设备的连接　护套线进入接线盒或电器时，护套层必须随之进入。

3）护套线的保护　敷设护套线不得不与接地体、发热管道接近或交叉时，应加强绝缘保护。容易机械损伤的部位，应穿钢管保护。护套线在空心楼板内敷设时，可不用其他保护措施，但楼板孔内不应有积水和易损伤导线的杂物。

4）对线路高度的要求　护套线敷设离地面的最小高度不应小于 500 mm，穿越楼板及离地面高度低于 150 mm 的护套线，应加电线管进行保护。

2. 塑料槽板配线

槽板配线主要有木槽板和塑料槽板两种。传统工艺一般采用木槽板，但加工量大、工效低、维护成本高、易破损；塑料槽板配线效率高，美观、便捷、安全、经济，故现在大多采用塑料槽板配线。

（1）塑料槽板配线的适用范围　塑料槽板（阻燃型 PVC）配线是把绝缘导线敷设在塑料槽板的线槽内，上面用盖板把导线盖住。这种布线方式适用于办公室、生活间等干燥房屋内的电气照明，也适用于小负荷用电设备的明配线工程。塑料槽板配线通常在墙体抹灰粉刷后进行。

（2）塑料槽板配线的施工准备　施工准备一般包括技术准备、材料准备、施工机具准备和作业条件检查四项。

1）技术准备　技术准备的重点是：审核施工图样是否有效，是否有设计单位的签字盖章，设计依据是否符合国家现行规范、规程和规定；敷设方式和工艺要求是否可行；施工现场的墙体、楼板结构等的基本情况，例如，墙体是实心砖还是空心砖，楼板是预制圆孔板还是现浇混凝土板等。

2）材料准备　材料准备主要有阻燃型 PVC 塑料线槽（常用 806 系列）及其辅件、绝缘导线及接线端子、木砖、塑料胀管、镀锌金属材料及配套使用的开关盒、灯头盒、插座盒等。

806 系列塑料线槽由硬聚氯乙烯工程塑料挤压成型，由槽底和槽盖组合而成，每根长 2 m。线槽具有阻燃、体轻的特点。按其宽度分有 25 mm、40 mm 等尺寸，型号分别为 VXC—25、VXC—40 等，其中宽 25 mm 线槽的槽底有两种形式：一种为普通型，底为平面；另一种底有两道隔楞，即三槽线。VXC—25S 用于照明线路敷设，VXC—40 ~ 80 型用于动力线路敷设。如图 4—11 所示。

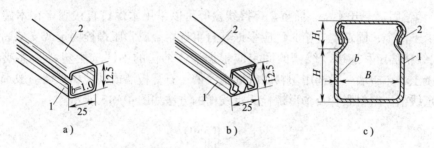

图 4—11　806 系列塑料线槽规格

a）VXC—25 线槽的规格　b）VXC—25S 三线槽的规格　c）线槽截面尺寸

1—线槽底　2—线槽盖

在选用塑料线槽时，应根据敷设线路的情况选用线槽，可参照表 4—3 选用。

表 4—3　　　　　　　　　　　　VXC 型线槽规格尺寸

型号	B	H	H₁	b
VXC – 40	40	15	15	1.5
VXC – 60	60	15	15	1.5
VXC – 80	80	30	20	2.0
VXC – 100	100	30	20	2.5
VXC – 120	120	30	20	2.5

3）施工机具准备　施工机具主要有电工常用工具、活络扳手、手锤、手电钻、电锤、锯弓、喷灯、焊锡、卷尺、线坠、粉线袋、铅笔以及万用表、绝缘电阻表等。

4）作业条件检查　主要检查配合土建结构的施工预埋保护管、预留孔洞、预埋木砖等是否到位；屋顶、墙面的抹灰、油漆等应全部施工完毕，场地清理干净。

（3）塑料槽板配线的工艺流程　塑料槽板配线包括弹线定位、盒箱固定、线槽固定与连接、槽内放线、导线连接等工艺过程，如图4—12所示。最后完成绝缘电阻测试、验收记录工作。

图4—12　塑料槽板配线的工艺流程

（4）施工工艺

1）弹线定位　为使线路安装得整齐、美观，塑料槽板应尽量沿房屋的线脚、横梁、墙角等处敷设，并与用电设备的进线口对正，与建筑物的线条平行或垂直。

具体做法是：按设计图样确定进户线、盒、箱等电气设备具体固定点位置；先干线后支线，从始端到终端，找好水平和垂直；用粉线袋弹线，按500 mm间距分档，用笔做好记号。

2）盒箱固定　开关盒、插座盒、接线盒等可以采用木螺钉直接固定在木砖上，固定点不少于两个；固定配电箱时，应根据其自重选用金属膨胀螺栓固定或支架固定。

3）线槽固定和连接　线槽的固定应根据墙体结构的不同选用塑料胀管或伞形螺栓。混凝土墙、砖墙一般选用塑料胀管固定线槽；石膏板墙或其他护板墙一般选用伞形螺栓固定线槽。塑料胀管及伞形螺栓固定线槽的方法如图4—13所示。

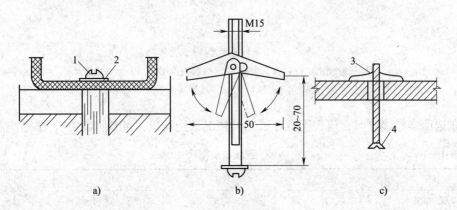

图4—13　塑料胀管及伞形螺栓固定线槽的方法

a）塑料胀管固定线槽的方法　b）伞形螺栓结构示意图　c）伞形螺栓固定线槽的方法

1—木螺钉　2—垫圈　3—伞形螺母　4—伞形螺栓

线槽的固定和连接方法是：根据电源、开关盒、灯座的位置，量取各段线槽的长度，用锯分别截取；用手电钻在线槽内钻孔（钻孔直径4.2 mm左右），用作线槽的固定。

槽底和槽盖直线段对接时要求：①槽底固定点间距应小于500 mm；②盖板固定点间距应小于300 mm；③底板离终点50 mm及盖板离终点30 mm处应增加固定点；④三线槽的槽底应采用双钉固定；⑤槽底对接缝与槽盖对接缝应错开20 mm。

最后将钻好孔的线槽沿走线的路径用自攻螺钉或木螺钉固定。

4）槽内放线　具体步骤是：清扫槽内的建筑或施工垃圾；放置导线，导线应理顺，不得挤压、扭绞、拉伤；用尼龙绑扎带将导线绑扎成束，不允许采用金属丝绑扎；接线盒内导线预留长度不应大于 150 mm；导线接头必须放置在线盒内；从室外引入室内的一段穿墙导线应采用橡胶绝缘导线，不宜使用塑料绝缘导线。

5）导线连接　导线连接时，要求接触电阻小，连接可靠、美观，绝缘性能良好，并能正确区分相线、中性线和保护地线的导线颜色。GB 50303—2002《建筑电气工程施工质量验收规范》规定：A 相用黄色、B 相用绿色、C 相用红色、保护地线（PE 线）用黄绿相间色、零线用淡蓝色。

6）固定盖板　在敷设导线的同时，将盖板固定在底板上。

7）绝缘测试　塑料线槽内放线完毕，必须首先对线路连接的正确性、焊接的可靠性、绝缘恢复的安全性等方面做进一步检查，如发现有不符合现行施工规范及质量验评标准规定的地方应及时纠正，然后才能进行线路的绝缘测试。

线路绝缘测试的基本要求是：照明线路的绝缘电阻值不小于 $0.5\ M\Omega$，动力线路的绝缘电阻不小于 $1\ M\Omega$。

四、照明电气安装

1. 灯具安装工艺

普通灯具安装工艺流程由灯具检查、组装灯具、灯具安装和通电试运行四部分组成，如图 4—14 所示。

$$\boxed{灯具检查} \longrightarrow \boxed{组装灯具} \longrightarrow \boxed{灯具安装} \longrightarrow \boxed{通电试运行}$$

图 4—14　普通灯具安装工艺流程

（1）灯具检查

1）根据灯具的安装场所检查灯具是否符合要求：

①在易燃和易爆场所应采用防爆式灯具。

②有腐蚀性气体及特征潮湿的场所应采用封闭式灯具。

③可能受到机械损伤的厂房内，应采用有保护网的灯具。

④震动场所（如有锻锤、空压机、桥式起重机等），灯具应有防撞措施（如采用吊链软性连接等）。

⑤除敞开式外，其他各类灯具的灯泡容量在 100 W 及以上的均应采用瓷灯口。

2）根据装箱清单清点安装配件和制造厂的有关技术文件。

3）检查灯内配线是否符合要求：

①灯内配线应符合设计要求及有关规定；

②穿入灯箱的导线在分支连接处不得承受额外应力和磨损，多股软线的端头需盘圈；

③灯箱内的导线不应过于靠近热光源，并应采取隔热措施。

（2）灯具接线和安装

1）白炽灯安装

①塑料（木）台安装　塑料（木）台是固定灯具的基础，必须安装牢固。不同场

合固定方法如图4—15所示。在现浇混凝土楼板上可直接用螺钉将塑料（木）台固定在预埋接线盒上，导线从塑料（木）台中心孔穿出。空心楼板上的塑料（木）台可用伞形螺栓固定。在混凝土楼板上也可用两支φ8 mm的塑料胀管固定。

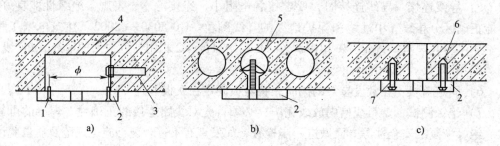

图4—15　塑料（木）台安装

a）在现浇混凝土楼板上固定塑料（木）台　b）在空心楼板上固定塑料（木）台

c）在混凝土楼板上固定塑料（木）台

1—平螺钉　2—塑料（木）台　3—电线管　4—预埋接线盒　5—伞形螺栓　6—塑料胀管　7—螺钉

②平灯座安装　拧下螺口平灯座外壳，将导线从灯座底部穿入，将来自开关的电源相线接到中心弹簧片的接线螺钉上，零线接另一螺钉。

③插口式吊灯座的安装　插口式吊灯座必须用两根绞合的花线作为与挂线盒的连接线，两端均应将线头绝缘层削去。首先，将上端塑料软线穿入挂线盒盖孔内打个结，使其能承受吊灯的重量，然后把软线上端两个线头分别穿入挂线盒底座凸起部分的两个侧孔里，再分别接到两个接线桩上，罩上挂线盒盖。然后，将下端塑料软线穿入吊灯座盖孔内也打一个结，把两个线头接到吊灯座上的两个接线桩上，罩上吊灯座盖子即可。安装方法如图4—16所示。

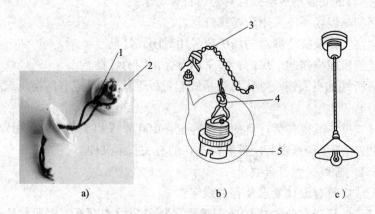

图4—16　吊灯座的安装

a）用木螺钉固定挂线盒座并打结　b）吊灯座内引出线并打结　c）装好的吊灯

1—挂线盒内打结　2—挂线盒座　3—灯头线　4—灯头座内打结　5—插口灯座

2）壁灯的安装

①根据灯具的外形选择合适的木台（板）或灯具底托把灯具摆放在上面，四周留

出的余量要对称，然后用电钻在木板上开好出线孔和安装孔，在灯具的底板上也开好安装孔。

②将灯具的灯头线从木台（板）的出线孔中甩出，在墙壁上的灯头盒内接头，并包扎严密，将接头塞入盒内。

③把木台或木板对正灯头盒，贴紧墙面，可用机螺钉将木台直接固定在接线盒耳孔上，如为木板就应该用胀管固定。

④调整木台（板）或灯具底托使其平正不歪斜，再用机螺钉将灯具拧在木台（板）或灯具底托上，最后配好灯泡或灯罩。

3）荧光灯安装　吊链荧光灯安装如图4—17所示，根据灯具的安装高度，将全部吊链编好，把吊链挂在灯箱挂钩上，并在建筑物顶棚上安装好塑料（木）台，将导线依顺序编叉在吊链内，引入灯箱，在灯箱的进线孔处应套上软塑料管以保护导线，压入灯箱内的端子板（瓷接头）内。将灯具导线和灯头盒中甩出的电源线连接，并用粘塑料带和黑胶布分层包扎紧密。将灯具的反光板用机螺钉固定在灯箱上，调整好灯脚，最后将灯管装好。

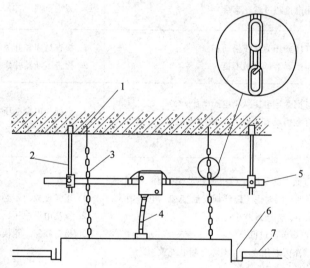

图4—17　吊链荧光灯安装方法
1—膨胀螺栓　2—吊杆　3—吊链　4—金属软管　5—电线管　6—龙骨　7—吊顶

（3）检查试验　灯具安装完毕，且各条支路的绝缘电阻摇测合格后，方可通电试运行。通电后应仔细检查和巡视，检查灯具的控制是否灵活、准确；开关与灯具控制顺序是否相对应。如果发现问题必须先断电，然后查找原因进行修复。

（4）故障分析　照明线路在运行中，会因为各种原因而出现一些故障，如线路老化、电器设备故障（开关、灯座、灯泡、插座）等。照明线路的维修可分为三个步骤：

1）了解故障现象　在维修时首先应了解故障现象，这是保证整个维修工作能否顺利进行的前提。了解故障现象可通过询问当事人、观察事故现场等手段。

2）故障现象分析　根据故障现象，利用电气原理图及布置图进行分析，确定造成故障的大致范围，提供检修方案。

　　3）检修　用验电笔、万用表、钳形电流表、绝缘电阻表等工具、仪表进行检测，确定故障点，针对故障元件或线路进行维修或更换。

　　白炽灯照明线路常见故障分析和排除方法见表4—4。

表4—4　　　　　　　　　　　白炽灯照明线路常见故障分析和排除方法

故障现象	故障分析	排除方法
灯泡不亮	1. 灯泡钨丝烧断； 2. 电源熔断器的熔丝烧断； 3. 灯座或开关接线松动或接触不良； 4. 线路中有其他断路故障	1. 调换新灯泡； 2. 检查熔丝烧断的原因并更换熔丝； 3. 检查灯座和开关的接线并修复； 4. 用验电笔检查线路的断路处并修复
开关合上后熔断器熔丝熔断	1. 灯座内两线头短路； 2. 线路中发生短路； 3. 用电器发生短路； 4. 用电量超过熔丝容量	1. 检查灯座内两线头并修复； 2. 检查导线绝缘是否老化或损坏并修复； 3. 检查用电器并修复； 4. 减小负载
灯泡忽亮忽灭	1. 灯座或开关接线松动； 2. 熔断器熔丝接触不良	1. 检查灯座和开关并修复； 2. 检查熔断器并修复
灯泡发强烈白光，并瞬时或短时烧毁	1. 灯泡额定电压低于电源电压； 2. 灯泡钨丝有搭丝，从而使电阻减小，电流增大	1. 更换与电源电压相符合的灯泡； 2. 更换新灯泡
灯光暗淡	1. 灯泡内钨丝挥发后积聚在玻璃壳内，表面透光度降低，同时由于钨丝挥发后变细，电阻增大，电流减小，光通量减小； 2. 电源电压过低； 3. 线路因老化或绝缘损坏有漏电现象	1. 正常现象，不必修理； 2. 提高电源电压； 3. 检查线路，更换导线

　　日光灯线路常见故障分析和排除方法见表4—5。

表4—5　　　　　　　　　　　日光灯线路常见故障分析和排除方法

故障现象	故障分析	排除方法
不能发光或发光困难，灯管两头发亮或灯闪烁	1. 电源电压太低； 2. 接线错误或灯座与灯脚接触不良； 3. 灯管衰老； 4. 镇流器配用不当； 5. 气温过低； 6. 启辉器配用不当、接线断开、电容器短路或触点熔焊	1. 测量并调整电源电压； 2. 检查线路和接触点并修复； 3. 更换新灯管； 4. 调换镇流器； 5. 改善工作条件； 6. 检查并更换启辉器

续表

故障现象	故障分析	排除方法
灯管两头发黑或生斑	1. 灯管老化； 2. 电源电压太高； 3. 镇流器配用不合适； 4. 如新灯管，可能因启辉器损坏，使灯丝发光物质加速发挥	1. 调换新灯管； 2. 测量电压并适当调整； 3. 更换适当镇流器； 4. 更换启辉器
灯管寿命短	1. 镇流器配合不当或质量差使灯管电压偏高； 2. 受到剧振，致使灯丝振断； 3. 电源电压太高； 4. 开关次数太多或各种原因引起的灯光闪烁	1. 选用适当的镇流器； 2. 换新灯管，改善安装条件； 3. 调整电源电压； 4. 减少开关次数，及时检修闪烁故障
镇流器有杂声或电磁声	1. 镇流器质量差，铁心松动； 2. 镇流器过载或其内部短路； 3. 电压过高	1. 调换镇流器； 2. 检查过载原因，调换镇流器或配用适当灯管； 3. 设法调整电压
镇流器过热	1. 灯架内温度太高； 2. 电压太高； 3. 线圈匝间短路； 4. 过载，与灯管配合不当； 5. 灯光长时间闪烁	1. 改进装接方式； 2. 适当调整； 3. 修理或更换； 4. 检查调换； 5. 检查闪烁原因并修复

2. 开关、插座等安装工艺

开关、插座安装工艺流程由接线盒检查清理、接线、安装和通电试验四部分组成，如图 4—18 所示。

图 4—18 开关、插座安装工艺流程

（1）检查清理 用錾子轻轻地将盒子内残存的水泥、灰块等杂物剔掉，同时用小号油漆刷将接线盒内的其他杂物一并刷出，再用湿布将盒内灰尘擦净。

（2）接线 将接线盒内的导线留出维修长度后剪除余线，用剥线钳剥出 10～15 mm 线芯，以刚好能完全插入接线孔为宜。然后将线芯直接插入接线孔内，再用顶紧螺钉压紧。注意线芯不得外露。

1）开关接线要求 电器、灯具的相线应经开关控制。同一场所的开关切断位置应一致，且操作灵活，接点接触可靠。多联开关不允许共头连接，应用压接帽压接总头后再进行分支连接。

2）插座接线要求

①单相两孔插座有横装和竖装两种，如图 4—19a、图 4—19b 所示。横装时，正对面板，左孔（极）接零线（用 N 表示），右孔（极）接相线（用 L 表示）；竖装时，正

对面板，上孔接 L 线，下孔接 N 线。

②单相三孔及三相四孔插座接线如图 4—19c、图 4—19d 所示。单相三孔插座，正对面板，左孔接 N 线、右孔接 L 线、上孔接保护接线（用 PE 表示）。三相四孔插座，正对面板，下面三孔分别接 L1、L2、L3，最上面的一孔接保护地线或保护零线。

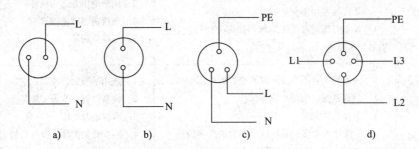

图 4—19 插座接线示意图

a）单相两孔插座横装接线 b）单相两孔插座竖装接线 c）单相三孔插座接线 d）三相四孔插座接线

③插座箱多个插座导线连接时，不允许共头连接，应采用压接帽压接总头后，再进行分支线连接。

（3）开关、插座安装 按接线要求，将盒内甩出的导线与开关、插座的面板连接好，将开关或插座推入盒内（如果盒子较深，大于 2.5 cm 时，应加装套盒），对正盒眼，用机螺丝固定牢固。固定时要使面板端正，并与墙面平齐。

明装开关、插座安装时，先将从盒内甩出的导线由塑料（木）台的出线孔中穿出，再将塑料（木）台紧贴于墙面，用螺钉固定在盒子或木砖上。如果是明配线，木台上的隐线槽应先顺对导线方向，再用螺钉固定牢固。塑料（木）台固定后，将甩出的相线、零线、保护地线按各自的位置从开关、插座的线孔中穿出，按接线要求将导线压牢。然后将开关或插座贴于塑料（木）台上，对中找正，用木螺丝固定牢。最后再把开关、插座的盖板上好。

第二节 异步电动机控制线路安装

一、丫-△控制线路安装

丫-△启动线路常用于轻载或空载启动，电路图如图 4—20a 所示。其安装步骤是：

1. 绘制接线图

根据图 4—20a 所示电路图，将隔离开关 QS、熔断器 FU1、接触器 KM1、KM3 排成一条纵直线，KM2 与 KM3 并列摆放，以便于走线。图 4—20b 是其接线图。

2. 检查电器元件

检查按钮、接触器触头表面情况；检查分合动作；测量接触器线圈电阻；观察电动机接线盒内的端子标记。

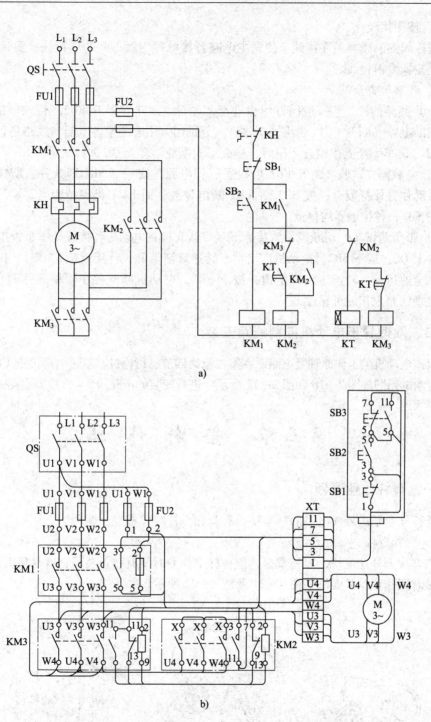

图 4—20　星形—三角形的减压启动控制线路（按钮转换）

a）电路图　b）安装接线图

3. 固定电器元件

按照接线图规定位置定位、打孔，将各元件固定牢靠。

4．按图接线

按接线图的线号顺序接线。注意主电路各接触器主触点间的连接线，要认真核对，尤其是按钮盒内接线。

5．线路检查及试车

（1）线路的检查　一般用万用表进行，先查主回路（断开 FU2，暂除辅助电路），再查辅助电路（断开 FU1，暂除主电路）。分别用万用表测量各电器与线路是否正常。

（2）试车　经上述检查无误后，检查三相电源，合上 QS 进行试运行。

1）空载操作试验　断开 FU1 后接通三相电源，按一下 SB2 即放开，KM1 和 KM2 应同时动作并保持吸合；按 SB3 则 KM2 断电释放，而 KM1 仍保持吸合，KM3 得电动作；按 SB1，各接触器均释放。

2）带负荷试车　切断电源后接通 FU1，认真检查电动机各接线端子是否牢靠。

合上 QS，按下 SB2，电动机应启动，转速逐渐上升，待接近额定值时，按下 SB3，电动机全速运行，转速达到额定值；按下 SB1，电动机断电停车。稍等片刻再启动一次，检查线路工作的可靠性。

二、双速异步电动机控制线路安装

双速电动机的工作原理及电路图在第二章第四节已讨论过，双速电动机定子绕组接线图及控制电路图如图 2—16 和图 2—17 所示。进行安装的步骤同 丫 - △ 控制线路安装。

第三节　登杆作业

一、登杆作业要领

登杆作业是内外线电工的基本功，有脚扣登杆与登板登杆两种。

1．脚扣登杆

该方法上杆速度快，容易掌握，但在杆上作业时没有登板灵活，容易疲劳，适用于杆上短时间作业。其要领如图 4—21 及图 4—22 所示。

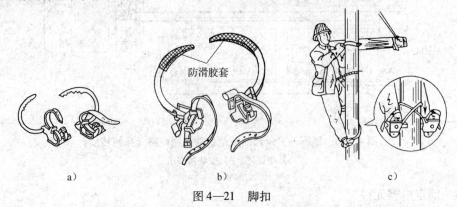

防滑胶套

　　　a)　　　　　　　　　　b)　　　　　　　　　　c)

图 4—21　脚扣

a）登木杆用脚扣　b）登混凝土杆用脚扣　c）杆上操作时两脚扣的定位方法

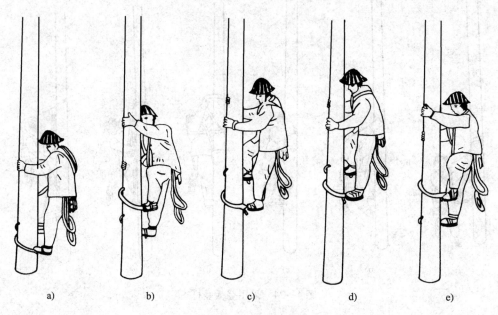

图 4—22　脚扣登杆

2. 登板登杆

其要领如图 4—23、图 4—24 及图 4—25 所示。

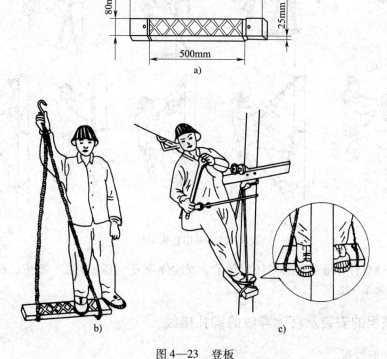

图 4—23　登板
a）登板规格　b）登板绳长度　c）在登板上作业的站立姿势

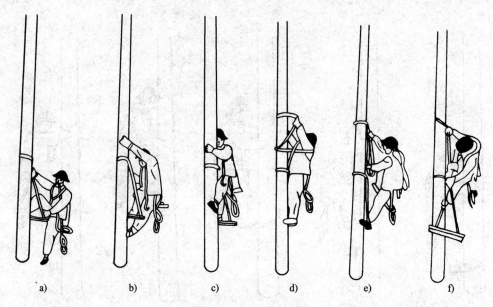

图4—24 采用登板登杆

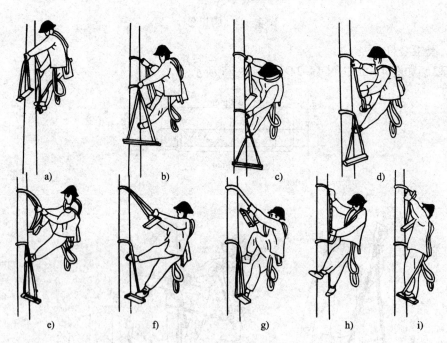

图4—25 采用登板下杆

以上两种登杆作业时还必须使用腰带、保险绳等安全必备用品。腰带、保险绳和腰绳的使用如图4—26所示。

二、横担的安装及杆上导线的绑扎接线

1. 横担的装接

钢筋混凝土电杆的横担如图4—27所示。

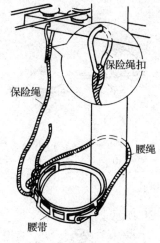

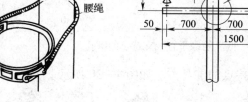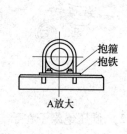

图 4—26　腰带、保险绳和腰绳　　　图 4—27　钢筋混凝土电杆上横担、杆顶支座及绝缘子的安装

横担安装操作方法如下：

（1）先装杆顶支柱。

（2）再安装横担，其位置由导线的排列方式而定。

1）当导线采用等腰三角形排列时，横担距杆顶 600 mm。

2）当导线采用等边三角形排列时，横担距杆顶 900 mm。

（3）杆上横担装好后，再装绝缘子，且安装前应进行外观检查。

2. 导线在绝缘子上的绑扎

在低压和 10 kV 以下高压架空线上一般都用绝缘子作为导线的支持物，裸铝导线在绑扎前需对导线进行处理，绑扎保护层的方法如图 4—28 所示。

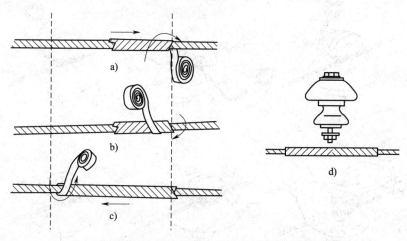

图 4—28　裸铝导线绑扎保护层

a）中间起端包缠　b）折向左端包缠　c）折向右端包缠　d）包到中间收尾

（1）低压绝缘子上的导线绑扎

1）低压绝缘子直线支持点的绑扎方法如图 4—29 所示。

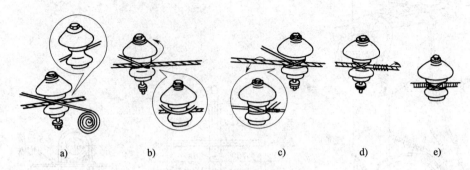

图 4—29　低压绝缘子直线支持点的绑扎

2）低压绝缘子在始、终端支持点的绑扎方法如图 4—30 所示。

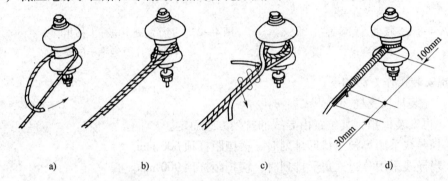

图 4—30　低压绝缘子始、终端支持点的绑扎

（2）导线在针式绝缘子上的绑扎

1）针式绝缘子颈部绑扎如图 4—31 所示。

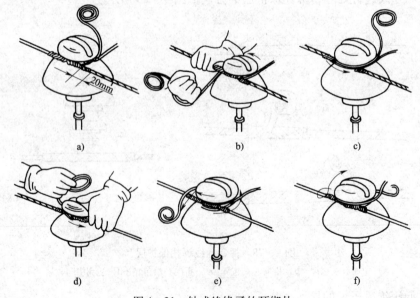

图 4—31　针式绝缘子的颈绑扎

2）针式绝缘子顶部绑扎如图 4—32 所示。

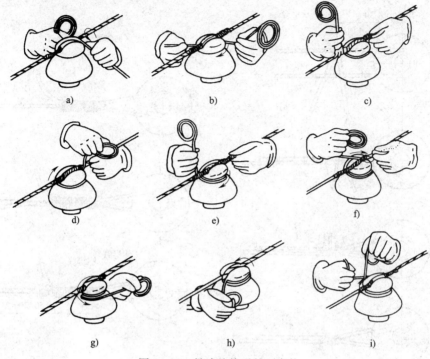

图 4—32　针式绝缘子的顶绑扎

（3）导线在瓷横担上的绑扎　也分为颈绑扎和顶绑扎两种，均与针式绝缘子相同。

（4）导线在蝶形绝缘子上的绑扎

1）铜导线在蝶形绝缘子上的绑扎方法如图 4—33 所示。

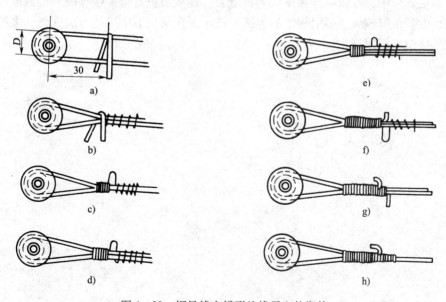

图 4—33　铜导线在蝶形绝缘子上的绑扎

2）铝导线在蝶形绝缘子上的绑扎方法如图4—34所示。

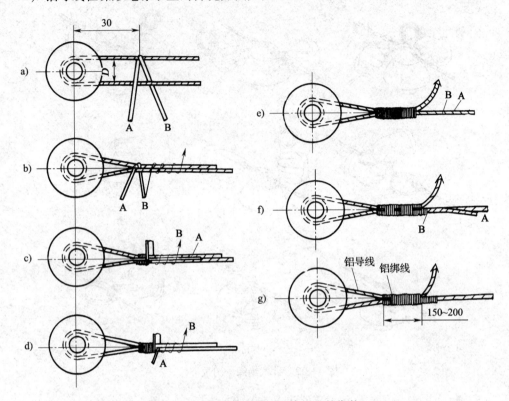

图4—34 铝导线在蝶形绝缘子上的绑扎

3．架空线的接线

在架空线路中，导线的连接质量非常重要。连接质量直接影响导线的机械强度和电气接触性能。单股铜线、多股铜线的连接应按第三章第二节中所述方法进行。多股铝线一般用压接钳进行压接。

第五章 初级电工变、配电所
设备维护与操作

第一节 变、配电所识图

一、变、配电所一次接线图识图

图5—1是某高压配电所及附设2号车间变电所一次（进线）系统图。下面以此图为例说明一次电路图识图步骤与方法。

1. 电源进线

图中有两路电源进线，一路是架空线 WL1，一般是工作电源，来自发电厂或上级变电所；另一路是电缆 WL2，一般是备用电源，多来自附近单位的高压联络线。电源采用高压断路器控制，操作十分方便。

2. 母线

这里采用的是单分段母线，母线用隔离开关分段。由于该所采用一路电源工作，另一路备用的运行方式，故分段隔离开关通常是闭合的（图5—1中 GN6—10/400）。为了测量、保护等需要，每段母线上均接有互感器。为防止雷电侵入，各段母线上都装设有避雷器。

3. 高压配电出线

该配电所共有六条高压配电线。有三条分别由两段母线经高压断路器与隔离开关配电给2号车间变电所；一条由右段母线 WB2 经高压断路器和隔离开关供3号车间变电所；另一条由左段母线 WB1 经高压断路器和隔离开关供高压移相电容器室；再一条是由右段母线经高压断路器和隔离开关供一组高压电动机。

二、变、配电所平面布置图识图

图5—2是某高压配电所及附设2号车间变电所的平面图与剖面图。

1. 变电所总体建筑结构

该变电所设有高压配电室、值班室、高压电容器室和附设的2号变电所的低压配电室及变压器室。一般要求值班室尽量靠近高、低压配电室，且要有门直通，以便于维护和检修。

2. 各电气设备的位置

两路电源经电缆（地下）进入配电室，室内共有10台高压柜，柜上是母线，两排高压柜之间的顶部支架上有隔离开关。柜下部是电缆沟。高压电容器室内有6台电容器

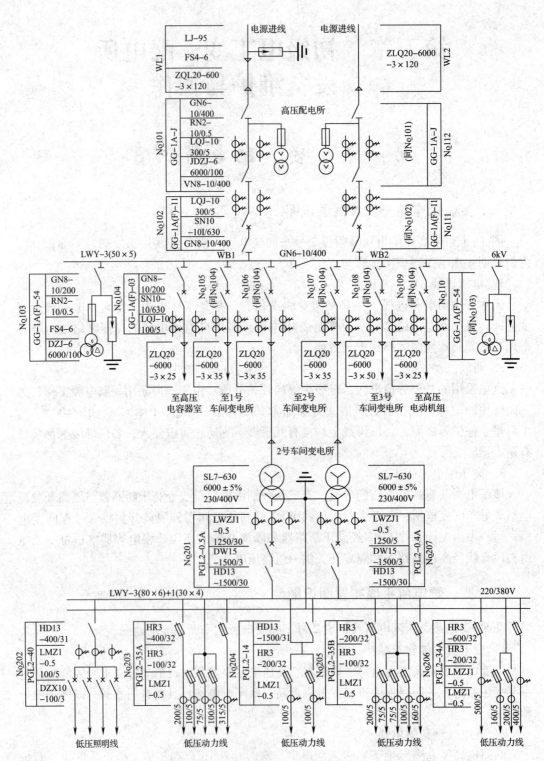

图 5—1　某高压配电所及附设 2 号车间变电所一次系统图

柜，供功率因数补偿用。2 号车间变电所有两台变压器，分别布置在两个房间。6 kV 高压经变压器降为 380/220 V 后由母线分别送至低压配电室的母线，然后通过低压配电柜分配到现场。

另外，从图 5—2 中还可看出变电所各建筑物的结构尺寸及各设备之间的距离。

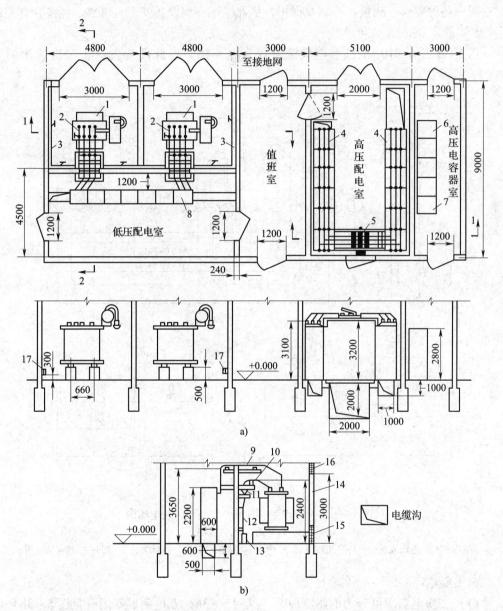

图 5—2　图 5—1 所示高压配电所及其附设 2 号车间变电所的平面图和剖面图

a）平面图　b）剖面图

1—SL7 - 630/6 型电力变压器　2—PEN 线　3—PE 线　4—GG—1A（F）型高压开关柜

5—分段隔离开关及母线桥　6—GR—1 型高压电容器柜　7—GR—1 高压电容器的放电互感器柜

8—PGL2 型低压配电屏　9—低压母线及支架　10—高压母线及支架　11—电缆头　12—电缆

13—电缆保护管　14—大门　15—进风口（百叶窗）　16—出风口（百叶窗）　17—PE 线及其固定钩

三、变、配电所简单二次电路识图

变、配电所的二次接线也称二次（配线）回路，它是由测量仪表、控制开关、自动装置、继电器、信号装置、控制电缆等二次元件组成的电气连接回路。其任务是实现对一次回路的监察、测量、控制及保护，从而保证一次设备安全、可靠、经济、合理地运行。

图5—3是6～10 kV线路电气测量仪表电路图，以此图为例讨论二次读图的要点。

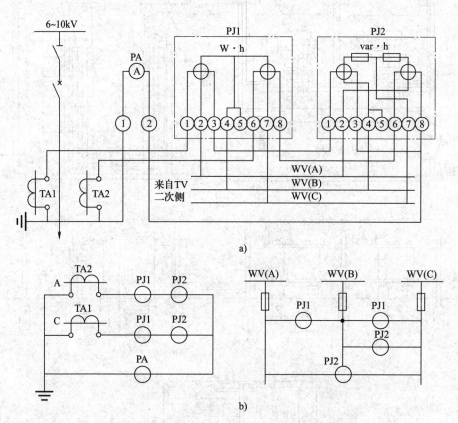

图5—3　6～10kV高压线路电气测量仪表电路图
a）电路图　b）展开图

TA1、TA2—电流互感器　TV—电压互感器　PA—电流表　PJ1—三相有功电表　PJ2—三相无功电表

识图要点：

（1）二次电路图可分为电路原理图（见图5—3a）及电路展开图（见图5—3b）两种。由于展开图在说明工件原理方面明显清晰，因此在工程上展开图应用更为广泛。

（2）二次电路图所用各种图表符号及文字符号都是由国家标准规定的。

（3）二次回路中所有设备的触点位置，都表示"正常状态"，即不带电、不受外力作用时的状态。

（4）为便于阅读，在展开图的右边对应位置标明每组回路的名称或用途。

第二节　变、配电所设备维护及操作

一、按操作规程送、停电

1. 基本要求

（1）变、配电所的一切操作任务（事故情况下除外）都应执行操作票制度。

（2）变、配电所的一切操作都必须由两名正式值班电工来进行。其中一人操作，另一人唱票及监护，并要穿戴合格的防护用具。

（3）严格按操作票规定的操作步骤进行，不得任意简化。操作完毕后，应在模拟图板上正确反映出系统中各设备的运行状态。

2. 停电的操作步骤

（1）接到停电命令后，由变电所值班主管填写操作票。

（2）明确操作票内容，核对要停电的设备。

（3）按操作票在监控下进行停电操作。

（4）停电后进行验电，并接好地线，装设遮栏，悬挂警告牌。

（5）操作结束后应向主管人员汇报。

3. 送电的操作步骤

（1）接受送电命令后，由值班主管填写操作票。

（2）明确操作票内容，核对要送电的设备。

（3）拆除临时接地线、临时遮栏及停电警告牌等设施。

（4）在监护下按操作票进行合闸送电操作。

（5）操作结束后应向主管人员汇报。

二、变电所故障的判断、检查及处理

1. 故障的检查、判断

变电所的故障种类很多，一般分为两大类：一是严重故障，造成停电。其原因有短路、断线及严重的过载等。发生严重故障时，断路器将会自动跳闸；当断路器发生跳闸时，一般会给出灯光信号和音响信号。灯光信号是控制盘上相应断路器的信号灯发出闪光，音响信号一般是电笛。一旦变电所出现了这两种信号，即可判断发生了严重故障。二是不正常运行，通常不会立即停电，但持续时间过长也会造成停电。不正常运行的原因通常有过载、过热及单相接地等。当变电所设备出现不正常运行状态时，也会发出音响信号，音响信号通常是电铃，以便与断路器跳闸信号相区别。

无论是严重故障还是运行不正常，只要相应的保护装置动作，均会在变电所的中央信号盘上反映出来。这样，查看中央信号盘即可知道发生了什么故障。

2. 故障的处理

（1）对于不正常运行状态，一般允许设备继续工作一段时间，但应立即查清故障出现的位置及原因并排除之。如果不正常运行时间超过了规定时间则应断开相应的线路。

（2）尽快限制故障的发展，清除故障的根源。

（3）尽一切可能使设备继续运行，对重要的设备应尽量保证不停电。

（4）改变运行方式，使已停电的车间或部门迅速恢复供电。

（5）发生事故停电后应及时向有关部门报告并听从上级主管部门的命令。

（6）将故障发生及处理的全过程，详细地进行记录。

三、电容器组熔断器的更换

电容器是进行无功补偿，提高功率因数的常用设备，为保护电容器的正常运行，常将熔断器与电容器串联后构成电容器组，如图5—4所示。当熔断器熔断后，需进行停电更换，更换的操作步骤如下：

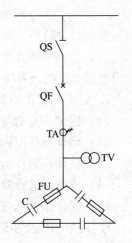

图5—4 电容器组接线

（1）填写停电操作票，并进行模拟预演，具体操作应由两人参加。

（2）按操作票操作，先断开断路器QF，再断开隔离开关QS。

（3）在对电容器放电至少3 min后，在断路器QF下端装设一组临时接地线。

（4）戴好绝缘手套，站在绝缘垫上更换熔断器的熔管，并检查各接线端的紧固情况。

（5）准备送电，送电前必须填写送电操作票并模拟预演。

（6）按操作票操作送电过程，撤去临时地线，合隔离开关，再合断路器，并检查电容器三相电流是否平衡，信号指示是否正确，设备及保护装置有无异常等。

（7）操作完毕后，立即向有关负责人汇报。

四、变、配电所巡回检查制度

1. 变、配电所巡回检查的有关规定

（1）高压配电装置的巡检必须由两名值班员同时进行。

（2）在巡检过程中，人体与高压带电导体的安全距离不得小于表5—1的规定。

表5—1　　　　　　　　　　人体与高压带电导体的安全距离

电压等级（kV）	无遮栏时（m）	有遮栏时（m）
6～10	0.70	0.30
20～35	1.00	0.60
110	1.50	1.00
220	3.00	2.00

（3）巡检必须按设备巡检路线进行，不得移开和跨越遮栏，不得进行与巡检无关的工作。

（4）进出变压器室后，必须将门关好，防止小动物进入室内。

（5）巡检过程中如有异常情况应做好记录，重要情况应汇报上级请示处理。

2．巡检周期规定如下：

（1）每班中应巡检一次，交接班时应巡检一次。

（2）变、配电所负责人及技术人员应每周进行一次监督性巡检。

（3）每周应夜巡一次。

（4）季节性特巡、节日特巡及临时增加的特巡。

（5）无人值班的变电所每周至少巡检一次。

3．变、配电所巡检项目

（1）巡检变压器、音响是否正常；油色、油位、油温是否正常及油箱是否漏油；瓷套管有无破裂及放电痕迹；高低压接头是否接触良好；通风冷却装置是否正常等。

（2）母线及接头的温度检查。

（3）绝缘瓷管、瓷绝缘子检查。

（4）电缆及终端头检查。

（5）熔断器检查。

（6）二次设备检查。

（7）接地装置检查。

（8）各种开关运行状态检查。

（9）高、低压配电室通风、照明及防火检查。

（10）配电设备周围检查（是否有异物等）。

第
3
部分

中级电工知识要求

第六章 中级电工基础知识

第一节 交、直流电路基础及计算

一、复杂直流电路计算

不能用串、并联规则进行简化的直流电路叫复杂直流电路。计算复杂电路的方法很多，本节介绍最常用的支路电流法、回路电流法、节点电位法、戴维南定理等。

1. 支路电流法

支路电流法是求解复杂电路的最基本方法。其思路是：以各支路电流为未知量，根据基尔霍夫定律列出所需的回路电压方程和节点电流方程，然后求得各支路电流。其步骤如下：

（1）假设各支路的电流参考方向，并选定回路绕行正方向。

（2）根据基尔霍夫第一定律列出独立的节点电流方程，得到的方程总数目等于节点数减1。

（3）由基尔霍夫第二定律列出独立回路的电压方程。

（4）联立求解节点电流方程和回路电压方程，然后代入数据求出各支路电流。

例6—1 图6—1所示电路中，已知 $E_1 = 120$ V，$E_2 = 130$ V，$R_1 = 10\ \Omega$，$R_2 = 2\ \Omega$，$R_3 = 10\ \Omega$，求各支路电流。

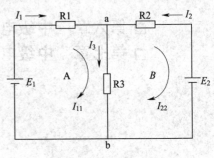

图6—1 例6—1图

解：各支路电流的参考方向及回路绕行方向如图6—1所示，由基尔霍夫定律列出方程：

节点 a：$I_1 + I_2 - I_3 = 0$

回路 A：$I_1 R_1 + I_3 R_3 = E_1$

回路 B：$-I_2 R_2 - I_3 R_3 = -E_2$

联立方程并代入数据，则：

$$\begin{cases} I_1 + I_2 - I_3 = 0 \\ 10I_1 + 10I_3 = 120 \\ 2I_2 + 10I_3 = 130 \end{cases}$$

解此方程组得到：$I_1 = 1$（A），$I_2 = 10$（A），$I_3 = 11$（A）。

图6—1中的回路 A、B 称为网孔。

2. 回路电流法

支路电流法虽然简单明了，但如果支路数较多，如图6—2所示电路，支路数有6

条，用支路电流法将很麻烦。注意图 6—2 电路只有三个网孔，若假设每个网孔有一独立的回路电流，并设为未知数，然后由基尔霍夫定律列出回路电压方程，并联立求解，这就是回路电流法，其步骤如下：

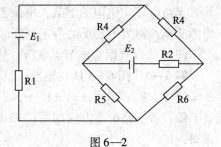

图 6—2

（1）以网孔为基础，假设回路电流参考方向。

（2）由基尔霍夫第二定律列出回路（网孔）的电压方程。列方程时注意：相邻回路的电流在公共支路电阻上的压降不能忽视，压降的正、负要看公共支路上相邻回路电流方向与本回路电流是否一致而定，一致时取正，相反时取负。

（3）代入数据，解联立方程组求出回路电流。

（4）假设各支路电流参考方向，根据支路电流与回路电流的关系，确定各支路电流。

例 6—2　数据同例 6—1，回路电流方向如图 6—1 中的 I_{11}、I_{22} 所示。由基尔霍夫第二定律列出方程：

$$\begin{cases} (R_1 + R_3)I_{11} - R_3 I_{22} = E_1 \\ (R_2 + R_3)I_{22} - R_3 I_{11} = -E_2 \end{cases}$$

代入数据得：

$$\begin{cases} 20 I_{11} - 10 I_{22} = 120 \\ 12 I_{22} - 10 I_{11} = -130 \end{cases}$$

解之得：$I_{11} = 1$（A），$I_{22} = -10$（A）。设支路电流方向如图 6—1 所示，则：$I_1 = I_{11} = 1$（A），$I_2 = -I_{22} = 10$（A），$I_3 = I_{11} - I_{22} = 1 - (-10) = 11$（A）。

3．节点电位法

图 6—3 所示电路有 5 条支路、4 个独立回路（网孔）。无论支路电流法、回路电流法均较麻烦。注意该电路只有两个节点，若能求得两节点间的电压，那么各支路电流均可用欧姆定律求得，这就是节点电位法。对于节点数较少的电路，此方法具有较明显的优越性。其步骤如下：

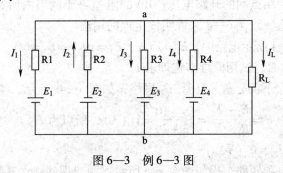

图 6—3　例 6—3 图

（1）选定参考节点，并选取各非参考节点的电压参考方向，指向参考节点。

（2）按公式 $U_{ab} = \dfrac{\sum EG}{\sum G}$ 求节点电压。式中，分子 $\sum EG$ 表示所有含源支路中电动势

与该支路电导［电阻的倒数，单位 S（西门子）］的乘积的代数和，若电动势方向指向参考节点，则为负，反之为正；分母 $\sum G$ 表示所有与两节点关联的电导之和。

（3）代入数据求出节点电压，然后由欧姆定律求各支路电流。

例6—3 图6—3所示电路，已知 $R_1 = 2\ \Omega$，$R_2 = R_3 = 4\ \Omega$，$R_4 = 5\ \Omega$，$R_L = 10\ \Omega$，$E_1 = 12\ V$，$E_2 = 20\ V$，$E_3 = 15\ V$，$E_4 = 12\ V$，求各支路电流。

解：各支路电流方向如图6—3所示，选定"b"节点为参考节点。由已知条件可求得：

$G_1 = 1/R_1 = 0.5$（S），$G_2 = 1/R_2 = 0.25$（S），$G_3 = 1/R_3 = 0.25$（S），$G_4 = 1/R_4 = 0.2$（S），$G_L = 1/R_L = 0.10$（S）。那么：

$$\sum EG = 12 \times 0.5 - 20 \times 0.25 + 15 \times 0.25 + 12 \times 0.2$$
$$= 6 - 5 + 3.75 + 2.4 = 7.15$$
$$\sum G = 0.5 + 0.25 + 0.25 + 0.2 + 0.1 = 1.3$$

由此求得节点电压　　　　　$U_{ab} = \dfrac{7.15}{1.3} = 5.5$（V）

根据欧姆定律可求得：

$$I_1 = (U_{ab} - E_1) \times G_1 = -6.5 \times 0.5 = -3.25(A)$$
$$I_2 = (U_{ab} + E_2)G_2 = 25.5 \times 0.25 = 6.375(A)$$
$$I_3 = (U_{ab} - E_3)G_3 = -9.5 \times 0.25 = -2.375(A)$$
$$I_4 = (U_{ab} - E_4)G_4 = -6.5 \times 0.2 = -1.3(A)$$
$$I_L = U_{ab} \cdot G_L = 5.5 \times 0.1 = 0.55(A)$$

4. 戴维南定理

上述方法均可求得全部未知各支路电流，但有许多情况，我们并不需要知道全部支路电流，而只需计算某个元件上的电流，对这种情况，应当寻求一种更有效的方法。

根据电路理论，较复杂的电路称为网络，只有两个输出端的网络叫作二端网络；含有电源的网络叫作含源网络；不含电源叫无源网络。戴维南定理指出：任何一个线性有源网络，对外电路都可以用一个具有电动势 E_0 和内阻 R0 的等效电路代替。其中：E_0 的值等于有源网络两端点间的开路电压；R0 的阻值等于网络内所有电源短接时的无源网络的等效电阻阻值。以例6—4来说明该定理的用法。

例6—4 图6—4所示电路中，$E_1 = 15\ V$，$E_2 = 10\ V$，$E_3 = 6\ V$，$R_1 = 3\ \Omega$，$R_2 = 2\ \Omega$，$R_3 = 1.8\ \Omega$，$R_4 = 12\ \Omega$，试用戴维南定理求 I。

解：断开 R_4，余下部分是一有源二端网络，如图6—4b所示，按戴维南定律求 U_{ab}。

因为图6—4b中 $I' = \dfrac{E_1 - E_2}{R_1 + R_2} = \dfrac{15 - 10}{3 + 2} = 1$（A），所以由 $U_{ab} = -E_3 + E_2 + I'R_2$ 得 $U_{ab} = 6$（V），即 $E_0 = U_{ab} = 6$（V）。

将网络内所有电源短路，得如图6—4c所示无源二端网络。其等效电阻为：

$$R_{ab} = \frac{R_1 R_2}{R_1 + R_2} + R_3 = \frac{3 \times 2}{3 + 2} + 1.8 = 3(\Omega)$$

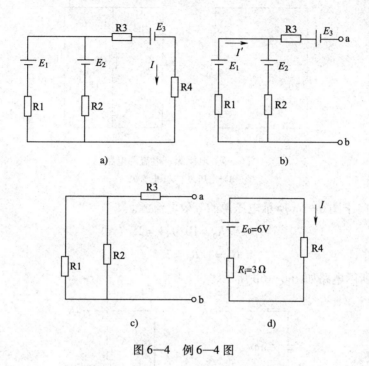

图6—4 例6—4图

即 $R_1 = 3$ （Ω），由此得到图6—4d 等效电路。由欧姆定律可得 $I = \dfrac{E_0}{R_i + R_4} = \dfrac{6}{3+12} =$

0. 4 （A）

由例6—4可见，用戴维南定理求某一支路电流的一般步骤是：

①将原电路划分为待求支路与有源二端网络两部分。

②断开待求支路，求出有源二端网络开路电压。

③将网络内电动势全部短接，内阻保留，求出无源二端网络的等效电阻。

④画出等效电路，接入待求支路，由欧姆定律求出该支路电流。

5. 电压源、电流源及等效变换

（1）电压源　一般用一个恒定电动势 E 和一个内阻 R0 串联组合来表示一个电压源。如图6—5a 所示。若 $R_0 = 0$ 则称为理想电压源，理想电压源实际上是不存在的。

（2）电流源　用一个恒定电流 I_s 和一个电导 G0 并联表示一个电流源，如图6—5b 所示。若 $G_0 = 0$ 则称为理想电流源。电流源的概念在电子技术中应用很广泛。

（3）电流源、电压源等效变换　一个电源既可以用电流源表示，又可以用电压源表示，它们之间可以进行等效变换。变换方法如下：

1）已知电压源（E，R_0），若要用等效电流源表示，则电流源的电流 $I_s = E/R_0$，并联电导 $G_0 = 1/R_0$。

2）已知电流源（I_s，G_0），若要用等效电压源表示，则电压源的电动势 $E = I_s/G_0$，内阻 $R_0 = 1/G_0$。注意，I_s 与 E 的方向是一致的。

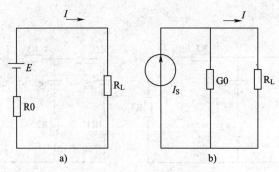

图6—5 电压源、电流源电路

a) 电压源 b) 电流源

例6—5 求图6—6a所示电压源的等效电流源。

解：
$$I_s = E/R_0 = 10/0.4 = 25 \ (\text{A})$$
$$G_0 = 1/R_0 = 2.5 \ (\text{S})$$

电流源所示电路如图6—6b所示。

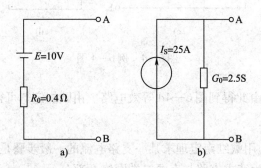

图6—6 例6—5图

二、正弦交流电分析方法

表示一个正弦交流电的关键是表示出其最大值、频率（或角频率）和相位（或初相位）"三要素"。通常的表示方法有四种：解析法、图形法、旋转矢量法和符号法。分析正弦交流电也可用这四种方法进行，但常用的是旋转矢量法和符号法，图形分析法在晶闸管电路的分析中也用得较多。

1. 解析法

用三角函数式表示正弦交流电的方法称为解析法。如正弦交流电流、电压、电动势分别用解析法表示为：

$$u = U_m \sin(\omega t + \varphi_u)$$
$$i = I_m \sin(\omega t + \varphi_i)$$
$$e = E_m \sin(\omega t + \varphi_e)$$

用这种方法分析正弦交流电，就是直接进行三角函数的运算，比较烦琐。

2. 图形法（曲线法）

在直角坐标中，用横坐标表示时间（t 或角频率 ωt），纵坐标表示交流电的瞬时值，由解析式作出的曲线，称为交流电的波形图，用波形图分析正弦交流电的方法称为图形法。图形法可直观地表示出正弦交流电。晶闸管技术中，也常用图形法进行直观分析。

3. 旋转矢量法（矢量法）

解析法与图形法都不便于计算，为此引入矢量法，其表示方法为：

①选择适当的比例，用矢量的长度表示正弦交流电的最大值或有效值。

②矢量的起始位置与横轴的夹角等于正弦交流电的初相角。

③矢量按逆时针方向旋转，角速度等于正弦交流电的角频率。

符合上述条件的旋转矢量，任意时刻在纵轴上的投影就是该时刻正弦交流电的瞬时值。如图 6—7 所示矢量 $\overrightarrow{OA}$，既能反映出正弦交流电压 u 的 "三要素"，又能根据它在纵轴上的投影求得电压 u 的瞬时值。

正弦交流电用旋转矢量表示后，同频率的正弦量的求和问题就转化为两旋转矢量的求和问题，即可采用矢量求和的平行四边形法则，如图 6—8 所示。

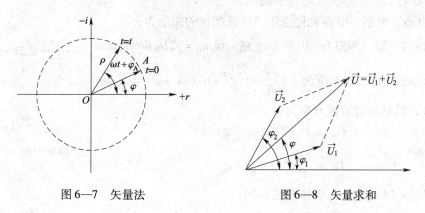

图 6—7 矢量法 　　　　　　　　　图 6—8 矢量求和

4. 符号法

旋转矢量的长度与正弦交流量的幅值相等，$t=0$ 时刻与横轴的夹角就是正弦交流量的初相角，任意时刻在纵轴上的投影就是正弦交流量的瞬时值。如果把旋转矢量 $\overrightarrow{OA}$ 置于复平面上，如图 6—9 所示。在 $t=0$ 时刻，旋转矢量可用复数 A（$=\rho e^{j\varphi}$）表示，在任意时刻 t_1，旋转矢量可用复数 $Ae^{j\omega t_1}=\rho e^{(\omega t_1+\varphi)}$ 表示，而 $Ae^{j\omega t_1}=\rho\cos(\omega t_1+\varphi)+j\rho\sin(\omega t_1+\varphi)$。旋转矢量在纵轴上的投影也就是复数 $Ae^{j\omega t_1}$ 的虚部，记为：$\rho\sin(\omega t_1+\varphi)=I_m[Ae^{j\omega t_1}]$，式中 $I_m[\ \ ]$ 表示 "取复数的虚部"。一般约定：一个正弦量 $\rho\sin(\omega t+\varphi)$ 就用与它对应的复数 $A=\rho e^{j\varphi}=\rho\underline{/\varphi}$ 表示。$\rho\underline{/\varphi}$ 仅仅是一个符号，用这个符号表示相应的正弦交流量。这种表示方法称为 "符号法"，并把对应的复数 A 记为 $\dot{A}$，称为相量。而 $e^{j\omega t}$ 叫旋转因子，由于电工技术中往往只注重工频正弦交流量，所以符号 "$\rho\underline{/\varphi}$" 中就不表示旋转频率即角频率。

按照上述约定，给定一个正弦交流量，就立即可写出其对应的相量；反之亦然。如：

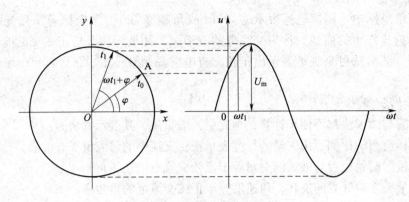

图6—9 矢量直角坐标表示

已知 $u = U_m \sin(\omega t + \varphi_u)$，那么其相量 $\dot{U}_m$ 为 $\dot{U}_m = U_m \underline{/\varphi_u}$，若已知 $\dot{I}_m = I_m \underline{/\varphi_i}$，则对应的正弦表达式为 $i = I_m \sin(\omega t + \varphi_i)$。符号法进行较复杂的计算比较实用，它把复杂的三角函数运算化为较简单的复数运算。

5. 用符号法计算交流电路举例

纯电阻、电感、电容元件电压与电流相位的关系为：

（1）纯电阻 如图6—10所示电路，设 $u_R = \sqrt{2} U_R \sin(\omega t + \varphi)$，则流过电阻上的电流为 $i = \dfrac{u_R}{R} = \dfrac{\sqrt{2} U_R}{R} \sin(\omega t + \varphi) = \sqrt{2} I \sin(\omega t + \varphi)$，其复数有效值分别为：

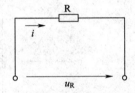

图6—10 纯电阻

$$\dot{U}_R = U_R e^{j\varphi} = U_R \underline{/\varphi}$$

$$\dot{I}_R = \dfrac{U_R}{R} e^{j\varphi} = \dfrac{U_R}{R} \underline{/\varphi}$$

即 $\dot{U}_R = \dot{I} R$，电流、电压相位相同。

（2）纯电感 在图6—11a电路中，设 $i = \sqrt{2} I \sin(\omega t + \varphi)$，则电感两端电压为 $u_L = L \dfrac{di}{dt} = \sqrt{2} I \omega \underline{/\sin}(\omega t + \varphi + 90°) = \sqrt{2} U_L \sin(\omega t + \varphi + 90°)$。表示成复数形式为：

$$\dot{I} = I e^{j\varphi} = I \underline{/\varphi}$$

$$\dot{U}_L = I \omega L e^{j(\varphi + 90°)} = I \omega L e^{j\varphi} e^{j90°}$$

因为 $e^{j90°} = j$，所以 $\dot{U}_L = I e^{j\varphi} j\omega L = \dot{I} j\omega L = \dot{I} j X_L$。可见纯电感用复数表示是 $j\omega L$，电压相量超前电流相量90°，凡电压相量超前电流相量的电路叫感性电路。

（3）纯电容 图6—11b所示电路中，设 $u_C = \sqrt{2} U_C \sin(\omega t + \varphi)$，则电路中的电流为 $i = C \dfrac{du}{dt} = \dfrac{\sqrt{2} U_C}{\frac{1}{\omega} C} \sin(\omega t + \varphi + 90°) = \sqrt{2} I \sin(\omega t + \varphi + 90°)$，写成复数形式为：

$$\dot{U}_C = U_C e^{j\varphi} = U_C \underline{/\varphi}$$

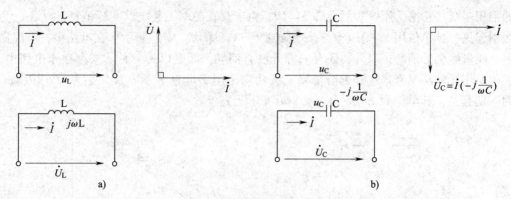

图 6—11　纯电感与纯电容电路

a) 纯电感　b) 纯电容

$$\dot{I} = \frac{U_C{}^{ej(\varphi+90°)}}{\dfrac{1}{\omega C}} = j\frac{\dot{U}_C}{\dfrac{1}{\omega C}} = \frac{\dot{U}_C}{-j\dfrac{1}{\omega C}} \text{ 或}$$

$$\dot{U}_c = \dot{I}\left(-j\frac{1}{\omega C}\right)$$

故纯电容元件用复数表示为 $-j\dfrac{1}{\omega C}$，电流相量超前电压相量 90°，凡电流相量超前电压相量的电路叫容性电路。

例 6—6　在图 6—12 电路中，已知 $R = 20\ \Omega$，$L = 0.5\ H$，$C = 10\ \mu F$，外加电压 $u = 20\sqrt{2}\sin\ (1\ 000t + 50°)$　V，试求电路中的电流 i，并指出电路的性质。

解：感抗 $X_L = \omega L = 1\ 000 \times 0.5 = 500$　（Ω）

容抗 $X_C = \dfrac{1}{\omega C} = \dfrac{1}{1\ 000 \times 10^{-6}} = 100$　（Ω）

总阻抗的复数形式为：$Z = R + jX_L - jX_C = 20 + j\ (500 - 100)\ = 400.1\underline{/87.14°}$　（Ω）

电路中电流相量为：

$$\dot{I} = \frac{\dot{U}}{Z} = \frac{20\ \underline{/50°}}{400.1\ \underline{/87.14°}} \approx 0.05\ \underline{/-37.14°}\ （A）\qquad 即：$$

$i = 0.05\sqrt{2}\sin\ (1\ 000t - 37.14°)$　（A），因电压超前电流，故电路性质为感性。

三、交流电的功率及功率因数

1. 交流电的功率

设图 6—12 无源二端网络呈感性，且：

$u = U_m\sin\ (\omega t + \varphi_u)$

$i = I_m\sin\ (\omega t + \varphi_i)$

则瞬时功率 $p = ui = U_mI_m\sin\ (\omega t + \varphi_u)\ \sin\ (\omega t + \varphi_i)$，计算其平均功率为 $P = UI\cos\varphi$。平均功率是网络实际消耗的功率，它不仅与电压、电流的有效值相关，而且与它们的相位差 $(\varphi_u - \varphi_i)$ 有关，称相位差角 φ 的余弦 $\cos\varphi$ 为电路的功率因数。U 和 I

的乘积叫视在功率, 用 S 表示, 即 $S = UI$, 由于视在功率不是电路实际消耗的功率, 为区别起见, 其单位用 V·A (伏·安) 或 kV·A (千伏·安) 表示。在电路中, 电源提供的能量除部分消耗掉以外, 还有一部分没有消耗, 而是以另一种形式存在于电路中, 工程上用无功功率来描述这部分能量。无功功率用字母 Q 表示, 其大小为 $Q = UI\sin\varphi$, 为区别起见, 其单位为 var (乏) 或 kvar (千乏)。

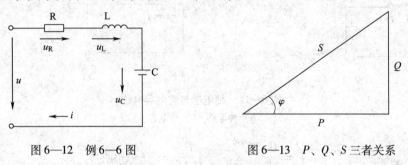

图 6—12　例 6—6 图　　　　　　图 6—13　P、Q、S 三者关系

综上所述。电路中视在功率 $S = UI$, 有功功率 $P = UI\cos\varphi$, 无功功率 $Q = UI\sin\varphi$, 三者之间的关系恰好构成一个直角三角形, 如图 6—13 所示。且 $S = \sqrt{P^2 + Q^2}$, $\varphi = \arctan\dfrac{Q}{P}$。

2. 功率因数

在正弦交流电路中, 负载消耗的功率 $P = UI\cos\varphi$, 除了与电压及电流的有效值有关外, 还与负载的功率因数 $\cos\varphi$ 有关。只有功率因数 $\cos\varphi = 1$ 的负载, 其实际消耗的功率与视在功率才相等, 而其他情况, 负载消耗的功率只占视在功率的一部分。可见负载功率因数的高低直接关系到电源利用率的问题。此外, 功率因数的高低与输电线路的电能损耗有关, 因为在负载的有功功率和供电电压一定时, $\cos\varphi$ 越大, 线路中的电流 $I = P/(U\cos\varphi)$ 越小, 则线路电阻 R_e 上的损耗 $\Delta P = I^2 R_e$ 越小。

由于功率因数是阻抗角的余弦, 所以要提高功率因数, 就要设法减小电路的阻抗角 φ。由于工业企业中用的负载多是异步电动机等感性负载, 为提高功率因数, 通常采用在电路中并联电容器的方法, 见例 6—7。

例 6—7　有一感性负载, 接在 380 V 的工频电源上, 负载的功率 $P = 75$ kW, $\cos\varphi = 0.6$, 试求电路中的电流, 若在负载两端并联一组 1 100 μF 的电容器, 则电路的电流多大? 此时电路的功率因数为多少?

解: 由题意可作出图 6—14, 未并联电容器时, 电路中电流:

$$I_1 = \frac{P}{U\cos\varphi_1} = \frac{75\,000}{380 \times 0.6} \approx 328.9(\text{A})$$

此时电压超前电流 I_1 的角度 $\varphi_1 = \arccos 0.6 = 53.1°$, 以电压 $\dot{U}$ 为参考相量, 则:

$$\dot{U} = 380\ \underline{/\ 0°}\ (\text{V})$$

$$\dot{I}_1 = 328.9\ \underline{/\ -53.1°}\ (\text{A})$$

并入电容后, 原负载中的 I_1 不改变。电容支路的电流 $\dot{I}_2 = \dfrac{\dot{U}}{-jX_c} = j\omega C\dot{U} = 314 \times$

$1\ 100 \times 10^{-6}\underline{/\ 90°} \times 380\ \underline{/\ 0°} = 131.25\ \underline{/\ 90°}$　(A)。电路的总电流为 $\dot{I} = \dot{I}_1 + \dot{I}_2 = 328.9$

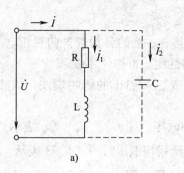

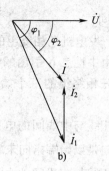

图 6—14　例 6—7 图

$\underline{/-53.1°}+131.25\underline{/90°}=237.4\underline{/33.7°}$（A）。

此时电压超前电流的角度为 $\varphi_2=33.7°$，电路的功率因数为 $\cos\varphi_2=\cos33.7°=0.83$，电路中电流的有效值由 328.9 A 减少为 237.4 A。

可见，在感性负载两端并联适当的电容可提高功率因数。如果已知感性负载的功率因数为 $\cos\varphi_1$，希望将功率因数提高到 $\cos\varphi_2$，则应并联的电容值，可用下式计算：

$$C=\frac{P}{\omega U^2}(\tan\varphi_1-\tan\varphi_2)$$

式中　P——电路的有功功率，W；

　　　U——电路电压的有效值，V；

　　　ω——电源的角频率，rad/s。

四、三相交流电的简单计算

三相交流电路在电力系统中占有重要地位，下面将讨论有关三相交流电路的一些基本概念与计算方法。

1. 三相电路的基本概念

三相电源是由三相发电机产生的，一般将三相发电机的三个绕组按一定方式联结起来，基本联结方法有星形（丫）联结和三角形联结（△）两种方式，三相负载也有丫联结和△联结两种方式，图 6—15 给出了星形联结。

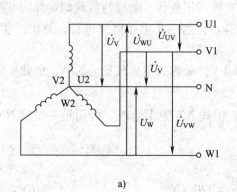

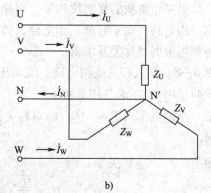

图 6—15　三相绕组的丫联结

（1）几个名词

①中性点 N　发电机三相绕组的末端接在一起的公共点 N 叫三相电源的中性点。

②中性线　由中性点 N 引出的线叫中性线，也称"零线"。

③端线　由三相绕组的三个始端 U、V、W 引出的线叫端线，或相线，即俗称的"火线"。

④相电压　相线与中线间的电压叫相电压，用 $\dot{U}_U$、$\dot{U}_V$、$\dot{U}_W$ 表示。一般规定，各相电压的参考方向是以始端指向末端，当泛指相电压时用"$\dot{U}_\varphi$"表示。

⑤线电压　相线与相线间的电压叫线电压，用 $\dot{U}_{UV}$、$\dot{U}_{VW}$、$\dot{U}_{WV}$ 表示，特别注意下标的次序。泛指时用"$\dot{U}_e$"表示。

（2）相电压与线电压的关系

1）当电源作 Y 连接时，线电压是相电压的 $\sqrt{3}$ 倍，且线电压超前相应相电压 30°，即：

$$\dot{U}_{UV} = \sqrt{3}\dot{U}_U \underline{/30°}$$
$$\dot{U}_{VW} = \sqrt{3}\dot{U}_V \underline{/30°}$$
$$\dot{U}_{WV} = \sqrt{3}\dot{U}_W \underline{/30°}$$

2）当电源作 △ 联结时，相电压与线电压相等，即 $\dot{U}_\varphi = \dot{U}_e$

（3）相电流与线电流的关系

各相电源或负载中流过的电流称为相电流，用 $\dot{I}_{UV}$、$\dot{I}_{VW}$、$\dot{I}_{WV}$ 分别表示 U、V、W 三相的相电流；相线中流过的电流称为线电流，用 $\dot{I}_U$、$\dot{I}_V$、$\dot{I}_W$ 分别表示 U、V、W 三根相线中的线电流。当电源或负载作 △ 联接时，线电流为相电流的 $\sqrt{3}$ 倍，且线电流滞后相应相电流 30°，即：

$$\dot{I}_U = \sqrt{3}\dot{I}_{UV} \underline{/-30°}$$
$$\dot{I}_V = \sqrt{3}\dot{I}_{VW} \underline{/-30°}$$
$$\dot{I}_W = \sqrt{3}\dot{I}_{WU} \underline{/-30°}$$

2. 对称三相电路计算举例

三相电源各相电动势大小相等，相位依次相差 120°，内阻抗相等，称为对称三相电源。如果三相负载的复阻抗相等，则称为对称三相负载。电源与负载均对称的电路称为对称三相电路。对于对称三相电路，其计算可化为三个单相电路进行，算出一相后，其他两相可根据对称关系求得。

例 6—8　某三相三线制电路，线电压 380 V，对称三相负载星形联结，负载复阻抗为 $\dot{Z} = 44 \underline{/40°}$ Ω。求各相电流。

解：由题意画出图 6—16，由对称关系，中线 NN′中无电流，可用短路线将 NN′直接连接。

由 $U_{UV} = \sqrt{3}U_U$ 的关系，得：

$$U_U = \frac{U_{UV}}{\sqrt{3}} = \frac{380}{\sqrt{3}} = 220 \ （V）$$

设 U 相电压为参考相量，即：

$\dot{U}_U = 220 \angle 0°$（V）则：

$$\dot{I}_U = \frac{\dot{U}_U}{\dot{Z}} = \frac{220 \angle 0°}{44 \angle 40°} = 5 \angle -40°\text{（A）} \qquad \text{由对称关系：}$$

$$\dot{I}_V = \dot{I}_U \angle -120° = 5 \angle -160°\text{（A）}$$

$$\dot{I}_W = \dot{I}_U \angle 120° = 5 \angle 80°\text{（A）}$$

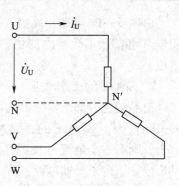

图 6—16　三相三线Y联结电路

3. 对称三相电路的功率

对称电路中，各相负载相等，各相电路中功率相等，三相总功率

$$P = 3U_\varphi I_\varphi \cos\varphi$$

而负载Y联接时：

$$U_\varphi = \frac{1}{\sqrt{3}}U_e, I_\varphi = I_e$$

负载△联接时：

$$U_\varphi = U_e, I_\varphi = \frac{1}{\sqrt{3}}I_e$$

所以：$P = \sqrt{3}U_e I_e \cos\varphi$

无功功率　$Q = \sqrt{3}U_e I_e \sin\varphi$

视在功率　$S = \sqrt{P^2 + Q^2} = \sqrt{3}U_e I_e$

第二节　晶闸管电路知识

一、晶闸管器件的原理与测试

1. 晶闸管器件结构与符号

如图 6—17 所示。

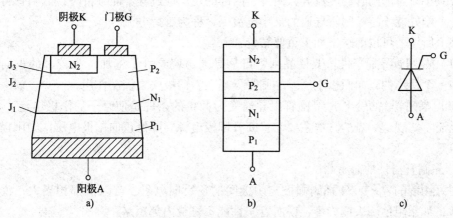

图 6—17　晶闸管器件结构与符号

由图 6—17 可见，晶闸管（亦称半导体闸流管）器件外部有三个电极：阳极 A，阴极 K 和门极 G。其内部由四层半导体（P_1、N_1、P_2、N_2）、三个 PN 结 J_1、J_2、J_3 组成。

2. 晶闸管的工作原理

把晶闸管内部结构分解为两个三极管（见图 6—18a）。当外部接上电源后（见图 6—18b），若 Q 是断开的，则 N_1P_2 间的 PN 结 J_2 处于反偏状态，故晶闸管不导通。若 Q 合上，则有一个电流 I_g 流进三极管 VT2 的基极，只要该电流足够大，就会在晶闸管内部形成如下的正反馈过程：

$$I_g\uparrow \rightarrow I_{b2}\uparrow \rightarrow I_{c2}\uparrow \rightarrow I_{b1}\uparrow \rightarrow I_{c2}\uparrow$$

强烈的正反馈使两个三极管瞬间导通（即晶闸管导通）。管子导通后，I_g 失去作用，即门极失去控制作用。如图 6—18 所示晶闸管三个电极所加的电压极性：A 接 "＋"，K 接 "－"，称为正向阳极电压；G 接 "＋"，K 接 "－"，称为正向门极电压。

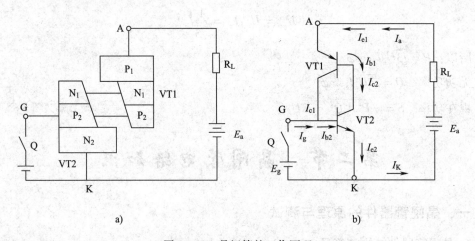

图 6—18　晶闸管的工作原理

若减小流过晶闸管的电流 I_a，使管子内部的正反馈过程不能维持时，晶闸管将会关断，这个刚好能维持晶闸管导通的最小电流 I_a，称为维持电流。

综上所述，可以归纳出如下重要结论：

（1）晶闸管导通条件　要使晶闸管可靠导通，应给管子施加一个较大的正向阳极电压和一个适当的正向门极电压。晶闸管导通后，门极失去控制作用。

（2）晶闸管关断条件　晶闸管由导通变为截止的条件是使管子的阳极电流 I_a 小于维持电流。实现这一点的方法主要有：断开阳极电源、降低正向阳极电压、给阳极加反向电压等。

3. 晶闸管器件的简易测试

用万用表的 $R \times 1$ kΩ 挡测阳极与阴极间的正反向电阻，若阻值都相当大，说明管子正常；如果阻值不大或为零，说明管子性能不好或内部短路。

用万用表的 $R \times 1$ Ω 挡测门极与阴极间的电阻，若正、反向阻值为数十欧，说明正常；若阻值为零或无穷大，说明门极与阴极之间短路或断路。

二、晶闸管触发电路

晶闸管阳极加正向电压，门极加适当的正向电压时就会导通，晶闸管导通后门极有无电压均不影响晶闸管的正常工作状态。即门极只需要一个脉冲电压，产生这个脉冲电压的电路叫晶闸管触发电路。常见的触发电路有：阻容移相触发电路、单结半导体管触发电路、正弦波同步触发电路、锯齿波同步触发电路及集成触发电路等。这里仅讨论前两种触发电路。

1. 阻容移相触发电路

该电路由同步变压器 TS、电容 C 和可变电阻 RP 组成，TS 二次侧中点 O 与 A 点间的电压，即为输出电压 $\dot{U}_{OA}$，如图 6—19 所示，a）为电路图，b）为相量图。

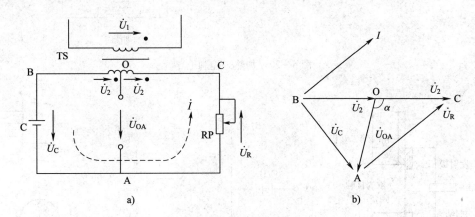

图6—19　阻容移相桥触发电路
a）电路图　b）相量图

在回路中假设一电流 $\dot{I}$，方向如图 6—19a 中虚线所示，以 TS 二次电压 $\dot{U}_2$ 为参考相量，画出相量图（见图 6—19b）。观察相量图可见，∠BAC 是直角，改变电阻 RP 的值，A 点位置将会变化，A 点变化的轨迹是一个半圆，而 U_{OA} 是其半径。即输出电压 $\dot{U}_{OA}$ 的大小不变，而 $\dot{U}_{OA}$ 与 $\dot{U}_2$ 之间的相位差由 RP 的阻值而变，变化范围（移相范围）是 180°。然而，由于门极电流等因素影响，该电路移相范围最多能达到 160°，且由于 RP 及 C 的误差，移相精度也不高。因此，该电路只适用于控制精度要求不高的场合。

图6—20 是单相半控桥用阻容移相触发的加热炉控制电路。可触发 5 A 的晶闸管，二极管 VD5、VD6 起隔离作用，把正负半周产生的触发信号分开，R 是门极限流电阻，改变 RP 的值，即可调节炉温。

2. 单结半导体管触发电路

（1）单结半导体管的结构　单结半导体管的结构与符号如图 6—21 所示。由于它只有一个 PN 结，有三个引出脚，故称单结晶体管（又称双基极二极管）。R_{b1}、R_{b2} 分别为 e 极与 b_1、b_2 极之间的电阻。

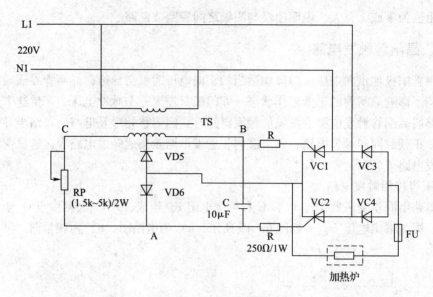

图6—20 加热炉控制电路

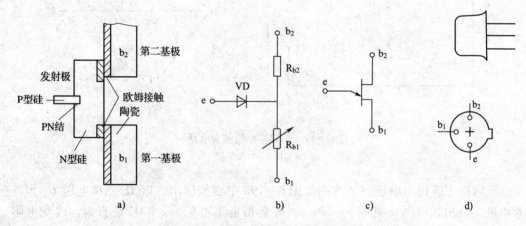

图6—21 单结半导体管的构造与符号

（2）单结半导体管的特性 给单结晶体管基极间加一固定电压 U_{bb}（b_2 接 "＋"，b_1 接 "－"），给发射极 e 与基极 b_1 间加一可变电压 U_e（e 接 "＋"，b_1 接 "－"），当改变 U_e 时，流过发射极 e 的电流 I_e 也发生变化，$U_e - I_e$ 曲线称为单结半导体管的伏安特性曲线，如图6—22所示。这个曲线的特点是：有一个峰点 P 和一个谷点 V，将特性曲线分为截止区、负阻区和饱和区。当 U_e 从零开始增加时，I_e 起初是一个很小的负值，随 U_e 增大，I_e 逐渐增大，这段区间内单结半导体管是截止的；当 U_e 增加到 P 点时，单结半导体管 e、b_1 间电阻 R_{b1} 突然减小，I_e 增大，U_e 下降，一直到 V 点，P、V 两点间的区域称为负阻区；当 I_e 再增大时，U_e 也缓慢增大，管子进入了饱和区。

（3）单结半导体管自激振荡电路 利用单结半导体管的负阻特性与RC电路充放电可组成自激振荡电路，产生频率可调的脉冲。电路如图6—23a所示。当电路加上直流电压 U 后，电容 C 将通过 R_e 充电，U_e 逐渐上升，当达到单结半导体管的峰点电压 U_P

时，管子导通，电容 C 向电阻 R1 放电，从而在 R1 上形成脉冲，U_e 迅速下降到谷点，电压为 U_V，使管子截止，电容 C 又开始新的一轮充电，如此循环，从而在 R1 上输出一系列脉冲。这个过程如图 6—23b 所示。由图可见，脉冲周期 T 由充电时间 $t_充$ 和放电时间 $t_放$ 构成，一般可选择电路参数使脉冲很窄，即 $t_放 \ll t_充$，这样就有 $T \approx t_充$。可由下式计算：

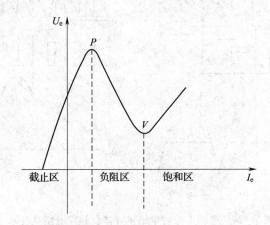

图 6—22 单结半导体管伏安特性

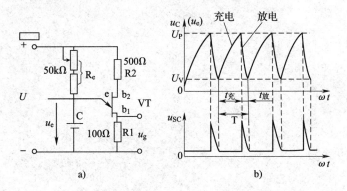

图 6—23 单结半导体管振荡电路与波形

a）电路图 b）波形图

$$T = R_e \ln\left(\frac{1}{1 - \eta}\right)$$

式中 $\eta = \dfrac{R_{b1}}{R_{b1} + R_{b2}}$——单结晶体管的分压比，由内部结构决定，通常为 0.3 ~ 0.9。

由上式可见，脉冲周期 T 由 R_e 和 C 决定，通常利用改变 R_e 来调节 T。

（4）单结半导体管触发电路 单结晶体管自激振荡电路不能直接用来触发晶闸管，因为其脉冲无法实现与晶闸管同步。图 6—24a 是一种单结晶体管触发电路，可用于单相半控桥整流电路。同步变压器 TS、整流桥及稳压管 VD 组成同步电路，为单结半导体管自激振荡电路提供电源，各点波形如图 6—24b、图 6—24c 所示。整流桥输出电压

波形为 u_T、稳压管两端电压波形为 $u_v = u_{bb}$，电容 C 两端电压波形为 $u_C = u_e$，电阻 R1 两端电压波形是 u_g，加在晶闸管上，在每个波头里只有第一个触发脉冲起作用。

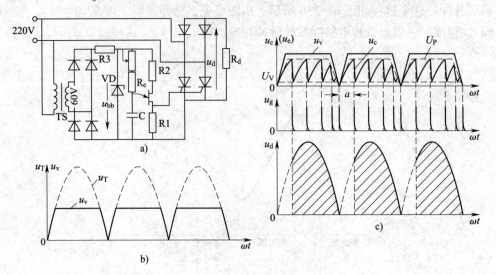

图 6—24　单相半控桥单结半导体管触发电路及波形

（$R_1 = 50\ \Omega$　$R_2 = 500\ \Omega$　$R_3 = 1\ k\Omega$　$R_e = 50\ k\Omega$　VD – 2CW21K　$C = 0.47\ \mu F$）

第七章 中级电工专业知识

第一节 电工测量仪器、仪表

一、常见电工仪表的结构及工作原理

常见的电工指示仪表如电流表、电压表、万用表、钳形表等，其测量机构通常有四种类型：磁电系、电磁系、电动系和感应系。无论哪一种类型的测量机构都由四部分构成，即产生转动力矩的装置、产生反作用力矩的装置、产生阻尼力矩的装置和读数装置。

1. 磁电系仪表

常被用来测量直流电流与直流电压，通常按其结构可分为外磁式、内磁式和内外磁结合式。磁电系仪表工作原理如图7—1所示。当可动线圈通入电流后，载流的动圈在永久磁铁的磁场作用下产生转动力矩，使线圈发生偏转。同时，与动圈同轴的游丝产生反作用力矩，它随偏转角的增大而增大。当转动力矩等于反作用力矩时，活动部分停在某一位置上，指针在标度尺上指示出被测数值。

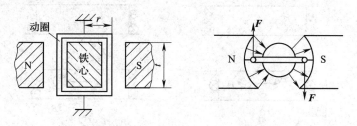

图7—1 磁电系仪表工作原理示意图

磁电系仪表测量机构允许通过的电流很小（微安级），因此，将其制成仪表时，必须扩大量程，扩大量程的方式如图7—2所示。对于电流表，通常并联一个小电阻（称为分流器）；对于电压表，通常串联一个大电阻（称为附加电阻）。

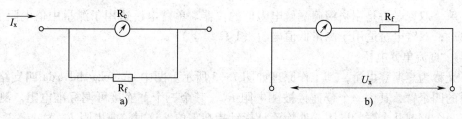

图7—2 磁电系仪表扩大量程的方法

a）电流表 b）电压表

2. 电磁系仪表

通常用来测量交流电流和交流电压。按其结构不同，分为吸引型、排斥型两种主要形式。吸引型电磁系仪表原理图如图7—3所示。被测电流通过不动的静止线圈而产生磁场。活动部分是一块高导磁率的软铁片，处在静止线圈的磁场中而被磁化，从而产生转矩带动指针偏转，当转动力矩与反作用力矩相平衡时，指针稳定指出被测量。

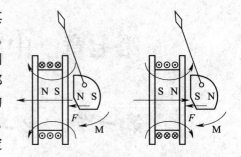

图7—3　吸引型电磁系仪表原理图

电磁系仪表其线圈中允许通过较大的电流。制成电流表可不用并联分流器，但不能制成低量限电流表。电压表通常可以采用串联附加电阻的方式扩大量程。

3. 电动系仪表

与电磁系仪表相比最大特点是以可动线圈代替可动铁心，从而消除了磁滞与涡流的影响，使其精度大为提高，常用来进行交流电量的精密测量。它既可作电流表，又可作电压表和功率表。电动系仪表的工作原理如图7—4所示。电动系仪表由固定线圈和活动线圈组成，当它们通以被测电流时，两线圈受电磁力相互作用，使动圈偏转，当转动力矩与游丝的反作用力矩平衡时，指针指出被测数值。

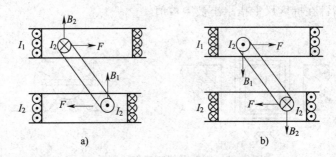

图7—4　电动系仪表的工作原理
a）可动线圈在固定线圈磁场中受到电磁力作用而旋转
b）两线圈中的电流方向同时改变时，动圈受力方向不变

二、单、双臂电桥的原理及使用维护

单、双臂电桥是用来精确测量电阻值的仪器。单臂电桥适用于测量中值电阻（1～10^6 Ω）；双臂电桥适用于测量低值电阻（1 Ω以下）。

1. 直流单臂电桥

又称为惠斯登电桥，其工作原理如图7—5所示。图中 ac、cb、bd、da 四支路称为电桥的四个臂，其中一个臂连接被测电阻 R_X，其余三个臂连接可调标准电阻。测量时调节一个臂或几个臂的电阻，使检流计指针指在零位，这时被测电阻 R_X 为：

$$R_X = \frac{R_2}{R_3} R_4$$

2. 直流双臂电桥

又称凯尔文电桥，与单臂电桥相比。其特点在于它能消除用单臂电桥无法克服的接线电阻和接触电阻造成的测量误差。如图 7—6 所示。因此，双臂电桥可用来测量小电阻（$10^{-5} \sim 1\ \Omega$）。R_n 为标准电阻，作为电桥的比较臂，R_x 为被测电阻。标准电阻和被测电阻各有一对电流接头和电压接头，电阻 R1 ～ R4 为桥臂电阻，阻值都很小，一般不超过 10 Ω。当电桥达到平衡时，被测电阻 R_x 为：

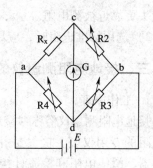

$$R_x = \frac{R_2}{R_1} R_n$$

图 7—5　直流单臂电桥电路图

G—检流计　R_x—被测电阻

E—直流电源　R2、R3、R4—标准电阻

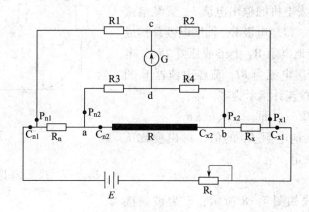

图 7—6　直流双臂电桥电路图

G—检流计　E—直流电源　R_n—标准电阻　R1 ～ R4—桥臂电阻　R_x—被测电阻　R_t—调节电阻

$C_{n1 \sim n2}$，$C_{x1 \sim x2}$—电流接头　$P_{n1 \sim n2}$，$P_{x1 \sim x2}$—电压接头

3. 直流电桥使用维护

（1）测量前应先估计被测电阻的大小，选择适当的比例臂（倍率），充分利用"比例臂"调节电阻挡位充分利用，提高读数精度。

（2）使用电桥时，应先将检流计锁扣打开，检查指针是否指零位，否则应调至零位。电池电压不足时应更换。

（3）采用外接电源时，必须注意极性，电压的大小应根据电桥要求选择。

（4）测量端钮与被测电阻间，应尽量使用截面较大的短导线连接，连接要牢固。

（5）测量时，先按下电源按钮并锁住，然后按下检流计按钮，若指针向正方向偏转，说明比较臂数值不够，应加大，反之应减小。反复调节直至指针停止在零位。

（6）测量完毕，先松开检流计按钮，再松开电源按钮，并将检流计锁扣锁住，以免搬动时损坏检流计。

（7）对于双臂电桥除上述注意事项外，还应注意：

1）被测电阻电压接头 $P_{x1} \sim P_{x2}$ 应在电流接头的内侧，即电压接头的引出线应比电流接头更靠近被测电阻。

2）选用标准电阻时，应尽量使其阻值与被测电阻在同一数量级。

三、接地电阻测量仪的原理及使用维护

1. 工作原理

接地电阻测量仪俗称"接地摇表"，是测量接地电阻的专用仪表。它主要由手摇发电机、电流互感器、滑线电阻和检流计构成，其附件有两根接地探针、三根导线。图7—7是该测量仪的工作原理示意图。图中的 E 为接地电极，P 与 C 分别为电位和电流辅助电极，被测的接地电阻 R_X 接至E 与 P 之间。交流发电机的输出电流 I，流经电流互感器的一次绕组、接地电极 E、辅助电极 C 构成一闭合回路。在接地电阻 R_X 上形成压降 IR_X，电流互感器的二次绕组电流为 KI，流经电位器 R 的压降为 KIR，如果检流计指示为零，则：

$$IR_X = KIR \qquad 即 \qquad R_X = KR$$

可见，被测接地电阻 R_X 的值，可由变比 K 和电位器阻值 R 决定。

2. 使用维护

（1）测量接线如图 7—8 所示，E′ 为被测接地电极，P′、C′ 分别为电位和电流探针，E′、P′、C′ 应彼此相距 20 m。

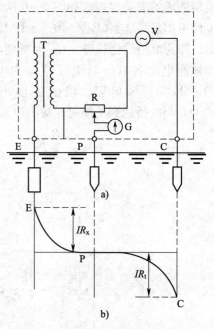

图7—7　接地电阻测量仪的原理图
a）原理图　b）电位分布

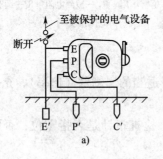

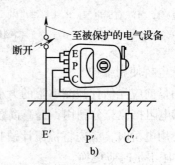

图7—8　测量接地电阻的接线
a）三个端钮　b）四个端钮

（2）仪表水平放置并调零。

（3）将倍率开关置于最大倍率，缓缓摇动发电机手柄，调节"测量标度盘"，使检流计电流趋近于零，然后加快发电机转速，达到 120 r/min，调节"测量标度盘"，使指针完全指零，这时：

接地电阻 = 倍率 × 测量标度盘读数

若测量标度盘读数小于 1，应将倍率置于较小的一挡重新测量。

（4）在测量时，如果检测计的灵敏度过高，可把电位探针插得浅一些；如果检流计灵敏度不够，可沿电位探针和电流探针注水，使土壤湿润。

（5）接地电阻测量仪和其他仪器、仪表一样，搬运时必须小心轻放，避免剧烈振动。保存环境应较好，周围无腐蚀性气体等。

四、功率表的原理及使用维护

1. 功率表的工作原理

功率表一般都是电动系的，它与其他电动系仪表的区别在于其定圈与动圈不是串联使用的，而是将定圈串入负载电路（称为电流支路），将动圈与附加电阻串联后再并入负载电路（称为电压支路）。这样测量机构的偏转角与负载的电压和电流的乘积成正比，因而能测量负载的功率。

2. 功率表使用注意事项

（1）功率表量限的选择实际上是电流量限和电压量限的选择。只有这两个量限都满足要求，功率表的量限才满足要求。

（2）功率表的接线必须正确，否则不仅无法读数，而且可能损坏仪表。正确的接线方法是：将标有"＊"的电流端接到电源端，另一端接至负载端；标有"＊"的电压端可接至电流端钮的任一端，而另一端则跨接到负载的另一端，如图7—9所示。

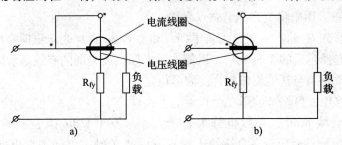

图7—9　功率表的正确接线

a）功率表电压线圈前接　b）功率表电压线圈后接

（3）功率表的刻度标的不是瓦特数，而是格数。不同量限的表，每一格代表不同的瓦特数，称为分格常数 C（W/格）。在测量时读得的偏转格数 α 乘以相应的分格常数 C 就等于被测功率的数值 $P = C \times \alpha$（W）。其中 C 由下式决定：

$$C = \frac{U_N I_N}{\alpha_m}\text{（W/格）}$$

式中　U_N、I_N——功率表的电压量限和电流量限；

　　　α_m——功率表的满刻度格数。

五、示波器的原理及使用维护

1. 示波器原理简介

示波器的原理框图如图7—10所示。示波器主要由示波管、扫描发生器、垂直（Y 轴）放大器、水平（X 轴）放大器及电源五部分组成。各部分作用是：

（1）示波管　又称阴极射线管，它是利用高速电子束轰击荧光屏使屏发光的一种显示器件，被测信号通过一定的转换，就变为荧光屏上显示的图形。

（2）扫描发生器　用来产生锯齿波电压信号，经水平放大器放大后，在荧光屏上产生一条代表时间的水平线。

（3）垂直放大器　将被测信号放大并加到示波管的垂直偏转板上。

（4）水平放大器　将锯齿波信号或外加信号放大并加到示波管的水平偏转板上，示波管将垂直信号及水平信号叠加后，在荧光屏上就显示被测信号的波形图。

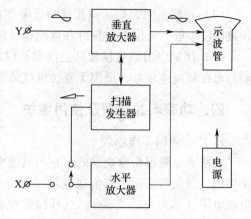

图 7—10　电子示波器简单方块图

（5）电源　为示波管及各电路提供电源。

2. 示波器的主要旋钮及开关

（1）电源开关　打开后，电源指示灯亮，表示仪器进入工作状态。

（2）辉度钮　用来调节荧光屏上波形的亮度。

（3）聚焦钮　用来将荧光屏上迹点聚焦。

（4）Y 轴衰减 U/dir　一般分为若干挡，如 1 V/dir 挡，表示纵向每格为 1 V，在观察示波器时需选择合适的 Y 轴衰减，以使波形出现在荧光屏的有效显示区内。

（5）Y 轴微调　与其他旋钮配合使波形稳定。

（6）Y 轴移位　可调节波形在荧光屏上下移动。

（7）X 轴衰减 t/dir　一般也分为若干挡，如 0.1 s/dir 挡表示横向每格波形是 0.1 s。在观察示波器时应选择合适的 X 轴衰减，使 X 轴完整的波形出现在荧光屏的有效显示区内。

（8）X 轴微调　与其他旋钮配合使波形稳定。

（9）X 轴移位　可使波形在荧光屏左右移动。

3. 示波器使用

（1）打开电源开关，经规定的预热时间，在荧光屏上出现一个亮点或水平亮线，调节辉度与聚焦，使亮点或亮线显示适当。

（2）利用探头接入被测信号，分别调节 X、Y 轴衰减及微调使荧光屏稳定显示若干个完整波形。

（3）观察波形可分别得出被测信号的幅值（V）及时间（s）。需注意被测信号的实际幅值还需乘以探头的衰减倍数。

4. 示波器的日常维护

示波器在存储和使用过程中，应经常保持干燥、清洁。不用时应盖上防尘罩，使用一段时间后，用强力吹风机或软毛刷除去机箱内外的灰尘。长期不用时，应定期通电除潮，尤其是在潮湿季节，更应每天通电 20 min 以上。

六、多功能数字电工仪表简介

随着科学技术的飞速发展，单片机技术在电工测量仪器、仪表中得到普及，各种智能化、多功能、便携式、误差小、精度高、可存储通信、可直读打印等系列电工仪器、仪表被广泛应用，并迅速取代了传统的磁电系、电磁系、电动系仪器仪表，深得广大电工从业人员的喜爱。这里简单介绍几款常用的智能电工仪表。

1. 3286 钳形电力测试仪

3286 钳形电力测试仪采用单片微处理器提供多种测试功能。在任何需要进行测试的单相或三相回路测试点，使用 3286 可以测试电压、电流、功率、功率因数、相角、有功或频率，并能检测带电线路的相序。

使用 9636 RS－232C 电缆，可将仪器连接到 9442 打印机，DATAOUTPUT（数据输出）功能可将数据输出到打印机。

2. YD2816 型宽频 LCR 数字电桥

使用 YD2816 型宽频 LCR 数字电桥测量电工基本参数 L、C、R 非常方便，测试精度高，无须运算，可直读，可存储，可打印。其他测量参数还有：Z、Y、X、B、D、Q、G、θ 等。测试频率：20 Hz～150 kHz，共 3023 点；显示范围：L 为 0.000 01 μH～999 999 H、C 为 0.000 01 pF～999 999 μF、Z/R/X 为 0.000 01 Ω～999 999 MΩ、D/Q 为 0.000 01～999 999、Y/B/G 为 0.000 01 μs～999 999 s、θ 为 99.999 90～99.999 90、Δ% 为 0.001%－999 999%；测试电压：10 mV～2.55 V，以 10 mV 步进；测量精度：0.05%（基本量程内）；测试速度：慢速 1.5 次/s、中速 4 次/s、快速 8 次/s；显示方式：直读、Δ、Δ%、V/I；内偏置电压：0～25 VDC，步进 0.1 V；25 V～100 VDC，步进 1 V。

主要功能：六挡分选，挡计数迅响位选择，测量值平均，开机自检等，接口：RS232C，PRINTER。

3. TPS2024 数字示波器

TEKTRONIX TPS2024 示波器有 11 种自动测量功能，200 MHz 带宽；最高实时取样速率为 2 GS/s；4 个完全隔离和浮动通道，再加上隔离的外部触发；使用 Open Choice 软件或集成 Compact Flash 大容量存储器，可快速编制文档和分析测量结果；高级触发可以迅速捕获感兴趣的事件；使用传统的、模拟风格的旋钮和多语言用户界面可轻松操作示波器；通过自动设置菜单、自动量程、波形和设置存储器以及内置的上下文相关帮助简化了设置和操作；使用带背景光的菜单按钮/显示屏以及亮度/对比度控制调整示波器以适应使用者的操作环境。

七、减少测量误差的方法

测量误差是指测量结果与实际值之间的差异。测量误差产生的原因，除了由于制造工艺限制及使用环境等而不可避免的仪表基本误差和附加误差外，还会因为测量方法不完善，测试人员的操作技能不足，以及人的感受器官等因素造成的误差。因此，减小测量误差应从以下两方面入手：

1. 消除仪表误差

可用一些有效的测量方法消除仪表本身的误差，如正负误差补偿法，对同一量反复测量，然后取平均值；还可以采用校正法，对被测量进行校正等。

2. 消除人为误差

首先应加强测试人员的责任感，培养认真负责和一丝不苟的作风，其次应重视测试人员的业务能力训练，培养操作技能，增加工作经验。

第二节 供 电 知 识

一、变、配电所高、低压设备结构

在第二章第五节已介绍了变、配电所常用高、低压设备的种类及用途，这里主要介绍它们的结构。

1. 高压断路器

（1）高压断路器的结构　其外形结构如图7—11所示。这种断路器由框架、传动部分及油箱等组成，其中油箱是主要部分，在油箱中有导电杆（动触头）、灭弧室、静触头和油气分离室等，灭弧室是关键部件。正常情况下，灭弧室中充满了绝缘油，当断路器断开时，动、静触头间产生电弧、使绝缘油汽化产生很大的压力，随着动触头由上向下运动，灭弧室内相断发生对电弧的横吹及纵吹作用，并使电弧不断地与下面的冷油接触，从而产生很强的灭弧能力。灭弧过程中产生的油气混合物通过油气分离室，利用离心作用将油、气分离，油重新回到油箱，气体则从顶部排出。

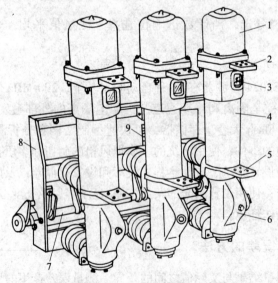

图7—11　SN10—10型高压少油断路器

1—铝帽　2—上接线端子　3—油标　4—绝缘筒
5—下接线端子　6—基座　7—主轴　8—框架　9—断路弹簧

（2）断路器的操作机构　断路器的合闸与分闸都是利用操作机构来实现的。常见的操作机构有手动式、弹簧式、电磁式等。这里介绍 CD10 型电磁式操作机构，如图 7—12 所示。

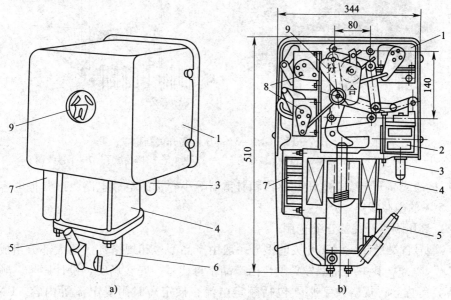

图 7—12　CD10 型电磁式操作机构

a）外形图　b）剖面图

1—外壳　2—跳闸线圈　3—手动跳闸按钮（跳闸铁心）　4—合闸线圈

5—合闸操作手柄　6—缓冲底座　7—接线端子排　8—辅助开关　9—分合指示器

在 CD10 型操作机构内部有一套四连杆机构，当断路器处于合闸状态时，四连杆机构是平衡的。当跳闸线圈得电或手动跳闸时，破坏了平衡，从而使断路器在分闸弹簧作用下跳闸，并带动操作机构内的辅助触点动作。当合闸时，合闸铁心上顶，将四连杆机构重新恢复平衡位置，并使辅助触头动作，拉伸分闸弹簧。

2. 高压隔离开关

（1）高压隔离开关的类型　高压隔离开关按安装条件不同，可分为户内型和户外型两种主要型式，也可按极数不同分为单极和三极两种。典型的高压隔离开关有 GW1—12 型户外高压隔离开关、GN2—10～35 系列户内高压隔离开关、GN19—12（C）型户内高压隔离开关、GN22—12（C）型户内高压隔离开关等。GN2—35 户内高压隔离开关结构如图 7—13 所示。

高压隔离开关由于没有灭弧装置，不能安全地接通或分断负荷电流，因此主要用作安全隔离。具体应用在以下几个方面：

1）隔离电源　在需要检修或分断的线路、设备和运行带电的线路、设备之间形成一个明显的断开点，确保检修或工作的安全。

2）切断母线　在有电压而无负荷的情况下，通过隔离开关将设备或线路从一组母线换接到另一组母线上。

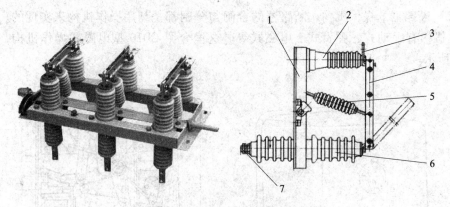

图7—13　GN2－35高压隔离开关结构

1—底座　2、6—支柱绝缘子　3—上接线端子　4—刀闸　5—升降绝缘子　7—下接线端子

3）接通或断开母线、电压互感器和避雷器等小容量的空载电路，或其他电容电流不超过5 A的空载线路。

（2）高压隔离开关的正确选用

1）型号含义　高压隔离开关的型号一般由产品型号和规格数字两大部分组成，中间用"/"隔开。其中产品型号必须包括产品字母代号、安装场所、设计序号、额定电压（kV）等内容；规格数字必须包括额定电流、额定短时耐受电流等内容。GN19—12C/400—12.5型户内交流高压隔离开关型号的具体含义如图7—14所示。

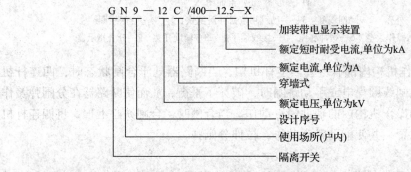

图7—14　高压隔离开关的型号

2）选配说明　高压隔离开关的选择应根据其额定电压、额定电流、安装条件等因素考虑，并进行短路时的动、热稳定校验。

GW1—12型户外高压隔离开关适用于装在户外12 kV线路上，供线路在有电压，无负载时分合电路之用。分带接地刀和不带接地刀两种形式。带接地刀的开关，配用合适的CS系列操作机构，可防止带电挂接地线和带接地线闭合隔离开关等误操作，操作人员也不必另挂接地线。另外，这种系列的隔离开关有普通型和防污型两种。其中防污型隔离开关能满足较严重污秽地区的要求，可有效解决隔离开关在运行中出现的污染问题。

GN2—10～35系列户内高压隔离开关用于额定电压为10～35 kV的电力系统中，作为电压无负载的情况下分、合电路用。通常，额定电流2 000 A及以下的隔离开关配用CS6－2T型手动操动机构，额定电流为3 000 A的隔离开关配用CS7型手动操动机构。

GN19—12（C）型户内高压隔离开关用于额定电压 12 kV 及以下电力系统中。配用 CS6 - 1 型手动操动机构，作为在有电压而无负载情况下分、合电路之用，也有派生产品如防污型、高原型、可加装带电显示装置等。

GN22—12（C）型户内高压隔离开关适用于三相交流 50 Hz，额定电压 12 kV 的户内装置。供高压设备在有电压而无负载的情况下接通、切断或转换线路用。要求安装场所没有火灾、易燃物、易爆物、严重污秽物、化学腐蚀物及剧烈振动。

3. 高压负荷开关

图 7—15 是 FN3—10RT 型高压负荷开关，带有熔断器及热脱扣器，其上端绝缘子内部是一个气缸，活塞与操作机构同轴联动，其功能类似打气筒，故具有一定的灭弧能力，可分、合正常负荷电流及一般过负荷电流。

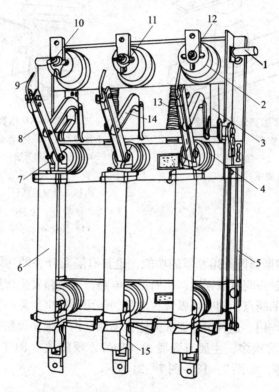

图 7—15　FN3—10RT 型高压负荷开关

1—主轴　2—上绝缘子兼气缸　3—连杆　4—下绝缘子　5—框架　6—RN1 型高压熔断器
7—下触座　8—闸刀　9—弧动触点　10—绝缘喷嘴（内有弧静触头）　11—主静触点
12—上触座　13—断路弹簧　14—绝缘拉杆　15—热脱扣器

4. 高、低压熔断器

在 6～10 kV 系统中，广泛采用的高压熔断器有户内式 RN1、RN2 型管式熔断器（见图 7—16）和户外式 RW4 型跌落式熔断器（见图 7—17）。户内式高压熔断器管内充满了石英砂，有三根工作熔体，其中两根熔体上焊有小锡球，它是利用"冶金效应"降低该处铜熔丝的熔点，从而在过载及短路时能熔断，提高了保护灵敏度。

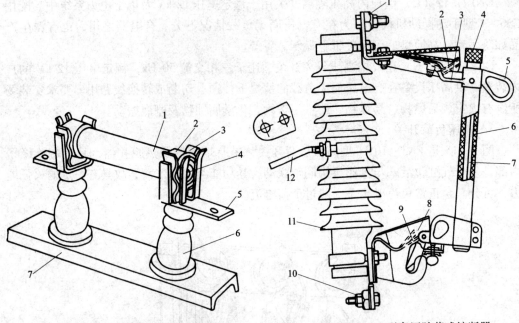

图 7—16　RN1、RN2 型高压管式熔断器

1—瓷熔器　2—金属管帽　3—弹性触座

4—熔断指示器　5—接线端子

6—瓷绝缘子（支柱瓷瓶）　7—底座

图 7—17　RW4 - 10 型高压跌落式熔断器

1—上接线端子　2—上静触点　3—上动触点

4—管帽（带薄膜）　5—操作环

6—熔管（外层为酚醛纸管或环氧玻璃布管，

内衬纤维质消弧管）　7—铜熔丝

8—下动触点　9—下静触点　10—下接线端子

11—瓷绝缘子　12—固定安装板

　　户外式 RW4 型熔断器既有熔断器的功能，也具有隔离开关的功能。正常情况下，利用熔丝的张力，动静触头间可以锁紧，从而接通电路。当线路发生短路时，熔丝熔断，熔管回转跌开形成明显的断点，同时消弧管在电弧的作用下产生大量的气体，从管子两端排出，对电弧产生吹弧作用。这种熔断器灭弧能力不如户内式强，灭弧速度也不快。

　　低压熔断器的种类很多，主要有瓷插式（RC）、螺旋式（RL）、密闭管式（RM）、有填料管式（RT）等，如图 7—18 ~ 图 7—21 所示。

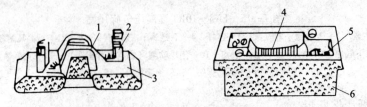

图 7—18　RC1A 瓷插式熔断器

1—熔丝　2—动触点　3—瓷盖　4—石棉带　5—静触点　6—瓷底座

　　RC 瓷插式熔断器由瓷底座、瓷插件、动触点、静触点及熔体组成，当熔体熔断后，从瓷底座中拔出瓷插件即可更换熔体。熔体有铅锡合金圆线（30 A 以下）、铜圆单线（30 ~ 100 A）和变截面冲制铜片（120 ~ 200 A）三种形式。

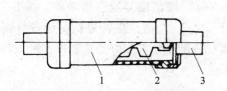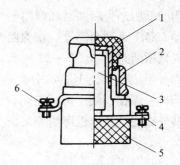

图 7—19　RM10 系列熔断器　　　图 7—20　RLI 系列螺旋式熔断器

1—熔管　2—熔体　3—触刀　　　1—瓷帽　2—瓷套　3—熔断体

4—下接线端　5—底座　6—上接线端

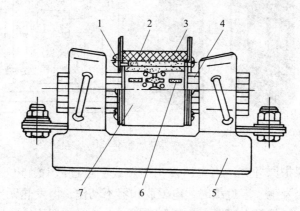

图 7—21　RTO 熔断器结构图

1—熔断指示器　2—石英砂填料　3—熔管　4—触刀　5—底座　6—熔体　7—熔断体

RM 密闭管式熔断器由熔管、熔体和插座三部分组成。当熔体熔断后，可将熔管拔下并装入新熔体，检修方便，恢复供电较快。

RL 螺旋式熔断器由底座、瓷帽、瓷套、熔芯等组成。熔芯内装有熔体、石英砂和熔断指示器。当熔体熔断时，指示器跳出，可以通过瓷帽上的玻璃窗口观察。更换时，必须将整个熔芯一起换掉。另外还有一种 RLS 型螺旋式熔断器，它熔断时间很快，称为快速熔断器，是专门用于半导体整流装置的短路保护。

RTO 有填料式熔断器，由底座和熔断体两部分组成。熔断体由熔管、指示器、石英砂填料、触刀和熔体组成。当熔断器熔断时，指示器会弹出，更换熔断体应采用专门的绝缘操作手柄来进行操作。

5. 低压断路器

低压断路器是低压配电网络和电力拖动系统中常用的一种配电电器。它不但能用于正常工作时不频繁地接通和断开电路，而且当电路中发生短路、过载和失压等故障时，能自动切断故障电路，保护线路和电气设备。常用低压断路器主要有塑壳式断路器和漏电断路器两种。

（1）塑壳式断路器　塑壳式断路器结构紧凑、重量轻，适于独立安装，多用作支路保护开关。在电力拖动控制系统中常用的低压断路器是 DZ15 系列塑壳式断路器。其他目前常用的低压塑壳断路器如西门子 3VT 系列断路器、施耐德 NSX 系列断路器、上海人民电器 CXM1 系列断路器、德力西 CDM1 系列断路器等。

塑壳式低压断路器如图 7—22 所示。低压断路器主要由触点系统、各种脱扣器和操作机构等部分组成。外壳上有"分"按钮和"合"按钮以及触点接线柱。按下"合"按钮，搭钩钩住锁扣，使三对触点闭合；按下"分"按钮，搭钩松钩，触点分断。大容量的塑料外壳式断路器也可增加欠压脱扣器、分励脱扣器和电动传动操作机构等。

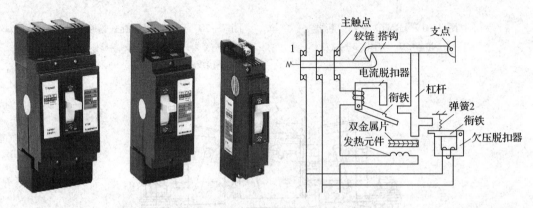

图 7—22　塑壳式低压断路器结构示意图

塑壳式断路器保护原理是：当电路发生短路或严重过载时，电磁脱扣器会吸引衔铁，使触点分断。当发生一般过载时，电磁脱扣器不动作，但发热元件会使双金属片受热弯曲变大，推动杠杆使触点断开。欠压脱扣器与电磁脱扣器恰恰相反，当电路正常工作时，衔铁吸合；当电源电压降到某一值时，欠压脱扣器的衔铁释放，杠杆被撞击而导致触点分断。

塑壳式断路器的主要参数有：额定电压、额定电流、极数、脱扣器类型及其额定电流、整定范围、电磁脱扣器整定范围、主触点分断能力等。这里只介绍额定电压和额定电流。

1）额定工作电压　断路器的额定工作电压是指与分断能力及使用类别相关的电压值。对多相电路是指相间的电压值。

2）额定绝缘电压　断路器的额定绝缘电压是指设计断路器的电压值，电气间隙和爬电距离应参照这些值而定。除非型号产品技术文件另有规定，额定绝缘电压是断路器的最大额定工作电压。在任何情况下，最大额定工作电压不应超过绝缘电压。

3）壳架额定电流　断路器的壳架额定电流通常用尺寸和结构相同的框架或塑料外壳中能装入的最大脱扣器额定电流表示。

4）断路器额定电流　断路器额定电流就是额定持续电流，也就是脱扣器能长期通过的电流。对带可调式脱扣器的断路器是指可长期通过的最大电流。

在选择低压断路器的时候，应遵从以下原则：

①断路器的额定工作电压≥线路额定电压。

②断路器的额定电流≥线路计算负载电流。

③断路器的额定短路通断能力≥线路中可能出现的最大短路电流。

④线路末端单相对地短路电流≥1.25 倍断路器瞬时（或短延时）脱扣器整定电流。

⑤欠电压脱扣器的额定电压应等于线路的额定电压。

（2）漏电断路器

漏电断路器，又称剩余电流保护断路器，有电磁式电流动作型、电压动作型和晶体管（集成电路）电流动作型等，常用漏电断路器外形如图 7—23 所示。

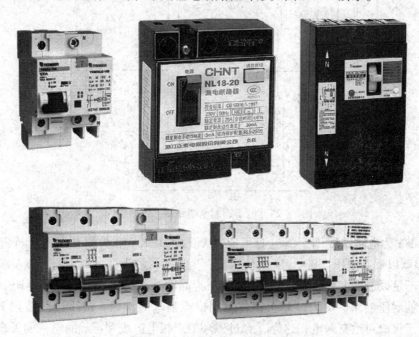

图 7—23　常用漏电断路器

1）电磁式漏电断路器工作原理　电磁型漏电断路器原理如图 7—24 所示。其结构是在一般的塑壳断路器中增加一个能检测剩余电流的感受组件（检测电流互感器）和剩余电流脱扣器。在正常运行时，各相电流的相量和为零，检测电流互感器二次侧无输出。当出现漏电（剩余电流）或人身触电时，则在检测电流互感器二次线圈感应出剩余电流。漏电断路器受此电流激励，使断路器脱扣而断开电路。

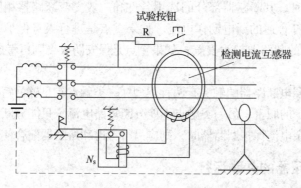

图 7—24　电磁式漏电断路器工作原理

2）电子式漏电断路器工作原理　电子式（DZ15CE型）漏电断路器原理如图7—25所示。

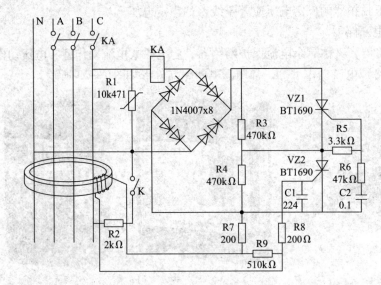

图7—25　电子式漏电断路器工作原理

图中 KA 为电磁铁线圈，漏电时可驱动闸刀开关 KA 触头断开，每个桥臂用两只 1N4007 串联以提高耐压。R3、R4 阻值很大，所以 KA 触头合上时，流经 KA 线圈的电流很小，不足以造成 KA 触头断开。R3、R4 为晶闸管 VZ1、VZ2 的分压电阻，以降低对可控硅的耐压要求。K 为试验按钮，起到模拟漏电的作用。按压试验按钮 K，K 接通，相当于火线对地有漏电，这样，穿过磁环的三相电源线和零线的电流的矢量和不为零，磁环上的检测线圈的两端就有感应电压输出，此电压立即触发 VZ2 导通。由于 C2 预先有一定电压，VZ2 导通后，C2 便经 R6、R5、T2 放电，使 R5 上产生电压触发 VZ1 导通。VZ1、VZ2 导通后，流经 KA 线圈的电流增大，使电磁铁动作，驱动开关触点 KA 断开。用电设备漏电引起电磁铁动作的原理与此相同。R1 为压敏电阻，起过压保护作用。

由于漏电断路器实际上是在塑料外壳式断路器上加一个漏电保护脱扣器构成的，所以选择漏电断路器时，其断路器部分的选用条件和一般交流断路器相同，而漏电保护脱扣器部分，则应选择合适的漏电动作电流。如果重点是进行人身保护，那么选用漏电动作电流 30 mA 以下的断路器较为安全；如果重点是保安防火，则可考虑选用 50～100 mA 的断路器。

此外还应注意漏电断路器的触头有两种类型：一类触点有足够的短路分断能力，可以担负过载和短路保护的职责；另一类触点不能分断短路电流，只能分断额定电流和漏电电流。选择这一类剩余电流保护断路器时，则应另行考虑和熔断器配合使用作短路保护。

二、电力变压器的并联运行

为了提高变压器的利用率及改善系统的功率因数，提高系统运行的可靠性，很多变电所采用两台或两台以上的电力变压器并联运行的方式。并联运行的变压器必须满足如下条件：

　　1）参加并联的变压器，它们的一次、二次电压应相等，即电压比应相等。

　　2）各变压器的短路阻抗电压应相等。

　　3）三相变压器属于同一联结组别。

　　上述三条条件中要做到电压比和短路电压完全相等是不容易的，允许有极小的差别，但联接组别不允许有差别。此外，变压器的并联运行，还要注意负载分配的问题。一般投入并联运行的各变压器中，最大容量与最小容量之比不超过 3∶1。

三、变、配电所平均功率因数的确定方法

　　变、配电所的平均功率因数通常根据一段时间内（如一个月、一年）的有功及无功电能表的读数来进行计算，公式如下：

$$\cos\varphi_{av} = \frac{W_a}{\sqrt{W_a{}^2 + W_r{}^2}} = \frac{1}{\sqrt{1 + \left(\dfrac{W_r}{W_a}\right)^2}}$$

式中　$\cos\varphi_{av}$——一段时间内平均功率因数；

　　　W_a，W_r——有功电能及无功电能表读数。

四、提高功率因数的意义及方法

　　企业功率因数偏低，将造成许多不良影响：

　　1）降低发电机的输出功率，使发电设备效率降低。

　　2）降低变电、输电设备的供电能力。

　　3）网络功率损耗增加。

　　4）加大线路中的电压损失，降低供电质量。

　　可见，提高功率因数具有重要意义，在工业企业中存在大量的感性负载，它们消耗了大量的无功功率，要提高功率因数，必须针对这些设备采取措施。应尽量提高企业的自然功率因数，可采取下列措施：

　　1）提高感应电动机的检修质量，防止定子与转子间气隙过大。

　　2）合理选择电动机、变压器容量，使其在尽量接近最佳负荷率下运行。电动机接近满载，变压器负荷率在 75% 左右较合适。

　　3）采用技术措施降低轻载设备的外加电压，如将△接线的电机改为丫接线，切断空载设备电源等。

　　4）在工艺条件容许的情况下，尽量采用同步电动机代替异步电动机。

　　在采取各项措施后，若功率因数仍达不到规定值，就应采用人工无功补偿，目前常用的方式有：

　　1）采用同步电动机补偿。

　　2）采用移相电容器补偿。

第三节　电气试验

一、电气试验的项目和标准

对于各种电气设备来说，电气试验是一项很重要的检查工作。其目的有两个：一是检查设备的绝缘情况，这是电气试验的主要目的；二是测试设备的一些特性。

按照进行电气试验的时间分，电气试验可分为出厂试验、交接验收试验、定期进行的预防性试验和设备大修后的试验。下面介绍变电所主要设备的电气试验。

1. 电力变压器的电气试验项目及标准

（1）测量绕组的直流电阻　各相绕组的直流电阻相互之间的差别应很小，一般应在三相平均值的 4% 以下。

（2）测量变比　与制造厂铭牌数据比较不应有显著的差别。一般情况下，电压比的允许偏差为 ±0.5%。

（3）测试接线组别及极性　三相变压器的接线组别与单相变压器的引出线极性应与变压器的铭牌上的标志相同。

（4）绕组的绝缘电阻及吸收比的测量　绝缘电阻可与出厂值进行比较，在相同温度下，不应低于出厂值的 70%。如无出厂值，可参考表 7—1 中的值。吸收比（$R60^{\circ}t/R15^{\circ}t$）在温度 10~30℃时，对 3.5 kV 及其以下变压器应大于或等于 1.3。

（5）介质损耗因数测定　主变压器绕组的介质损耗因数应符合表 7—2 规定。

（6）交流耐压试验　试验电压应符合表 7—3 的规定，持续时间为 1 min。

（7）铁心夹紧螺栓的绝缘电阻　用 2 500 V 兆欧表测量时应不低于 10 MΩ，必要时采用交流 1 000 V 或直流 2 500 V 耐压试验。

表 7—1　　　　　　　　　　油浸式电力变压器绕组绝缘电阻允许值　　　　　　　　　（MΩ）

电压等级	温度（℃）							
	10	20	30	40	50	60	70	80
3~10 kV	450	300	200	130	90	60	40	25
20~35 kV	600	400	270	180	120	80	50	35
35 kV 以上	1 200	800	540	360	240	160	100	70
1 kV 以下	100	50	25	13	7	4	3	2

表 7—2　　　　　　　　　　　　变压器绕组介质损耗因数　　　　　　　　　　　　（%）

温度（℃）	10	20	30	40	50	60	70
35 kV 以上	<1.0	<1.5	<2.0	<3.0	<4.0	<6.0	<8.0
35 kV 以下	<1.5	<2.0	<3.0	<4.0	<6.0	<8.0	<11.0

表 7—3　　　　　　　　　　变压器交流耐压标准　　　　　　　　　　（kV）

额定电压	0.4	3	6	10	15	20	35	60	140
出厂试验电压	5	18	25	35	45	55	85	140	200
交接或大修时试验电压	2	15	21	30	38	47	72	120	170
出厂试验电压不明时的试验电压	2	13	19	26	34	41	64	105	—

（8）主绕组连同套管一起的泄漏电流测量　电压为 35 kV 及其以上、容量为 315 kW 及其以上的变压器必须进行泄漏电流的测量，其他变压器不作规定。读取 1 min 时的泄漏电流值，试验电压见表 7—4。

表 7—4　　　　　　　　　　泄漏试验电压标准　　　　　　　　　　（kV）

绕组额定电压	3	6 ~ 15	20 ~ 35	44 ~ 220
直流试验电压	5	10	20	40

2. 互感器的电气试验项目及标准

（1）绝缘电阻　一次绕组使用 2 500 V 兆欧表，二次绕组使用 1 000 V 或 2 500 V 兆欧表。互感器绝缘电阻值无规定标准，但二次绕组一般可按 0.5 kV 以上不低于 10 MΩ，0.5 kV 以下不低于 1 MΩ 选择。

（2）交流耐压试验　交流耐压试验标准见表 7—5。出厂试验电压与表中不同的互感器，其试验电压应为制造厂出厂电压的 90%，但不得低于表中的标准。全部更换绕组后，一般应按出厂试验电压标准进行试验。互感器二次绕组的交流耐压试验可以单独进行，也可以与二次回路一同进行，试验电压为 1 000 V，时间为 1 min。

（3）介质损耗因数　35 kV 及以下电压互感器的介质损耗因数不应超过表 7—6 的标准。电流互感器的介质损耗因数不应大于表 7—7 的规定。

表 7—5　　　　　　　　　　互感器交流耐压试验标准　　　　　　　　　　（kV）

额定电压	3	6	10	15	20	35
出厂试验电压	24	32	42	55	65	95
交接及大修后试验电压	22	28	38	50	59	85
出厂电压不明时的试验电压	15	21	30	38	47	72

表 7—6　　　　　　　　35 kV 及以下电压互感器介质损耗因数标准　　　　　　　　（%）

温度（℃）	5	10	20	30	40
交接及大修后	2.0	2.5	3.5	5.5	8.0
运行中	2.5	3.5	5.0		10.5

（4）变压比的测试　该值应与铭牌相符。

（5）电压互感器的空载电流　无规定标准，但应与同型号的相同。

（6）电压互感器一次绕组的直流电阻　所测得数值与制造厂数值相比，应基本相符，三相的值比较接近。

表7—7　　　　　　　　电流互感器20℃时的介质损耗因数标准　　　　　　　　（%）

电压（kV）		20～44	60～220
套管为充油式	交接及大修后	3	2
	运行中	6	3
套管为充胶式	交接及大修后	2	2
	运行中	4	3
套管为胶纸电容式	交接及大修后	2.5	2
	运行中	6	3

3. 断路器的电气试验项目及标准

（1）可动部分绝缘电阻　采用2 500 V兆欧表测量。在断路器断开位置时，所测得数值不低于表7—8所规定的值。

表7—8　　　　　　　　断路器可动部分绝缘电阻最小值　　　　　　　　（MΩ）

额定电压（kV）	3～15	20～220
交修及大修后	1 000	2 500
运行中	300	1 000

（2）交流耐压试验　同本节第2条互感器（2）。

（3）每相接触电阻的测量　各种型式断路器的接触电阻应符合制造厂的规定。对带有消弧副触头者，应分别测量其主触点与消弧触点的接触电阻。

（4）检查操作机构合闸接触器和分闸电磁铁的最低动作电压，用电压表测量。

（5）分、合闸电磁铁和合闸接触器的线圈的绝缘电阻与直流电阻　使用500 V或1 000 V兆欧表测量绝缘电阻，其值不小于1 MΩ，直流电阻与铭牌数据之差不大于10%。

4. 隔离开关的电气试验项目及标准

（1）测量有机材料传动杆的绝缘电阻　使用2 500 V兆欧表测量，其值不低于表7—9所列数值。

表7—9　　　　　　　　有机材料传动杆的绝缘电阻值　　　　　　　　（MΩ）

额定电压（kV）	3～15	20～220
交接及大修后	1 000	2 500
运行中	300	1 000

（2）交流耐压试验　耐压值应不低于表7—10标准。

表7—10　　　　　　　　隔离开关交流耐压试验标准　　　　　　　　（kV）

额定电压	3	6	10	15	20	35
最高工作电压	3.5	6.9	11.5	17.5	2.3	40.5
出厂试验电压	24	32	42	55	65	95
交接及大修后试验电压	24	32	42	55	65	95

（3）检查电动、气动或液动操作机构线圈的最低动作电压　按制造厂的规定，开关动作的最低电压一般不应超出操作电源额定电压的 30% ~ 80% 的范围。即在额定电压的 80% 时，应保持隔离开关可靠动作，在 30% 额定电压时操作机构不动作。

5. 母线的交流耐压试验

母线交流耐压标准与支柱绝缘子及套管相同，见表7—11。

表7—11　　　　母线、套管和支柱绝缘子及套管的交流耐压标准　　　　（kV）

额定电压		3	6	10	15	20	35
纯瓷和纯瓷充油绝缘	出厂	25	32	42	57	68	100
	交接及大修后	25	32	42	57	68	100
固体有机绝缘	出厂	25	32	42	57	68	100
	交接及大修	22	28	38	50	59	90

6. 支柱绝缘子和悬式绝缘子的交流耐压试验

支柱绝缘子的耐压标准见表7—11，悬式绝缘子的交流耐压试验见表7—12。

表7—12　　　　悬式绝缘子的交流耐压试验标准　　　　（kV）

型　号	X - 3 X - 3C	X - 4.5 X - 4.5C X - 1 - 4.5	X - 7	X - 11	X - 16	XF - 4.5 （HC - 2）
干弧电压	>60	>75	>80	>85	>95	>107
试验电压	45	56	60	64	70	80

7. 套管的电气试验项目及标准

（1）绝缘电阻　用 2 500 V 兆欧表测量绝缘电阻，其值可参考表7—13进行判断。

表7—13　　　　套管的绝缘电阻

额定电压（kV）	2 ~ 3	6 ~ 15	22 ~ 220
绝缘电阻（MΩ）	1 000	2 000	4 000

（2）介质损耗因数 tanδ（%）　在温度为 20℃ 时，测得的介质损耗因数不超过表7—14 的标准。

表7—14　　　　套管介质损耗因数的标准　　　　（%）

	套管型式	额定电压（kV）		
		2 ~ 15	20 ~ 44	60 ~ 110
交接及解体大修后	充油式	—	3	2
	油浸纸电容式	—	1	1
	胶纸式	4	3	2
	充胶式	3	2	2
	胶纸充胶或充油式	4	2.5	2

续表

套管型式		额定电压（kV）		
		2～15	20～44	60～110
运行中	充油式	—	4	3
	油浸纸电容式	—	2	1.5
	胶纸式	5	4	3
	充胶式	4	3	3
	胶纸充胶或充油式	5	4	3

（3）交流耐压试验　标准见表 7—11。

8. 阀型避雷器的电气试验项目及标准

（1）测绝缘电阻　使用 2 500 V 兆欧表，所测值对于 FS 型应大于 2 500 MΩ，对于 FZ、FCZ 及 PCD 无规定。

（2）测泄漏电流　标准见表 7—15。

表 7—15　　　　　阀型避雷器泄漏电流的标准

	工作电压（kV）	试验电压（kV）	泄漏电流（上限、μA）
FS－3	3	4	10
FS－6	6	7	10
FS－10	10	10	10

（3）测量工频放电电压　FS 型的工频放电电压应在表 7—16 规定的范围之内。

表 7—16　　　　FS 型避雷器工频放电电压标准　　　　（kV）

额定电压	3	6	10
新装及大修后	9～11	16～19	26～31
运行中	8～12	15～21	23～33

9. 电力电缆的电气试验项目及标准

（1）测量绝缘电阻　电缆的绝缘电阻值无规定标准，1 000 V 以下电缆用 1 000 V 兆欧表，1 000 V 以上用 2 500 V 兆欧表。在交接和运行中 1～2 年测试一次。

（2）直流耐压试验与泄漏电流测量　直流耐压交接试验电压标准：2～10 kV 电缆用 6 倍额定电压；15～30 kV 电缆用 5 倍额定电压；1 kV 以下电缆一般不做耐压试验；塑料绝缘电缆按制造厂规定。泄漏电流参考值见表 7—17。

表 7—17　　　　　运行中电缆的试验电压及泄漏电流参考值

电缆型式	工作电压（kV）	试验电压与泄漏电流		允许三相最大 不对称系统
		电压（kV）	电流（μA）	
三芯电缆	35	140	85	2
	20	80	80	2
	10	50	50	2
	6	30	30	2
	3	15	20	2.5

续表

电缆型式	工作电压（kV）	试验电压与泄漏电流		允许三相最大不对称系统
		电压（kV）	电流（μA）	
单芯电缆	10	50	70	—
	6	30	45	—
	3	15	30	—

（3）检查电缆线路的相位　在交接时及运行中，重装接线盒或拆过接线头时立即检查相位，两端相位应一致。

10. 移相电容器的电气试验项目及标准

（1）电容器两极间及对外壳的绝缘电阻　用 2 500 V 兆欧表测量，其值不作规定，可相互进行比较，相差应不大。

（2）测量电容值　交接时应测电容值，所测值不应超过出厂实测值的 ±10%。

（3）交流耐压试验　试验标准见表 7—18。

表 7—18　　　　　　　　　移相电容器的交流耐压标准　　　　　　　　（kV）

额定电压（kV）	≤0.5	1.05	3.15	6.3	10.5
出厂试验电压	2.5	5	18	25	35
交接试验电压	2.1	4.2	15	21	30

（4）冲击合闸试验　交接时在电网额定电压下对移相电容器组进行三次合闸试验，当开关合闸时熔丝不应熔断。电容器组各相电流的差不应超过 5%。

二、常用试验仪器设备的使用与维护

1. 交流耐压试验仪器设备的使用与维护

交流耐压试验接线图如图 7—26 所示。由图可见，交流耐压试验的主要设备有调压器 TS、试验变压器 TM、限流电阻 R1、R2、电流表 PA1、电压表 PV、毫安表 PA2、保护间隙 L 等。C_X 为被测物。这些主要设备的使用、维护方法如下：

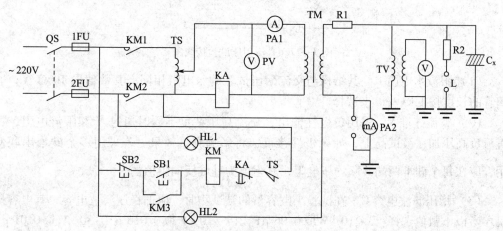

图 7—26　交流耐压试验电路图

（1）试验变压器　按照被试品要求选择合适电压的试验变压器。应注意试验变压器是按短时工作制设计的，一般允许在额定电压、电流下运行半小时，对较高电压等级（250 kV 以上）变压器允许持续运行时间还要短些。

（2）调压器　调压器的容量一般应与试验变压器相同，5 kV·A 及其以下采用自耦调压器，大容量采用动圈调压器。

（3）限流电阻 R1　通常用水做电阻，将水装在玻璃管中构成水阻管，其阻值按表 7—19 选择。

表 7—19　　　　　　　　　　　　限流水阻管的电阻值选择

试验变压器高压侧额定电流（mA）	100 ~ 300	1 000
限流水阻的电阻值（Ω/V）（试验电压）	0.5 ~ 1	0.1 ~ 1

（4）保护间隙 L　为防止试验电压突然升高，采用间隙进行保护，间隙的放电电压调整在试验电压的 115% ~ 120%。间隙还串接一个限流电阻 R2，其阻值按 1 Ω/V 选择。

2. 直流耐压试验仪器设备的使用与维护

直流耐压试验接线图如图 7—27 所示。由图可见，直流耐压试验与交流试验不同的地方是在高压侧，直流耐压试验有一个起整流作用的高压硅堆 V 和一个滤波电容 C。

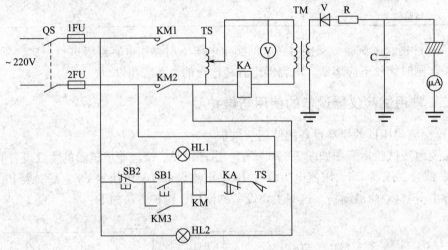

图 7—27　直流耐压试验接线图

（1）限流水电阻 R　其结构与交流耐压试验的水电阻相同，其数值取 10 Ω/V，玻璃管的长度按 1 kV/cm 来选择。

（2）整流硅堆 V　采用负极性输出，交流高压在负半周时通过 V 和限流电阻，将直流负高压加在被试品上，如果极性接反，将影响测试效果。若采用多个硅堆串联使用，应在每个硅堆两端并联均压电阻，其阻值为硅堆反向阻值的 $\frac{1}{4}$ ~ $\frac{1}{3}$。

（3）稳压滤波电容 C　在试验小电容量的被试物时，应加稳压滤波电容，其电容量可参考以下数值选择：3 ~ 10 kV 取 0.06 μF，15 ~ 20 kV 取 0.015 μF，30 kV 取 0.01 μF 以下。

3. 智能化交流/直流耐压测试仪

随着电子技术的飞速发展，近年来市场上陆续推出了多款智能化的交流/直流耐压测试仪，这些装置完全可以取代传统的试验手段，具有试验安全、操作简单、数据精确等优点。用户可以根据试验条件和生产需要登录相关网站查询技术资料和产品信息。

三、交、直流耐压试验的意义

1. 交流耐压试验

交流耐压试验是在其他绝缘特性试验做完之后，对绝缘的最后一次检验。即在被试品绝缘上，加上高于工作电压一定倍数的电压，保持一定的时间，要求被试品能经受这一试验而不被击穿，交流耐压试验能符合电气设备在运行中承受过电压的情况，往往能比直流耐压试验更为有效地发现绝缘的弱点，尤其是局部缺陷，并能准确考验绝缘裕度。

交流耐压试验的一大缺点，是固体有机绝缘在较高的交流电压作用下，会使绝缘中的一些弱点更加发展（还未导致击穿），造成绝缘的暗伤。因此，交流耐压试验的关键问题是选择合适的试验电压，既不能损伤设备，又能测出设备的绝缘能力。

2. 直流耐压试验

直流耐压试验和交流耐压试验一样，也是为了测试被试品绝缘缺陷。在被试品的绝缘上加直流高压时，绝缘内无介质损耗，长时间加直流电压不会使绝缘减弱，所以直流试验，对绝缘造成的损害比交流小得多。直流耐压试验所需设备容量小、成本低，所以特别适用于大电容的试品（如电缆、电容器等）。与交流耐压试验相比，直流耐压试验的缺点是对绝缘的考验不如交流耐压试验接近实际、准确。

四、绝缘油试验的内容和标准

在电力变压器、油断路器及部分互感器中，大量使用绝缘油，绝缘油的性能直接影响设备的运行。因此，按规定应对绝缘油进行定期检查试验，TPSZC 绝缘油酸值测定仪/油酸值测定仪采用滴定中和法原理，在微机控制下自动完成注液、滴定、搅拌、判断中和滴定终点，液晶屏幕显示测量结果，并自动将测量结果打印记录。用特制试剂瓶盛装萃取液和中和液，试剂在使用过程中与空气隔绝，避免挥发和大气中的二氧化碳影响。同时也起到保护操作者的作用。该仪器采用液晶屏幕显示，中文菜单向导式操作，操作者只将相关参数输入并确定后，仪器就能自动完成测量试样的酸值。全自动酸值测定仪可以选择一次测试 1~6 个油样。这里介绍几个主要的试验内容及标准。

1. 黏度

黏度说明油的流动性能好坏，黏度越低，油的流动性越好，散热能力越强。当油老化时，黏度就增高。规定油的黏度是在 50℃ 时，不超过 87 Pa·s。

2. 闪点

指油加热后产生的蒸汽与空气混合，遇到明火能燃烧的最低温度。油的闪点越高越好，一般不应低于 135℃。

3. 酸价

酸价的大小表明油的氧化程度与劣化程度。其大小用中和一克油中的全部游离酸所需要的氢氧化钾的毫克数来表示。油的酸价越低越好，运行中的油不应超过 0.4。

4. 凝固点

当温度低到一定程度，油不再流动而凝固，这时的温度称为油的凝固点。凝固点越低越好。变压器油的标号就表示凝固点的温度，如 25 号油表示油在 −25℃ 时凝固。

5. 电气绝缘强度

绝缘强度用击穿电压表示，规定：用于 35 kV 的变压器 2.5 mm 厚的油击穿电压应在 35 kV 以上（运行油）和 40 kV 以上（新鲜油）；用于 6~35 kV 的变压器油，击穿电压应在 25 kV（运行油）和 30 kV（新鲜油）以上；用于 6 kV 以下的变压器，击穿电压应在 20 kV（运行油）和 25 kV（新鲜油）以上。

第四节　雷电危害与防雷措施

近年来，雷电灾害事故频繁发生，给国家和人民生命财产安全造成了重大损失。因此，科学研究雷电特点，采取防雷、避雷措施具有积极的现实意义。

一、雷电危害

雷电是发生在雷雨云（在气象学里叫积雨云）中的放电现象。积雨云在形成过程中，某些云团带正电荷，某些云团带负电荷。它们对大地的静电感应，使地面或建（构）筑物表面产生异性电荷，当电荷积聚到一定程度时，在云内不同部位之间或云与地面之间就形成了很强的电场。这电场的强度平均可以达到 25~30 kV/cm 足以把云内外的大气层击穿。于是，在云与地面之间，或者云的不同部位之间，以及不同云块之间激发出耀眼的闪光和巨响，这就是闪电。

雷电产生的危害可分为直击雷危害、间接雷危害、雷电反击危害和雷电感应危害。

直击雷的危害是在雷电放电的通道上，瞬时雷电流高达几万安培，除电效应外，还有热效应，导致火灾，熔化物体，使闪电通道膨胀，水分汽化，又造成机械作用。

间接雷危害不在雷电放电通道上，而是在雷电放电过程中产生的瞬时地电位高压或电磁感应过电压而造成的其他危害。

雷电反击危害的特点是雷电落地点由于巨大的电流使得地电位升高，从而使接地的设备外壳与附近的导电部分之间产生高电压，达到一定的值就会产生反击放电，给设备或人身造成危害。

雷电感应危害特点是放电前，地面金属物感应出大量异号电荷，放电后，感应的电荷来不及立即消失，产生几万伏的高电压，会对周围放电而出现感应雷的雷击现象。放电时，闪电通道周围的导体上有强大的感应电动势产生，在导体间隙处，强电场可导致空气击穿放电。

二、防雷措施

中华人民共和国建设部《中华人民共和国国家标准建筑物防雷设计规范》

（GB 50057—2010）对建筑物的分类及应采取的相应措施均做了详细的规定和约束。

GB 50057—2010 规定，建筑物应根据其重要性、使用性质、发生雷电事故的可能性和后果，按防雷要求分为三类。

第一类防雷建筑物主要涉及凡制造、使用或储存炸药、火药、起爆药、火工品等大量爆炸物质的建筑物，可能会因电火花而引起爆炸，造成巨大破坏和人身伤亡者。

第二类防雷建筑主要涉及国家级重点文物保护的建筑物、国家级的会堂、办公建筑物、大型展览和博览建筑物、大型火车站、国宾馆、国家级档案馆、大型城市的重要给水水泵房等特别重要的建筑物，以及国家级计算中心、国际通讯枢纽等对国民经济有重要意义且装有大量电子设备的建筑物。

第三类防雷建筑物主要涉及省级重点文物保护的建筑物及省级档案馆、部、省级办公建筑物及其他重要或人员密集的公共建筑物；预计雷击次数大于或等于 0.06 次/年，且小于或等于 0.3 次/年的住宅、办公楼等一般性民用建筑物；预计雷击次数大于或等于 0.06 次/年的一般性工业建筑物。此外，在平均雷暴日大于 15 d/a 的地区，高度在 15 m 及以上的烟囱、水塔等孤立的高耸建筑物；在平均雷暴日小于或等于 15 d/a 的地区，高度在 20 m 及以上的烟囱、水塔等孤立的高耸建筑物也定性为第三类防雷建筑。

不同类型的建筑，GB 50057—2010 有详细的防雷应对措施，大体上可分为基本防雷措施和电源防雷措施。

1. 基本防雷措施

基本防雷措施一般采用由接闪器、引下线、接地体和接地网等组成的防雷装置。

（1）接闪器　接闪器通常有避雷针、避雷带、避雷网等几种形式。

避雷针宜采用圆钢或焊接钢管制成，其直径不应小于下列数值：针长 1 m 以下：圆钢为 12 mm，钢管为 20 mm；针长 1~2 m：圆钢为 16 mm，钢管为 25 mm；烟囱顶上的针：圆钢为 20 mm，钢管为 40 mm。

避雷网和避雷带宜采用圆钢或扁钢，优先采用圆钢。圆钢直径不应小于 8 mm；扁钢截面不应小于 48 mm²，其厚度不应小于 4 mm。

当烟囱上采用避雷环时，其圆钢直径不应小于 12 mm；扁钢截面积不应小于 100 m²，其厚度不应小于 4 mm。

架空避雷线和避雷网宜采用截面不小于 35 mm² 的镀锌钢铰线。

金属屋面的建筑物宜利用其屋面作为接闪器，具体要求是：金属板之间采用搭接时，其搭接长度不应小于 100 mm；金属板下面无易燃物品时，其厚度不应小于 0.5 mm；金属板下面有易燃物品时，其厚度对于铁板不应小于 4 mm，对于铜板不应小于 5 mm，对于铝板不应小于 7 mm；

屋顶上永久性金属物宜作为接闪器，但其各部件之间均应连成电气通路，具体要求是：旗杆、栏杆、装饰物等，其尺寸应符合 GB 50057—2010 第 4.1.1 条和第 4.1.2 条的规定。钢管、钢罐的壁厚不小于 2.5 mm，但钢管、钢罐一旦被雷击穿，其介质对周围环境造成危险时，其壁厚不得小于 4 mm。

值得注意的是，接闪器一般应热镀锌或涂漆。在腐蚀性较强的场所，尚应采取加大其截面或其他防腐措施。不得利用安装在接收无线电视广播的共用天线的杆顶上的接闪器保护建筑物。

关于几种典型接闪器的规格也可用表 7—20 和表 7—21 反映出来。

表 7—20 避雷针的直径

材料规格针长、部位	圆钢直径（mm）	钢管直径（mm）
1 m 以下	≥12	≥20
1~2 m	≥16	≥25
烟囱顶上	≥20	≥40

表 7—21 避雷网、避雷带及烟囱顶上的避雷环规格

材料规格类别	圆钢直径（mm）	扁钢截面积（mm²）	扁管厚度（mm）
避雷网、避雷带	≥8	≥48	≥4
烟囱上避雷环	≥12	≥100	≥4

接闪器也可根据具体环境和施工条件选择市售成品，如 EPE 系列提前放电避雷针、CIRPROTEC 公司生产的 nimbus 系列提前放电避雷针和 INGESCO 公司生产的 INGESCO 避雷针等。

（2）引下线 引下线宜采用圆钢或扁钢，宜优先采用圆钢。圆钢直径不应小于 8 mm。扁钢截面不应小于 48 mm²，其厚度不应小于 4 mm。当烟囱上的引下线采用圆钢时，其直径不应小于 12 mm；采用扁钢时，其截面不应小于 100 mm²，厚度不应小于 4 mm。引下线应沿建筑物外墙明敷，并经最短路径接地；建筑艺术要求较高者可暗敷，但其圆钢直径不应小于 10 mm，扁钢截面不应小于 80 mm²。

建筑物的消防梯、钢柱等金属构件宜作为引下线，但其各部件之间均应连成电气通路。

采用多根引下线时，宜在各引下线上于距地面 0.3~1.8 m 装设断接卡。当利用混凝土内钢筋、钢柱作为自然引下线并同时采用基础接地体时，可不设断接卡，但利用钢筋作引下线时应在室内外的适当地点设若干连接板，该连接板可供测量、接人工接地体和作等电位连接用。当仅利用钢筋作引下线并采用埋于土壤中的人工接地体时，应在每根引下线上于距地面不低于 0.3 m 处设接地体连接板。采用埋于土壤中的人工接地体时应设断接卡，其上端应与连接板或钢柱焊接。连接板处宜有明显标志。

此外，在易受机械损坏和防人身接触的地方，地面上 1.7 m 至地面下 0.3 m 的一段接地线还应采取暗敷或镀锌角钢、改性塑料管或橡胶管等保护设施。

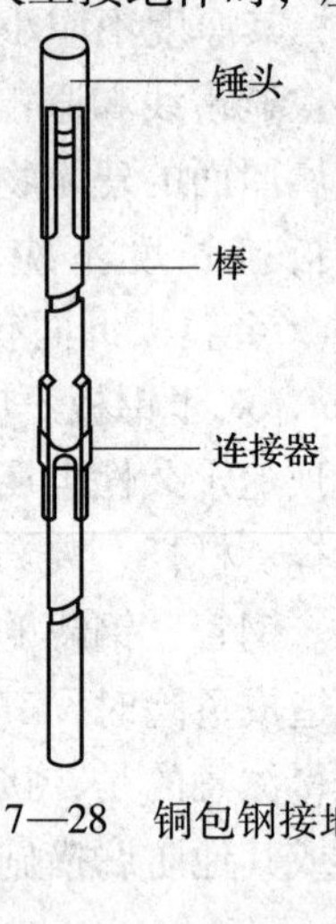

铜包钢接地棒（线）如图 7—28 所示，在发达国家，铜包钢材料由于具有良好的导电性能、较高的机械强度，尤其是外部包覆的铜层具有良好的抗腐蚀性能，已被广泛地应用于接地装置中。美、英、德等国家在有关标准中都规定接地体、接地线均可采用铜包钢复合材料。在我国，接地装置的

图 7—28 铜包钢接地棒

锤头
棒
连接器

防腐蚀性和可靠性已日益引起重视，采用铜包钢复合材料替代型钢或镀锌角钢做接地装置已开始普及。

（3）接地体　埋于土壤中的人工垂直接地体宜采用角钢、钢管或圆钢；埋于土壤中的人工水平接地体宜采用扁钢或圆钢。具体规格是：圆钢直径不应小于 10 mm；扁钢截面积不应小于 100 mm²，其厚度不应小于 4 mm；角钢厚度不应小于 4 mm；钢管壁厚不应小于 3.5 mm。人工垂直接地体的长度宜为 2.5 m。人工垂直接地体间的距离及人工水平接地体间的距离宜为 5 m，当受地方限制时可适当减小。人工接地体在土壤中的埋设深度不应小于 0.5 m。

随着电力、电子及尖端科学的进步，对接地的要求也越来越高，现代电力、电子系统要求接地装置具有较低的接地电阻值。通常的做法是：在高土壤电阻率地区，降低防直击雷接地装置的接地电阻宜采用多支线外引接地装置，外引长度不应大于有效长度，或者接地体埋于较深的低电阻率土壤中。也可采用降阻剂或换土方式来满足接地电阻要求。

一款新型的物理接地模块是为了适应现代电气、通信、微电子设施接地研制的，它具有物理降阻剂特性，无毒、无腐、无环境污染，如图7—29所示。

防直击雷的人工接地体距建筑物出入口或人行道不应小于 3 m。当小于 3 m 时，水平接地体局部深埋不应小于 1 m；水平接地体局部应包绝缘物，可采用 50 ~ 80 mm 厚的沥青层；采用沥青碎石地面或在接地体上面敷设 50 ~ 80 mm 厚的沥青层，其宽度应超过接地体 2 m。

图 7—29　物理接地模块

埋在土壤中的接地装置，其连接应采用焊接，并在焊接处作防腐处理。

接地装置工频接地电阻的计算应符合现行国家标准《电气装置安装工程接地装置施工及验收规范》（GB 50169—2006）的规定。

（4）接地网　民用建筑宜优先利用钢筋混凝土中的钢筋作为防雷接地网，当不具备条件时，宜采用圆钢、钢管、角钢或扁钢等金属体做人工接地网。接地网结构如图 7—30 所示。

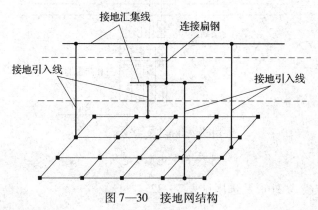

图 7—30　接地网结构

2. 电源配电防雷

在雷雨频繁发生的地区，发生雷击事件时，大楼建筑已有的避雷针防雷，只能对大楼形成基本的保护，但不能阻止感应雷击过电压、开关电源和操作工业设备而产生的各种瞬间过电压。残余电流所产生的感应电流还足以破坏计算机、网络等弱电设备，造成极大的损失。

在大楼总配电柜电源引入供电线路的前端，经过计算、分析后，在变电室低压侧或建筑电源总配电柜线路接入端安装防雷器，作为设备的电源第一级的防雷保护；在分配电柜或机房专用配电盘上安装防雷器，作为设备的电源第二级防雷保护；在设备前端输入端安装防雷器，作为设备的电源第三级防雷保护。

典型的电力架空线路防雷安装位置如图7—31所示。

图7—31 电力架空线路防雷安装位置

典型的电源配电防雷如图7—32所示。

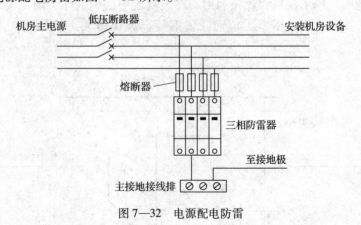

图7—32 电源配电防雷

常用电源防雷装置外形及选用见表7—22。

表 7—22　　　　　　　　　　　常用电源防雷装置外形及选用

序号	名称	外形	选用
1	B 级电源防雷器		浪涌保护器 MCD 50 - B 和 MCD 125 - B/NPE 满足标准 DIN、VDE 6F5 Part 6 (Draft 11. 89) A1、A2 对 B 类器件的需求条件，以及标准 IEC61643 - 1 (02、89) 对第 I 级浪涌保护器的要求，它们与后级限压型电涌保护器配合使用时，无须设计退耦装置，可以将两级保护器安装在一起
2	C 级电源防雷器		DIN VDE 0675、Part 6 (Draft 11. 89) A1、A2 的要求浪涌保护器 V 20 - C 是属于 C 级的电涌保护器。它保护电气设备免受各种电压浪涌的危害。可提供从单模块到 4 模块的不同型号
3	D 级单相交流电源防雷器		OBO VF 230 - AC 浪涌保护器为用于工程控制系统、信号流回路、输电干线系统以及计算机系统的过压保护组件。VF 系列浪涌保护器保护电路中的压敏电阻，可在 FKA 的最大限制放电电流下，确保很低的保护水平。该电路包括气体放电管和氧化锌压敏电阻器，由热熔丝监控，当防雷器内置器件发生老化超载时，内置断路器会立即切断电路，绿色状态指示灯熄灭。如带有远程信号报警装置 (FS) 类型的保护装置会启动浮动转换接点
4	防雷插座		多功能防雷插座能很好地抑制浪涌产生，其防雷组件是采用新技术、新工艺精心研发的电源防雷专用产品，具有强大的两级三线防感应雷击功能、高效电源浪涌保护、防雷冲击通流容量大、残留电压低、反应时间快和应用领域广及安全可靠等特点，产品符合 IEC 国际标准和我国国家标准
5	三相电源防雷箱		TBX 系列是按 SPD I 级分类试验要求设计的一体化复合型三相电源防雷箱，可用于电源线路的负载设备第一级防护，防止低压设备受到过电压干扰甚至直击雷破坏，应用于防雷分区 LPZ0A - 2 界面； TCX 系列是按 SPD II 级分类试验要求设计的一体化复合型三相电源防雷箱，可用于电源线路的负载设备第二级防护，防止低压设备受到过电压干扰甚至直击雷破坏，应用于防雷分区 LPZ0B - 2 界面

第五节 内、外线电力线路安装技术标准

一、室内线路标准

室内线路安装要求见表7—23～表7—31。

表7—23　　　　　　　　接户线对地最小距离　　　　　　　　　（m）

接户线电压		最小距离
高压接户线		4
低压接户线	一般	2.5
	跨越通车街道	6
	跨越通车困难行道、人行道	3.5
	跨越胡同（里、弄、巷）	3

表7—24　　　低压接户线（绝缘线）与建筑物、弱电线路的最小距离

敷设方式		最小允许距离（mm）
水平敷设	距阳台平台屋顶的垂直距离	
	距下方窗户的垂直距离	2 500
	距上方窗户的垂直距离	300
	距下方弱电线路交叉距离	800
	距上方弱电线路交叉距离	750
	垂直敷设时至阳台、窗户的水平距离	50
	沿墙或构架敷设时至墙、构架的距离	

表7—25　低压接户线的线间距离

架设方式	档距（m）	线间距离（cm）
自电杆上引下	≤25	15
	>25	20
沿墙敷设	≤6 及以下	10
	>6 以上	15

表7—26　导线间的最小距离

固定点间距（m）	导线最小间距（mm）	
	屋内布线	屋外布线
≤1.5	35	100
1.6～3	50	100
3.1～6	70	100
>6	100	150

注：不包括户外杆塔及地下电缆线路。

表7—27　　　　　　　　导线的最大固定间距

敷设方式	导线截面积（mm^2）	最大间距（mm）
瓷（塑料）夹布线	1～4	600
	6～10	800
鼓形（针式）绝缘子布线	1～4	1 500
	6～10	2 000
	10～25	3 000
直敷布线	≤6	200

表 7—28　　　　　　　　　　绝缘导线至建筑物的最小间距

布线方式	最小间距（mm）
水平敷设时的垂直间距	
在阳台上、平台上和跨越建筑物屋顶	2 500
在窗户上	300
在窗户下	800
垂直敷设时至阳台、窗户的水平间距	600
导线至墙壁和构架的间距（挑檐下除外）	35

表 7—29　　　　　　　　　明敷管线固定点间的最大间距　　　　　　　　（m）

管类	标称管径（mm）				
	15～20	25～32	40	50	63～100
水煤气钢管	1.5	2	2	2.5	3.5
电线管	1	1.5	2	2	
塑料管	1	1.5	1.5	2	2

注：钢管和塑料管的管径指内径，电线管的管径指外径。

表 7—30　　　　　　　　单芯橡皮、塑料绝缘导线穿管管径表

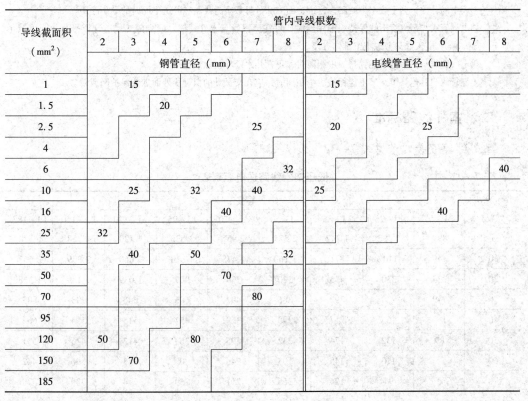

导线截面积（mm²）	管内导线根数												
	2	3	4	5	6	7	8	2	3	4	5	6	7	8
	钢管直径（mm）							电线管直径（mm）						
1		15							15					
1.5			20							20				
2.5				25					20			25		
4														
6						32								40
10		25		32		40			25				40	
16				40										
25	32													
35		40		50		32								
50				70										
70					80									
95														
120	50			80										
150		70												
185														

表7—31 屋内电气管线和电缆与其他管道之间的最小净距 （m）

敷设方式	管线及设备名称	管线	电缆	绝缘导线	裸导（母）线	滑触线	插接式母线	配电设备
平行	煤气管	0.1	0.5	1.0	1.5	1.5	1.5	1.5
	乙炔管	0.1	1.0	1.0	2.0	3.0	3.0	3.0
	氧气管	0.1	0.5	0.5	1.5	1.5	1.5	1.5
	蒸汽管	1.0/0.5	1.0/0.5	1.0/0.5	1.5	1.5	1.0/0.5	0.5
	热水管	0.3/0.2	0.5	0.3/0.2	1.5	1.5	0.3/0.2	0.1
	通风管		0.5	0.1	1.5	1.5	0.1	0.1
	上下水管	0.1	0.5	0.1	1.5	1.5	0.1	0.1
	压缩空气管		0.5	0.1	1.5	1.5	0.1	0.1
	工艺设备				1.5	1.5		
交叉	煤气管	0.1	0.3	0.3	0.5	0.5	0.5	
	乙炔管	0.1	0.5	0.5	0.5	0.5	0.5	
	氧气管	0.1	0.3	0.3	0.5	0.5	0.5	
	蒸汽管	0.3	0.3	0.3	0.5	0.5	0.3	
	热水管	0.1	0.1	0.1	0.5	0.5	0.1	
	通风管		0.1	0.1	0.5	0.5	0.1	
	上下水管		0.1	0.1	0.5	0.5	0.1	
	压缩空气管		0.1	0.1	0.5	0.5	0.1	
	工艺设备				1.5	1.5		

注 ①表中的分数，分子数字为线路在管道上面时和分母数字为线路在管道下面时的最小净距。

②电气管线与蒸汽管不能保持表中距离时，可在蒸汽管与电气管线之间加隔热层，这样平行净距可减至 0.2 m，交叉处只考虑施工维修方便。

③电气管线与热水管不能保持表中距离时，可在热水管外包隔热层。

④裸母线与其他管道交叉不能保持表中距离时，应在交叉处的裸母线外面加装保护网或罩。

二、室外线路标准

室外线路安装要求见表7—32 ~ 表7—33。

表7—32 低压架空线路送电距离表 （m）

送电功率（kW）	导线型号								
	LJ－16	LJ－25	LJ－35	LJ－50	LJ－70	LJ－95	LJ－120	LJ－150	LJ－185
5	899	1 322	1 742	2 321	2 957	3 636	4 120	4 758	5 314
10	149	661	871	1 160	1 478	1 818	2 060	2 379	2 657
20	224	330	435	580	739	909	1 039	1 189	1 328
30	149	220	290	386	492	606	686	793	885
40	112	165	217	290	369	454	515	594	664
50	89	132	174	232	295	363	412	475	531
60		110	145	193	246	303	343	396	442
70		94	124	165	211	259	294	339	379

送电功率	导线型号								
（kW）	LJ－16	LJ－25	LJ－35	LJ－50	LJ－70	LJ－95	LJ－120	LJ－150	LJ－185
80			108	145	184	227	257	297	332
90			96	128	164	202	228	264	295
100				116	147	181	206	237	265

注：本表按允许电压降 -7%、首端电压 380 V、$\cos\varphi = 0.8$、线间距离 0.6 m 计算编制。

表 7—33 　　　　　　　　　　**经济电流密度** 　　　　　　　　　（A/mm²）

导线材料	最大负荷利用小时（h）		
	3 000 以下	3 000～5 000	5 000 以上
铝绞线	1.65	1.15	0.90
铜绞线	3.00	2.25	1.75

按经济电流密度要求，不同导线截面各电压等级经济输送容量见表 7—34。表中电流按下式求得：

$$I = \frac{P}{\sqrt{3}U\cos\varphi}(A)$$

表 7—34 　　　　　　　**铝绞线、钢芯铝绞线经济输送容量** 　　　　　　　（MW）

导线截面积（mm²）	最大负荷利用小时（h）											
	3 000 以下				3 000～5 000				5 000 以上			
	电流（A）	电压（kV）			电流（A）	电压（kV）			电流（A）	电压（kV）		
		0.38	10	35		0.38	10	35		0.38	10	35
16	26.4	0.017	0.456	—	18.4	0.012	0.318	—	13.5	0.009	0.249	—
25	41.3	0.028	0.715	—	28.8	0.019	0.496	—	22.8	0.015	0.388	—
35	57.7	0.038	1.000	3.500	40.2	0.026	0.695	2.43	31.5	0.021	0.544	1.915
50	82.5	0.054	1.430	5.000	57.5	0.038	0.995	3.48	45	0.030	0.778	2.720
70	115.5	—	2.000	6.950	80.5	—	1.395	4.86	63	—	1.09	3.670
95	157	—	2.700	9.480	109.3	—	1.890	6.60	85.4	—	1.48	5.160
120	198	—	3.430	11.900	138	—	2.390	8.35	108	—	1.87	6.530
150	247.5	—	—	14.900	172.5	—	—	10.40	134	—	—	8.140

按机械强度校验导线截面积见表 7—35。

表 7—35 　　　　　　　　　　**导线允许最小截面积** 　　　　　　　　（mm²）

导线材料	0.38 kV	10 kV		35 kV
		居民区	非居民区	
铝及铝合金线	16	35	25	35
钢芯铝绞线	16	25	16	35
铜线	直径 3.2 mm	16	16	—

表 7—36   环境温度对载流量的校正系数

裸导线

导线材料	环境温度（℃）							
	5	10	15	20	25	30	35	40
铜	1.17	1.13	1.09	1.04	1	0.95	0.90	0.85
铝	1.145	1.11	1.075	1.038	1	0.96	0.92	0.88

绝缘导线

导线工作温度（℃）	环境温度（℃）							
	5	10	15	20	25	30	35	40
80	1.17	1.13	1.09	1.04	1	0.954	0.905	0.853
65	1.22	1.17	1.12	1.06	1	0.935	0.865	0.791
60	1.25	1.20	1.13	1.07	1	0.926	0.845	0.756
50	1.34	1.26	1.18	1.09	1	0.895	0.775	0.663

表 7—37   架空线路导线间的最小距离   （m）

导线排列方式	档距（m）							
	40 及以下	50	60	70	80	90	100	200
用悬式绝缘子的 35 kV 线路导线水平排列	—	—	—	1.5	1.5	1.75	1.75	2.0
用悬式绝缘子的 35 kV 线路导线垂直排列 用针式绝缘子或瓷横担的 35 kV 线路，不论导线排列形式	—	1.0	1.25	1.25	1.5	1.5	1.75	1.75
用针式绝缘子或瓷横担的 6~10 kV 线路，不论导线排列形式	0.6	0.65	0.7	0.75	0.85	0.9	1.0	1.15
用针式绝缘子的 1 kV 以下线路，不论导线排列形式	0.3	0.4	0.45	0.5	—	—	—	—

表 7—38   同杆架设 10 kV 及以下线路横担间最小垂直距离   （m）

横担间导线排列方式	直线杆	分支或转角杆
6~10 kV 与 6~10 kV	0.80	0.45/0.60
6~10 kV 与 1 kV 以下	1.20	1.00
1 kV 与 1 kV 以下	0.60	0.30
1 kV 以下与弱电	1.20	—

注：表中 0.45/0.60 是指转角或分支线横担上面的横担取 0.45 m，距下面的横担取 0.60 m。

表 7—39   380/220 V 低压架空线路的常用档距

导线水平间距（mm）	300			400	
档距（m）	25	30	40	50	60
适用范围	1）城镇闹市街道 2）城镇、农村居民点 3）乡镇企业内部	1）城镇非闹市区 2）城镇工厂区 3）居民点外围		1）城镇工厂区 2）居民点外围 3）田间	

表 7—40　　　　　　　　　导线与地面（或水面）的最小距离　　　　　（m）

线路经过地区	线路电压（kV）		
	1 以下	10	35
居民区	6	6.5	7
非居民区	5	5.5	6
不能通航或浮运的河、湖（至冬季水面）	5	5	—
不能通航或浮运的河、湖（至 50 年一遇的洪水水面）	3	3	—
交通困难地区	4	4.5	5

表 7—41　　　　　　　　　　导线与树木的最小距离　　　　　　　　（m）

线路电压（kV）	1 以下	10	35
垂直距离	1.0	1.5	4.0
水平距离	1.0	2.0	—

表 7—42　　　　　　　　　　导线与建筑物的最小距离　　　　　　　（m）

线路电压（kV）	1 以下	10	35
垂直距离	2.5	3.0	4.0
水平距离	1.0	1.5	3.0

表 7—43　　　　　　　　　架空线路与工业设施的最小距离　　　　　（m）

项目				线路电压（kV）		
				1 以下	10	35
铁路	标准轨距	垂直距离	至轨顶面	7.5	7.5	7.5
			至承力索或接触线	3.0	3.0	3.0
		水平距离	电杆外缘至轨道中心　交叉平行	5.0　杆高加 3.0		
	窄轨	垂直距离	至轨顶面	6.0	6.0	7.5
			至承力索或接触面	3.0	3.0	3.0
		水平距离	电杆外缘至轨道中心　交叉平行	5.0　杆高加 3.0		
道路		垂直距离		6.0	7.0	7.0
		水平距离（电杆至道路边缘）		0.5	0.5	0.5
通航河流	垂直距离	至 50 年一遇洪水位		6.0	6.0	6.0
		至最高航行水位的最高桅顶		1.0	1.5	2.0
	水平距离	边导线至河岸上缘		最高杆（塔）高		
弱电线路		垂直距离		1.0	2.0	3.0
		水平距离（两线路边导线间）		1.0	2.0	4.0

项　　目			线路电压（kV）		
			1 以下	10	35
电力线路	1 kV 以下	垂直距离	1	2	3
		水平距离（两线路边导线间）	2.5	2.5	5.0
	10 kV	垂直距离	2	2	3
		水平距离（两线路边导线间）	2.5	2.5	5.0
	35 kV	垂直距离	3	3	3
		水平距离（两线路边导线间）	5.0	5.0	5.0
特殊管道	垂直距离	电力线在上方	1.5	3.0	3.0
		电力线在下方	1.5	—	—
	水平距离（边导线至管道）		1.5	2.0	4.0
索道	垂直距离	电力线在上方	1.5	2.0	3.0
		电力线在下方	1.5	2.0	3.0
	水平距离（边导线至管道）		1.5	2.0	4.0

第六节　相关知识

一、机电设备拆装知识

1. 电动机的拆卸和装配

电动机在检修和保养时，经常需要拆装。拆装前，应预先在线头、端盖、刷握等处做好标记，以便于修复后的装配。在拆卸过程中，应同时进行检查和测量，并做好记录。

（1）三相异步电动机的拆卸和装配

1）拆卸步骤　可按下列步骤进行：

①拆开端接头，拆绕线式电动机时，应抬起或提出电刷，拆卸刷架。

②拆卸传动带轮或联轴器。

③拆卸风扇和风罩。

④拆卸轴承盖和端盖。

⑤抽出或吊出转子。

2）主要零部件的拆卸

①传动带轮或联轴器的拆卸　把传动带轮或联轴器上的定位螺栓或销子松脱取下，用两爪或三爪拉具，如图7—33所示，将传动带轮或联轴

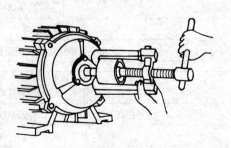

图7—33　用拉具拆卸轴承

器慢慢拉出。

②刷架、风扇叶和风罩的拆卸　先松开刷架弹簧，抬起刷握卸下电刷，然后取下刷架。拆卸时应做好标记。

③轴承盖和端盖的拆卸　把轴承的外盖螺栓松下，拆下轴承外盖，松开端盖的紧固螺栓，用锤子轻轻地敲打四周（不可直接敲打，须衬以木垫），把端盖取下。

④抽出转子　小型电机的转子，可以连同后端盖一起取下，抽出转子时，应小心缓慢。对于大型电动机，转子较重，用起重设备将转子吊出，如图7—34所示。

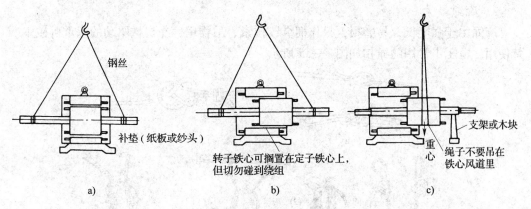

图7—34　用起重设备吊出转子

3）装配　可按拆卸的相反顺序进行。在装配端盖时，可用木锤均匀敲击端盖四周，电动机装配完毕后，用手转动电动机转子，应转动灵活、均匀、无停滞或偏重现象。

（2）直流电动机的拆卸和装配

1）拆除电动机的所有接线，并做好线号标记。

2）拆除换向器端的端盖螺钉和轴承端盖螺钉，取下轴承外盖，做好记号。

3）打开端盖的通风窗，从刷握中取出电刷并做好接线标记。

4）拆卸换向器端的端盖，在端盖四周轻轻敲打，记下刷架位置后取出刷架。

5）将电枢连同端盖从定子内小心地抽出，不能碰伤绕组。

6）拆除轴承盖螺栓，检查轴承，只能在轴承损坏时方可取下更换，否则不要拆轴承。

直流电动机的装配，可按拆卸的反顺序进行。

2. 其他设备拆卸和装配的注意事项

电气设备中有许多较复杂的机械传动部分，如断路器、继电器等。在维修这些设备时，必须进行拆卸和装配。在进行这些设备的拆、装时，应注意以下几点：拆卸比较复杂的机构时，应做好标记，以便于复原；将设备的外部连线做好标记才能拆除；需要敲打时，必须垫上木块轻轻敲打，以免损坏设备；熟悉设备的装配图对顺利拆装设备具有指导意义。

二、设备起运吊装知识

大型设备往往采用专门的起重工具进行吊装，这里仅介绍简易起重工具及搬运工具的使用。

1. 千斤顶

千斤顶是一种手动的小型起重和顶压工具，常用的有螺旋千斤顶（LQ 型）和液压千斤顶（YQ 型）两种。

2. 滑轮

又叫葫芦，用来起重或迁移各种设备或部件。它的起重量为 0.5 ~ 20 t，起重高度在 5 m 以下。

3. 麻绳

麻绳由于强度低，易磨损，只作捆绑、拉索、吊物用，在机械驱动的起重机械中严禁使用。电工中常用的绳扣如图 7—35 所示。

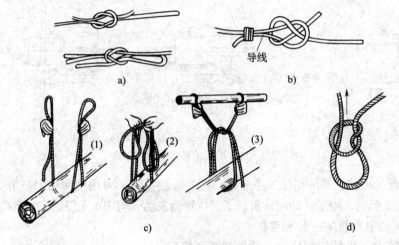

图 7—35　绳扣

a) 直扣和活扣　b) 腰绳扣　c) 抬扣　d) 吊物扣

4. 钢丝绳

广泛用于各种起重、提升和牵引设备。钢丝绳的扣结方法如图 7—36 所示。

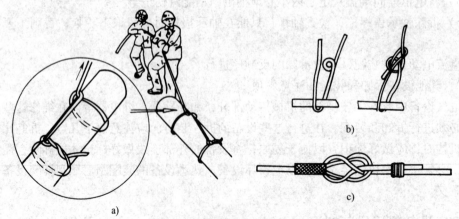

图 7—36　钢丝绳扣结方法

a) 倒背扣　b) 钢丝绳扣　c) 钢丝绳与钢丝绳套连接扣

第七节　生产技术管理

一、车间生产管理的基本内容

生产管理是对企业产品生产的计划、组织与控制。加强生产管理，合理组织生产过程，正确确定各个生产单位的生产任务，做好日常生产活动的协调和控制，搞好生产现场管理，不仅可以保证生产的顺利进行，而且是合理利用企业资源，提高经济效益，实现经营目标的重要保证。车间生产管理的基本内容如下：

1. 生产过程组织

生产过程是以生产某种产品的准备工作开始，直至把它生产出来的全部过程。工序是组成生产过程的基本单位。组织生产过程，就是对生产的各个阶段和各个工序进行合理安排，组织好它们之间的配合，使其成为有机的整体。合理组织生产过程的目的是要使产品在生产过程中行程最短，时间最省，耗费最少。

2. 生产计划管理

生产计划是实现生产目标的行动纲领。它规定着企业年度（月份）内应该生产的产品品种、质量、产量、产值等一系列生产指标。编制生产计划一般可分为两大步骤：一是调查研究，收集资料。包括企业长期规划、市场预测及有关的方针、政策。二是对生产指标做综合平衡工作。生产作业计划是生产计划的具体执行计划，它把生产计划所规定的任务进一步具体化，按照月、周、日以至小时，把生产任务合理分配到各工段、小组和个人。它是组织和指导日常生产活动的行动计划。

3. 生产作业控制

生产计划和生产作业计划对日常生产活动虽已作了具体的安排，但在计划执行中，还会出现一些新的情况和问题，需要及时监督和检查，发现偏差，加以调整，这就是生产作业控制的工作内容。生产作业控制的程序，大致分为以下三步：

（1）确定生产作业控制标准　即制订生产计划、生产作业计划等。

（2）检查执行结果并与标准比较　掌握产生偏差的信息。

（3）采取纠正偏差的措施。

4. 生产现场管理

生产现场是从事产品生产制造和提供生产服务的场所。生产现场管理就是用科学的管理制度和方法，对生产现场的各种生产要素，包括人（操作者和管理人员）、机（设备、工具）、料（原材料）、能（煤、电、水、汽）、法（加工、检测方法）、环（环境）、信（信息）等，通过计划、组织、协调、控制和激励等管理职能，使其达到合理配置和优化组合，处于良好状态，保持正常运行。生产现场管理是基础性、综合性管理，其内容是多方面的，可以概括为如下几个方面内容：

（1）作业管理　运用科学的方法和手段，对现场的各种作业进行分析研究，消除不合理因素，提高生产的效率和效益。

（2）物流管理　即对生产现场的物流活动（包括从原材料购进、入库、投入生产、直至加工为成品全过程的搬运、储存保管等活动）进行计划、组织和控制工作。其任务是要较好地发挥物流的功能，使物流活动处于最佳状态。

（3）文明生产与定置管理　所谓文明生产，就是指在生产现场管理中，按照现代工业生产的客观要求，使生产现场保持良好的生产环境和生产秩序。定置管理主要是研究作为生产过程主要要素的人、物、场所三者的相互关系，通过运用调整生产现场的物品放置位置，处理好人与物、人与场所、物与场所的关系，把与生产现场无关的物品清除掉，把生产现场所需要的物品放在规定的位置，实现生产现场的秩序化、文明化。

5. 生产现场质量管理

是指生产第一线的质量管理。其内容主要包括：树立质量意识、建立现场质量保证体系等。

6. 生产现场设备管理

针对生产现场的设备运行特点，有效地加强设备管理，保持机器设备良好的技术状态，保证生产的正常秩序。

7. 生产现场劳动组织优化与班组建设

生产现场劳动组织优化，就是通过合理配置劳动力资源，使人尽其才、物尽其用，不断提高劳动生产率。班组建设是指采取一定的组织方式和活动方式，通过思想建设、组织建设和业务建设，全面提高班组人员政治、文化、业务、技术素质。

8. 岗位责任制

就是把企业对国家的承包任务和企业的经营目标，按责权利相结合的原则，层层分解，落实到每个岗位上。它规定每个岗位应当干什么、怎么干、什么时间干、应达到什么标准、如何考核和奖惩等。

二、专业技术管理的基本内容

专业技术管理是指在企业的生产经营过程中各种科学技术活动的管理工作。它包括新技术开发与技术引进、技术改造、设备管理和价值工程。本书主要介绍设备管理方面的内容。

1. 设备的综合管理

又称设备全面管理（简称 TPM）。所谓设备综合管理，是以设备的整个寿命周期为研究对象，以设备寿命周期费用最经济为目的，动员全体员工参加，讲究全效率的综合性的管理。

2. 设备的选择和评价

正确选择设备，是设备综合管理的第一个重要环节。选择设备的总原则，是按照企业生产和技术上目前与将来发展的需求，做到技术上先进，经济上合理。评价设备主要从这几个方面考虑：设备的生产效率、保证产品质量的程度、能源和原材料的消耗、使用寿命、维修的难易程度、灵活性、安全性和环保性、配套性以及投资效果。

3. 设备的合理使用与维修

（1）设备的合理使用　设备的合理使用包括以下几个方面工作：

1）恰当地安排加工任务和工作负荷。

2）为设备配备具有相应熟练程度和技术水平的操作者。

3）制定严格的使用与维护制度。

4）为设备创造良好的工作条件。

5）经常对职员进行正确使用与爱护设备的宣传教育。

（2）设备的维护保养和修理

1）设备的日常维护和检查　这是使设备处于良好技术状态的基础。其目的是减缓设备磨损程度，防止设备异常损坏，延长使用寿命。

2）设备的修理　设备的修理是通过更换或修复已磨损、腐蚀、老化的零、部件，使设备的效能得到恢复。一般分为小修、中修和大修。在进行设备修理时，为了加快修理，减少停工时间，有几种比较好的组织方法：

①部件修理法　将需修理的部件拆下，换上事先准备好的同类部件。

②部分修理法　把设备分成几个独立部分，按顺序分别进行修理，每次只修理其中一部分。这种方法适用于大型的、构造上具有相对独立性的设备。

③同步修理法　将在工艺上相互紧密联系的数台设备，在同一时间内安排修理。

（3）设备维修制度　现行的设备维修制度主要有下列几种：

1）有计划的预防修理制度　根据设备的修理周期对设备进行有计划的预防修理。

2）强制保养制度　把设备分成若干等级，如例行保养、一级保养、二级保养等，分别定出各级维修保养的具体内容、要求和执行者。

3）生产性维修制度　它是根据设备的重要程度不同，采用不同的维修方式。对重点设备，实行这种制度进行预防修理；对一般设备，采取事后修理。

4. 设备更新

这是指用新的设备去更换陈旧的、不能继续使用，或者虽可断续使用，但在经济上不合理的设备。

第 **4** 部分

中级电工技能要求

第八章 中级电工内、外线安装操作技能

第一节 照明线路与动力线路安装

一、组织室内外照明线路与动力线路安装工程

1. 安装容量为 3 kW 的室内照明工程

（1）施工前准备工作

1）识图 首先弄懂图上标注的各种符号，弄清图纸上所提的技术要求，理解对配线的要求。

2）备料 根据图纸要求及现场情况估料，估料时应逐条线路进行。

（2）施工步骤

1）确定线路走向及安装部位 走向线是线路敷设的依据，必须按施工图标划（当工程量较小，没有施工图时，应按线路敷设的基本要求——正规、合理、安全、可靠来标划）。同时，标出灯具、开关及导线支持点的位置。在一个直线段内，支持点间应保持等距。转角前后两个支持点应对称。划出的线要细并易于擦掉。线路的高度和排列方式应符合技术条件规定。

2）錾孔 支持物的安装孔采用锤子錾孔或冲击钻钻孔，不准报废移位重錾，孔应垂直于建筑面。

3）支持物安装 若为木屋架可用木螺丝固定管卡；若为钢屋架，则用鱼尾螺栓穿过钢屋架下弦来固定。

4）导线敷设 参见第四章第一节有关内容。

5）灯具安装。

6）线路检查和试运行 线路安装完毕应巡检一次，检查线路的走向、位置排列是否符合图纸的规格要求，安装质量是否牢固可靠，经检查确认无误后，用 500 V 兆欧表进行分段线路绝缘电阻测量，测量方法是：将所有刀闸和用电电器断掉，分段进行，先测量两根导线间的绝缘电阻，再测导线对地绝缘电阻，要求相与相间不低于 0.38 MΩ，相与地间不低于 0.22 MΩ。合格后，进行冲击合闸（合闸后立即切断）的通电试验，以考核线路的绝缘性能是否良好。冲击合闸无故障后，将用电设备接入，正式合闸试送电，检查各用电设备是否运行正常。

2. 进户装置及配电板的安装方法

（1）进户装置的安装 进户装置是户内外线路的衔接装置，是低压用户内部线路的电源引接点。进户装置通常由进户杆或角钢支架上装瓷瓶、进户线和进户管等部分

组成。

1）安装进户杆　进户杆如图 8—1a 所示，角钢支架如图 8—1b 所示。

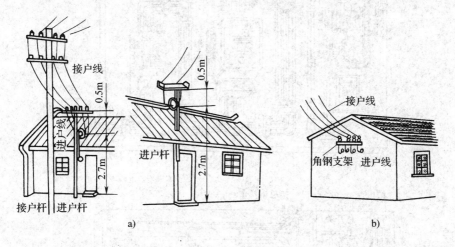

图 8—1　安装进户装置

a）进户杆装置　b）角钢支架加装瓷瓶装置

2）进户线安装

①进户线必须采用绝缘良好的铜芯或铝芯绝缘导线。铜芯线截面积不小于 2.5 mm^2，铝芯线截面积不小于 2.5 mm^2，进户线中间不准有接头。

②进户线穿墙时，应套上瓷管、钢管或塑料管。

③进户线在安装时应有足够的高度，一般离地面 2.7 m。

3）进户管的安装　进户管的管径按进户线的数量和截面决定，管内导线的总截面不大于管子有效截面 40%，最小管径不应小于 15 mm。进户瓷管必须每线一根，户外的一端弯头朝下或稍低（防雨）。进户钢管须用白铁管或涂漆的黑铁管，两端应装护圈，户外一端必须有防雨弯头，进户线必须全部穿于一根钢管内。

（2）配电板的安装　一般将总熔丝盒装于进户管的墙上，而将电流互感器、电能表、控制开关、保护电器均安装在同一块配电板上。如图 8—2 所示。

二、安装 10 kV 带转角杆、中间杆的架空线路

转角杆与终端杆的安装类似，它们都是承力杆，应该在相应承力反方向制作接线。转角杆一般有两根接线。参见第二章第五节内容。

三、接地装置的制作与测量

电气设备的外壳与大地做良好的电气连接称为接地。埋入地中直接与大地接触的金属导体或金属导体组叫作接地体。电气设备的接地部位与接地体之间连接用的金属导线叫接地线。接地体与接地线合称接地装置。

人工接地装置安装通常包括接地体制作、弹线定位、挖坑开槽、装接地极、防腐处理等基本环节，工艺流程如图 8—3 所示。

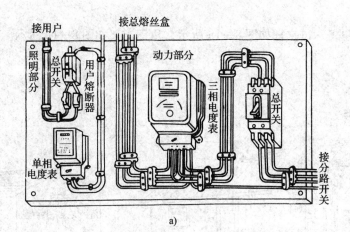

a)

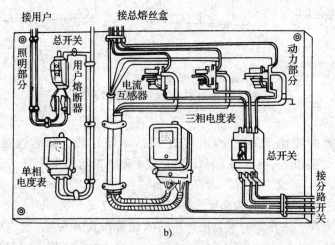

b)

图 8—2　配电板的安装

a）小容量配电板　b）大容量配电板

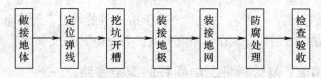

图 8—3　人工接地装置安装工艺流程

1. 安装垂直接地体

以室内接地体的安装为例学习垂直接地体的安装过程和工艺要求。室内接地体安装示意如图 8—4 所示。

1）制作垂直接地体　垂直安装接地体通常用角钢或钢管制成。根据设计要求的数量、材料规格进行加工，加工长度一般为 2～3 m，下端加工成尖形。用角钢制作的，尖点应在角钢的钢脊上，且两个斜边要对称；用钢管制作的，要单边斜削保持一个尖点；凡用螺钉连接的接地体，应先钻好螺钉孔。为便于连接，要在接地体的上端做成如图 8—5 所示的结构。

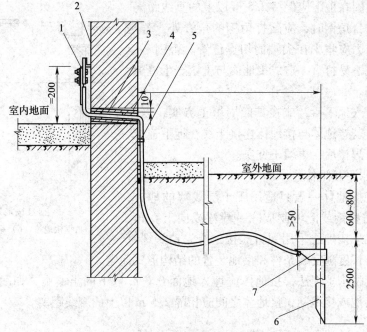

图8—4　室内接地体安装示意图

1—接地端子　2—墙壁　3—塑料套管　4—建筑密封膏

5—固定点　6—室内接地体（极）　7—接地线

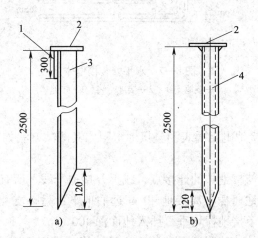

图8—5　垂直安装接地体的制作

a）角钢顶端装连接板　b）钢管顶端装连接板

1—加固镀锌角钢　2—镀锌扁钢　3—镀锌角钢　4—镀锌钢管

2）根据设计图样要求对接地装置的线路进行测量、弹线。

3）在确定的线路上挖掘深度为0.8 m，宽度为0.5 m的沟。为防止沙石下落，确保施工安全，所挖沟槽上部应略宽些。

4）安装垂直接地体　采用打桩法将接地体打入地下，接地体应与地面垂直，不可歪斜，如图8—6所示。打入地面的有效深度应不小于2 m。多极接地或接地网的接地体与接地体之间在地下应保持2.5 m以上的直线距离。

用锤子敲打角钢时，应敲打角钢的角脊处；若是钢管，则锤击力应集中在尖端的切点位置。否则不但打入困难，且不易打直，造成接地体与土壤产生缝隙，增加接触电阻。

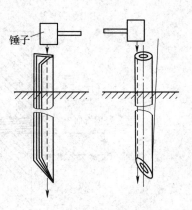

图8—6　垂直接地体的安装
a）角钢接地体　b）钢管接地体

接地体打入地下后，应在其四周填土夯实，以减小接触电阻。若接地体与接地体连接干线在地下连接，应先将其电焊焊接后，再填土夯实。

2. 安装水平接地体

水平安装接地体一般只适用于土层浅薄的地方，接地体通常用扁钢或圆钢制成。一端弯成向上直角，便于连接；如果接地线采用螺钉压接，应先钻好螺钉孔。接地体的长度随安装条件和接地装置的结构形式而定。

安装采用挖沟填埋法，接地体应埋入地面0.6 m以下的土壤中，如图8—7所示。如果是多极接地或接地网，接地体之间应相隔2.5 m以上的直线距离。

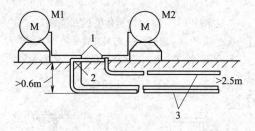

图8—7　水平安装接地体
1—接地支线　2—接地干线　3—接地体

3. 接地电阻测量

（1）用ZC-8型接地电阻摇表测量接地电阻　其测试方法如图8—8所示，步骤如下：

1）拆开接地干线与接地体的连接点，或拆开接地干线上所有接地支线的连接点。

2）将一支测量接地棒插在离接地40 m远的地下；另一支测量接地棒插在离接地体20 m远的地下，两个接地棒均垂直插入地面深400 mm。

3）将摇表放置在接地体附近平整的地方后接线。最短的连接线连接表上接线柱E和接地体；最长的一根连接线连接表上接线柱C和40 m处的接地棒；较短的一根连接线连接表上接线柱P和20 m远处的接地棒。

4）根据被测接地体接地电阻要求，调节好粗调旋钮（有三挡可调范围）。

5）以120 r/min的转速均匀摇动手柄，当表头指针偏离中心时，边摇边调节细调拨盘，直到表针居中为止。

6）以细调拨盘的位置乘以粗调定位的倍数，其结果就是被测接地体接地电阻的阻值。例如，细调拨盘的读数是0.35，粗调定位倍数是10，则被测得的接地电阻是3.5 Ω。

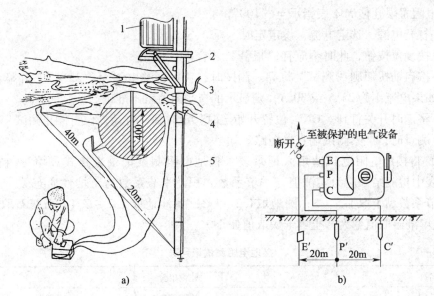

图 8—8　ZC-8 型接地电阻摇表测量接地电阻

a）现场测试接地电阻　b）测试接地电阻接线图

1—变压器　2—接地线　3—断开处　4—连接处　5—接地干线

（2）用 HF2510B 接地电阻测试仪测量接地电阻　用 HF2510B 型接地电阻测试仪测量接地电阻，本机为 220 V、50 Hz 电源供电，三线电源线必须具备地线、相线、零线。其结构如图8—9所示。

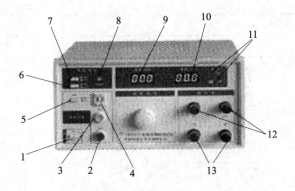

图 8—9　HF2510B 型接地电阻测试仪

1—电源开关　2—复位按钮　3—启动按钮　4—定时选择开关　5—定时按钮　6—测试电流

7—预置/测量选择开关　8—电阻置限调节端子　9—毫欧表　10—电流表

11—指示灯　12—电压测试端子　13—电流测试端子

测试方法：

1）将专用测试线分别接到电流、电压端子上，电流端接粗线，电压端接细线。

2）用测量线的红端与被测设备的机壳地端相接，黑端与跟被测设备相连的电源线的地端相接。

3）按下预置开关，过电阻置限孔设定电阻上限。例如，若 0.100 Ω 为合格上限，则调节电阻置限孔使 MΩ 表指示至"100"。

4）打开电源，选定电流，设定定时。

5）按复位按钮，此时不应有"报警"，"合格"灯亮。

6）按启动按钮则"测试"灯亮。测试时，首先调整电流至"25 A"，并显示被测阻值；如果电流不为 25 A 或 30 A，则显示的被测阻值就不准确。

7）将定时开关打到"ON"位置开始定时。定时到，自动复位，停止测试。

8）测量时，严禁测试端直接短路。

（3）将接地电阻测试值填入记录表　接地电阻测试记录表格式和填写内容见表 8—1。表中检测结果应为实测值与季节系数之积。季节系数与土壤性质有关。一般而言，季节系数黏土取 1.5 ~ 3；圆地取 1.2 ~ 1.3；黄沙地取 1.2 ~ 2.4；石灰石取 1.2 ~ 1.5。土壤潮湿取值偏大，土壤干燥取值偏小。

表 8—1　　　　　　　　　　　**接地电阻测试记录表**

工程名称			建设单位		
敷设类别			施工单位		
仪表型号			测试环境温度		
接地类别	设计值（Ω）	实测值（Ω）	季节系数	检测结果	备注

测试布置简图：
（应注明测试点位置方向）

检查意见：

技术负责人：　　　　质检员：　　　　测试人：　　　　年　月　日

验收意见：

专业监理工程师：　　　　　　　　　　年　月　日

（4）验收记录　接地装置安装工程质量验收记录表的填写主要包括施工单位检查评定记录和监理（建设）单位验收记录两部分。记录表格式和填写项目见表 8—2。

表 8—2　　　　　　　　　　接地装置安装工程质量验收记录表

工程名称		检验部位		项目经理	
施工单位		分包经理		专业工长	
分包单位		执行标准		施工组长	
验收项目	GB 50303—2002 相关规定			施工单位检查评定记录	监理（建设）单位验收记录
主控项目	1. 人工接地装置或利用建筑物基础钢筋的接地装置必须在地面以上按设计要求位置设测试点。 2. 测试接地装置的接地电阻值必须符合设计要求。 3. 防雷接地的人工接地装置的接地干线埋设，经人行通道处埋地深度不应小于 1 m，且应采取均压措施或在其上方铺设卵石或沥青地面。 4. 接地模块顶面埋深不应小于 0.6 m，接地模块间距不应小于模块长度的 3~5 倍。接地模块埋设基坑，一般为模块外形尺寸的 1.2~1.4 倍，且在开挖深度内详细记录地层情况。 5. 接地模块应垂直或水平就位，不应倾斜设置，保持与原土层接触良好				
一般项目	1. 当设计无要求时，接地装置顶面埋设深度不应小于 0.6 m。圆钢、角钢及钢管接地极应垂直埋入地下，间距不应小于 5 m。接地装置的焊接应采用搭接焊，搭接长度应符合下列规定： 1）扁钢与扁钢搭接为扁钢度的 2 倍，不少于三面施焊； 2）圆钢与圆钢搭接为圆钢直径的 6 倍，双面施焊； 3）圆钢与扁钢搭接为圆钢直径的 6 倍，双面施焊； 4）扁钢与钢管，扁钢与角钢焊接，紧贴角钢外侧两面，或紧贴 3/4 钢管表面，上下两侧施焊； 5）除埋设在混凝土中的焊接接头外，有防腐措施。 2. 当设计无要求时，接地装置的材料采用钢材，热浸镀锌处理，最小允许规格、尺寸应符合规定。 3. 接地模块应集中引线，用干线把接地模块并联焊接成一个环路，干线的材质与接地模块焊接点的材质应相同，钢制的采用热浸镀锌，引出线不少于 2 处				
施工单位检查评定结果	项目专业质量检查员： 　　　　　　　　　　　　　　　年　　　月　　　日				
监理（建设）单位验收结论	电气监理工程师： 　　　　　　　　　　　　　　　年　　　月　　　日				

4. 接地装置维护

接地装置的安装一般都在电气设备安装之前进行，因此在设备安装时应统一考虑，全面布局，敷设接地和接零、防雷系统。安装完毕后，便应进行统一接地、接零测量检查，并列入厂房施工和设备安装验收内容之一。由于接地系统所处位置特殊，容易受到各种恶劣环境的影响（如高温、冰冻、水流蒸汽、油污以及腐蚀气体、溶液的腐蚀和氧化），此外，还可能受机械外力的损伤，破坏原有的导电性能。因此，有必要制定出对接地装置的定期检查和及时维护的检修制度。

（1）定期检查

1）接地装置的接地电阻必须定期复测，要求工作接地每隔半年或一年复测一次，保护接地每隔一年或两年复测一次。接地电阻增大时，应及时修复，切不可勉强使用。

2）接地装置的每一个连接点，尤其是采用螺钉压接的连接点，应每隔半年或一年检查一次。连接点出现松动，必须及时拧紧。采用电焊焊接的连接点，也应定期检查焊接是否完好。

3）接地线的每个支点，应进行定期检查，发现有松动脱落的，应及时固定。

4）定期检查接地体和接地连接干线是否出现严重锈蚀，若有严重锈蚀，应及时修复或更换，不可勉强使用。

（2）常见故障的排除方法

1）连接点松散或脱落　最容易出现松脱的有移动电具的接地支线与外壳（或插头）之间的连接处、铝芯接地线的连接处、振动设备的接地连接处。发现松散或脱落时，应及时重新接好。

2）遗漏接地或接错位置　在设备进行维修或更换时，一般都要拆卸电源线头和接地线头，待重新安装设备时，往往会因疏忽而把接地线头漏接或接错位置。若发现有漏接或接错位置时，应及时纠正。

3）接地线局部的电阻增大　常见的有：连接点松散，连接点的接触面存在氧化层或其他污垢，跨接过渡线松散等。一旦发现应及时重新拧紧压接螺钉或清除氧化层及污垢并接妥。

4）接地线的截面积过小　通常由于设备容量增加后而接地线没有相应更换所引起的，接地线应按规定做相应的更换。

5）接地体的散流电阻增大　通常是由于接地体被严重腐蚀所引起的，也可能是接地体与接地干线之间的接触不良所引起的。发现后应重新更换接地体，或重新把连接处接妥。

第二节　安装15/3 t型桥式起重机

一、电路图识图

15/3 t型桥式起重机电气原理图如图8—10所示。

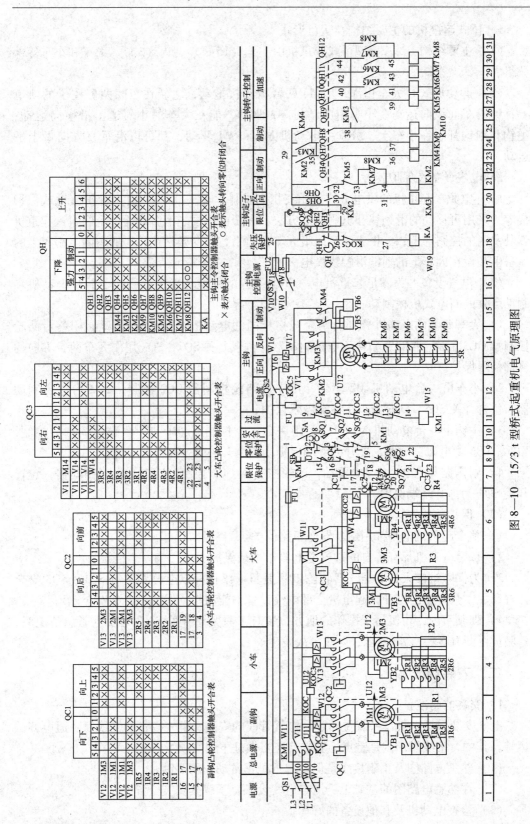

图 8—10 15/3 t 型桥式起重机电气原理图

1. 桥式起重机的主要结构及运行形式

（1）主要结构　15/3 t 型桥式起重机由主钩（15 t）、副钩（3 t）、大车和小车等部分组成。

（2）运动形式　大车由 M3 和 M4 两台电动机拖动，它装在车间两侧柱子的轨道上，可沿车间纵向运动；小车由电动机 M2 驱动，能在大车的小轨道上沿横向运动；主钩和副钩都装在小车上，分别由电动机 M5 和 M1 驱动，都可以沿垂直方向做上下运动。

2. 电气设备及保护装置

（1）电源　起重机的供电方式采用三相三线制，电压 380 V；并有保护接地或保护接零，采用可移动的滑触线和电刷供电方法。电源由三根主滑触线通过电刷引入起重机驾驶室内的控制屏上，三根主滑触线沿大车轨道平行方向敷设在厂房的一侧。小车上的设备由装设在大车上的辅助滑触线供电。

（2）电气设备　为满足起重机电气要求，各电阻机均采用绕线转子异步电动机和制动可靠的断电式机械制动。

1）大车两侧的电动机分别由两台规格相同的电动机 M3 和 M4 驱动，用一台凸轮控制器 QC3 控制。YB3、YB4 为电磁制动器，位置开关 SQ7、SQ8 用作大车两个方向的终端极限保护。

2）小车由一台电动机 M2 驱动，用一台凸轮控制器 QC2 控制，YB2 为电磁制动器，位置开关 SQ5、SQ6 为小车终端极限保护。

3）主钩由一台电动机 M5 驱动，用一台主令控制器 QH 和一台磁力控制屏控制，YB5、YB6 为电磁制动器，提升的终端保护用位置开关为 SQ9。

4）副钩提升由电动机 M1 驱动，凸轮控制器 QC1 控制，YB1 为电磁制动器，位置开关 SQ4 为提升终端保护。

（3）保护装置

1）整个起重机电路都用熔断器作短路保护。

2）每台电动机都有各自的过流继电器作过载保护。

3）为保障维修人员安全，驾驶舱口门盖及横梁栏杆以上分别装有 SQ1 ~ SQ3 安全位置开关。只要舱门打开，起重机全部电气设备不能动作，保证了人身安全。

4）驾驶室内，司机易于操作的地方，装有 1 只紧急开关 SA，当发生紧急情况时，驾驶员可断开 SA，切断电源，防止事故发生。

二、安装施工

1. 安装前的准备工作

电气安装包括电气设备就位固定、电气管线的安装、电气设备的接线以及通电调试运转。其中，接线与调试是重点。安装前应当做好下列几项工作：

（1）熟悉电路图及正确接线是保护起重机正常动作的关键。

（2）在熟悉电路图的基础上，清点电气设备，了解其安装位置。

（3）检查电动机及其他设备的好坏。

（4）准备好仪表及安装用辅助材料，常用的仪表有摇表（兆欧表）、万用表、转速表及校线器等。辅助材料有：各种螺钉、螺母、铅丝、塑料管、绝缘带、包布等。

2. 电气安装

（1）电线管路的安装　应在起重机整体吊装前进行。因为这时安装，设备还在地面。

（2）电气设备固定。

（3）管内穿线与接线　穿线与接线必须按照图纸进行，线路接好后，切忌盲目通电。应仔细检查、校对，并测量线路的绝缘电阻，绝缘电阻必须大于 3 MΩ。

三、线路调整试车

1. 通电前的检查测试内容

仔细检查有无接错线的地方，用兆欧表测量线路的绝缘电阻，其阻值必须大于 3 MΩ。整定过流继电器的动作值。

2. 通电试运行

通电后，先检查控制回路，再查主回路的正确性。最后，带负载试运行。

（1）检查控制回路

1）合闸按钮是否正常。

2）凸轮控制器零位接点接线是否正确。

3）紧急开关、过流继电器的接点是否起作用。

4）主接触器的自保是否起作用。限位开关、仓口开关的作用是否正确。

5）主令开关、凸轮控制器的控制是否正确。

（2）主回路加电试运行

1）大车主回路的调试　检查大车两台电动机的转向、转速变化是否一致。

2）主钩主回路调试　主钩是否正常上升、下降，限位开关是否起作用。

3）小车主回路是否正常。

4）空载试运行　在不吊任何重物时，将大车、小车、主钩、副钩运行一个循环，检查机械部分运行情况。

5）加负荷试运行　按规程规定要进行空载、满载、超载试吊，全部合格后才能交付使用。

第三节　交流电力驱动系统安装与维修

一、安装步骤与方法

安装电力拖动控制线路时，应该按照有关电路图或接线图进行，电力拖动控制线路包括电动机启动、制动、反转和调速等，大多采用有触点的电器，如接触器、继电器、按钮等。交流电力拖动系统的安装步骤与方法如下：

1. 按照元器件明细表备齐元器件，并检验。

2. 安装控制箱（柜或板）

（1）电器的安排　尽可能组装在一起，只有必须安装在特定位置的电器，如按钮、行程开关等，才允许分散安装在指定位置上。

（2）可接近性　所有电器必须安装在便于更换、检测方便的地方。所有接线端子，必须离地 0.2 m 以上，以便于装拆导线。

（3）间隔　安排器件必须符合规定的间隔。控制箱中裸露、无电弧的带电零件与控制箱壁板间的间隔：250 V 以下不小于 15 mm；250 ~ 500 V 不小于 25 mm。

3. 布线

（1）导线选用

1）硬线只能用在固定的不动部件之间，截面积应小于 0.5 mm^2。若在有振动或导线截面积大于 0.5 mm^2 时，必须用软线。

2）导线的绝缘必须良好。

3）导线的截面在能承受正常情况下最大稳定电流的同时，要考虑线路允许的电压损失、机械强度及与熔断器的配合。

（2）敷线方法　所有导线从一个端子到另一个端子的走线中间不得有接头。有接头的地方应加装接线盒。

（3）接线方法　所有导线的连接必须牢固，不得松动。

（4）导线的标志

1）颜色标志　保护导线（PE）用黄绿双色；中线（N）用浅蓝色；动力线用黑色；控制线用红色。

2）线号标志　导线的线号标志应与电路图和接线图符合。每根连接导线的线头上必须套上标有线号的套管。线号的编制方法如下：

①主电路　三相电源按相序自上而下编号为 L1、L2、L3；经电源开关后，在出线端子依相序依次编号为 U11、V11、W11。主电路各支路的编号，应从上至下、从左至右每经一个电气元件的接线端后，编号要递增，如 U11、V11、W11、U12、V12、W12……单台电动机的引出线按相序依次编号为 U、V、W，多台电动机按相序编号为 1U、1V、1W、2U、2V、2W……

②辅助电路　从上至下、从左至右，逐行用数字依次编号，每经一个电气元件的接线端子，编号要依次递增。控制电路从 1 开始，其他辅助电路依次递增 100 作起始数字。

4. 通电前检查

控制线路安装好后，在通电前应进行如下检查：

（1）各元件的代号、标记是否与电路图一致和齐全。

（2）各种安全保护措施是否可靠。

（3）控制电路是否满足电路图所要求的各种功能。

（4）各电气元器件安装是否正确和牢靠。

（5）各接线端子是否连接牢固。

（6）布线是否符合要求、整齐。

（7）各按钮、信号灯罩和各绝缘导线的颜色是否符合要求。

（8）电动机的安装是否符合要求。

（9）检查电气线路的绝缘电阻是否符合要求。短接主电路、辅助电路，用 500 V 兆欧表测量各部分电路间的绝缘电阻，各电路对保护电路的绝缘电阻一般不小于 1 MΩ。

5. 空载试验

检查电源符合要求后通电。通电后应先点动，然后验证各部分的工作是否正确和动作顺序是否正常。

6. 负载试验

在正常负载下连续运行，验证电气设备运行是否正确，特别要验证电源中断和恢复时是否会危及人身安全、损坏设备。同时检查各器件的温升，不得超过规定的允许温升。

二、电动机控制线路故障检修步骤与方法

电动机控制线路的故障可分为自然故障和人为故障两类。自然故障是由于在运行中过载、振动、金属屑和油污侵入等原因引起，造成电气绝缘下降，触点熔焊和接触不良，散热条件恶化，甚至发生短路或接地；人为故障一般是由于维修人员修理操作不当，不合理地更换元器件或改动线路，或安装时接线错误等原因引起。

1. 电气控制线路故障的检修步骤

（1）找出故障现象。

（2）根据现象依据电路图找到故障发生的部位或故障发生的回路，尽可能缩小故障范围。

（3）根据故障点的不同情况，采用正确的检修方法排除故障。

（4）通电空载校验或局部空载校验。

（5）正常运行。

从上述检修过程中，找出故障点是检修工作的难点和重点。

2. 电气控制线路故障的检查与分析方法

常用的检查与分析方法有：调查研究法、试验法、逻辑分析法、测量法等几种。调查研究法能帮助找出故障现象；试验法能帮助找到故障部位；逻辑分析法是缩小故障范围的有效方法；测量法是找出故障点的基本、可靠和有效的方法。

（1）调查研究法　询问设备操作人员；看外观征兆；听设备各元件运行时的声音；摸发热元件及线路的温度。

（2）试验法　在不扩大故障范围、损伤电气设备的条件下，通电进行试验。一般切断主回路进行。

（3）逻辑分析法　根据电气控制线路工作原理、控制环节的动作程序以及它们之间的联系，结合故障现象做具体的分析，判断故障所在。

（4）测量法　利用校验灯、验电笔、万用表、示波器等对线路进行带电或断电测量，是找出故障点的有效方法。

第四节　晶闸管整流电路安装

晶闸管整流电路形式与二极管整流电路类似，可参考第一章第二节及第三章第三节的内容。

一、晶闸管整流电路识图

1. 单相半控桥整流电路及单结半导体管触发电路

如图8—11所示。单结半导体管触发电路已在第六章第二节介绍过，而单相半控桥主回路与二极管整流电路形式一样，只是将其中两个二极管换成了晶闸管。

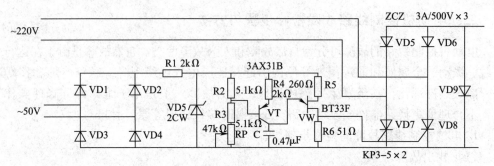

图8—11　单相半控桥整流电路及单结半导体管触发电路

2. 印制电路图

如图8—12所示。

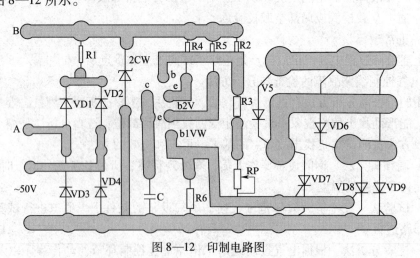

图8—12　印制电路图

二、安装注意事项

1. 主回路安装

参阅二极管单相桥式整流电路安装过程。

2. 触发电路安装

（1）先用万用表测量二极管、三极管、稳压管、单结半导体管及晶闸管器件的好坏，并判断各管脚。

（2）各半导体器件弯脚时不要靠近根部弯曲，一般弯曲部位距根部大于 5 mm。管脚不应多次弯曲，以免折断。

（3）电路安排要紧凑、清楚，相邻元件尽量排在一起，引线要短，尽量避免交叉。

（4）防止虚焊，焊接时间不要超过 5 s。焊好后要将松香擦净以防腐蚀焊点。

三、电路调试

调试原则是先调控制回路（即触发电路），再调主回路；先调弱电部分，再调强电部分；线路要按其构成分部、分片、分块送电。具体步骤如下：

1. 首先准备好调试仪器，主要是万用表和示波器。主电路负载可选用白炽灯泡。

2. 触发电路调试

（1）按电路图检查触发电路中各元器件的接线是否有误，有无虚焊、脱焊等。

（2）给触发电路通电，用示波器观察各测试点电压波形是否正确。

（3）检查各元器件工件温度是否正常。

（4）调节 RP，观察电容 C 的充电波形及脉冲波形的变化情况，观察脉冲的移相范围是否能达到 150°。

（5）检查触发脉冲的宽度和功率，一般宽度应在 5 ms 左右。

3. 主电路的调试

（1）先检查主电路各元器件的连接情况，如无误，则可接上负载，并给主电路通电（注意将触发脉冲先调到 150°处）。

（2）调节 RP，观察负载（白炽灯）的亮度变化，当白炽灯负载正常后（随 RP 的调节控制白炽灯明暗的变化），即可接入正式负载运行。

第九章　中级电工变、配电设备的维护与操作技能

第一节　10 kV 高压开关柜的大修

10 kV 高压开关柜内部设备可分为一次设备和二次设备两部分。一次设备主要有断路器、隔离开关、负荷开关、高压熔断器以及操作机构等。二次设备包括各种测量仪表、各种保护电器、按钮、转换开关、信号灯、接线端子以及二极配线等。开关柜的大修就是对上述设备的检修，其内容非常广泛。在此，择其要点作一些介绍。

一、大修工艺

1. 拆装要求

高压开关柜在停电后，就可以开始拆卸，先拆小件及次要部分，后拆大件及主要部分。对二次设备，在做好线路标记后再进行拆卸。设备的安装顺序一般与拆卸相反。

2. 隔离开关的检修

高压隔离开关大修周期一般为 3 年一次，大修内容如下：

（1）外部检查。

（2）清扫绝缘瓷瓶上的油污及灰尘。

（3）检修或更换动、静触头，清除烧蚀点及氧化物。

（4）检查弹簧装置，必要时更换。

（5）调节开关刀片并润滑传动机构，必要时解体检修传动机构。

（6）检查各连接点的接触情况及瓷瓶、母线、支架。将构架重新油漆一遍。

（7）调整试验。

3. 断路器的检修

见本章第二节。

4. 继电保护装置的检修

（1）保护继电器的外部检查项目

1）清洁外部灰尘。

2）检查封印有无变动。

3）检查继电器外壳与底座间接合与安装情况，接合应牢固，安装应端正。

4）检查继电器玻璃是否完整。

5）检查继电器的端子接线是否可靠。

（2）DL 型电流继电器内部检查项目

1）清除内部油泥，检查游丝和线圈引出线焊接质量，螺母、连接线和轴承的情况。

2）检查转轴的纵向和横向活动范围，不得大于 0.15 ~ 0.3 mm。

3）舌片不应与磁铁相碰，且上、下间隙应尽量相同。舌片活动范围为 7°左右。

4）检查刻度盘把手是否固定。

5）检查并调整触点。

（3）GL 型电流继电器内部检查项目

1）清除内部灰尘，检查各零件和螺钉的固定情况。

2）检查扇形齿轮与蜗杆中心线的啮合情况，啮合深度为扇形齿深的 1/3 ~ 2/3 处为宜。

3）检查圆盘安装位置和转动情况，圆盘与永久磁铁、圆盘与磁极的上下间隙不应小于 0.4 mm，磁极的平面与圆盘应平行。

4）检查可动衔铁和整定旋钮，可动衔铁能灵活地在轴上转动，整定旋钮能可靠地固定在任何位置。

5）检查触点的固定和清洁情况，要求触点无损伤，常开触点间距离不小于 4 mm，常闭触点间应有足够的压力。

（4）DZ 型中间继电器的内部检查项目

1）检查焊接接头的质量及螺钉、端子的情况。

2）检查各金属部件和弹簧情况。

3）检查触点，应无烧损情况，触点表面应清洁，常开触点距离 2 ~ 3 mm，常闭触点应保证可靠接触。

（5）DX 型信号继电器的内部检查项目

1）检查焊接接头质量：螺钉拧紧；各金属零部件无损坏；弹簧无变形。

2）检查衔铁和吊牌动作情况，吊牌的挂钩与衔铁卡挡的最小距离不小于 0.8 mm，吊牌不应因振动而自动脱扣。

3）检查触点应无烧坏情况，压力正常。

（6）DS 型时间继电器的内部检查项目

1）焊接接头质量良好，各螺钉应牢固，各零件完好。

2）要求衔铁活动灵活，返回弹簧正常。

3）整个走动过程应均匀，不得忽快忽慢，或有中途卡住等现象出现。

4）用手按下衔铁时，瞬时常闭触点应断开，瞬时常开触点应闭合。各触点应无损伤情况。

二、大修后的调试

1. 隔离开关的调试　调试的主要内容有：

（1）调节操作机构的扇形板上连接杠杆孔的位置和连杆的长度，使隔离开关的触刀分合到位，并将分、合闸限位螺栓调到相应的位置。

（2）调整三相触头合闸的同期性，一般可借助于调整触刀中间支撑绝缘子的高度，使不同期性不超过 3 mm。

（3）调整触刀两边压力，使接触情况符合：用0.05 mm×10 mm的塞尺检查，线接触的塞尺应塞不进去；面接触的塞尺塞入深度不超过4 mm（接触面为50 mm及其以下）或6 mm（接触面为60 mm及其以下）。

（4）隔离开关调整后，进行3~5次操作，不准有卡住或其他不正常现象。然后对传动装置进行润滑。

2. 各保护继电器的调试

（1）用1 000 V摇表测量继电器绝缘阻值，应不小于50 MΩ。

（2）DL型电流继电器电气特性的调整

1）启动电流应连续进行三次以上的重复试验，试验结果与整定值误差不超过±3%，返回系数要求为80%~90%。

2）将2~10倍守值电流通入继电器进行大电流冲击试验，应不少于三次。然后检查各部分螺钉有无松动，并再核对启动电流误差不得超过±3%。

（3）GL型电流继电器的电气特性调整　参见本章第四节有关内容。

（4）DZ型中间继电器的电气特性调整

1）启动、返回值试验的动作值应为额定电压的30%~70%。

2）对电压保持线圈的最小保持值不得大于额定值的65%，对电流保持线圈的最小保持值不大于额定值的80%。

（5）DX型信号继电器的电气特性调整

1）电压信号继电器的启动电压值应不大于70%额定电压值，不小于50%额定电压值。

2）电流信号继电器的启动电流值应不大于90%额定电流值，不小于70%额定电流值。

（6）DS型时间继电器的电气特性调整

1）直流时间继电器的启动电压值不应大于70%额定电压值；交流时间继电器的启动电压值不大于85%额定电压值。

2）在额定电压下测量继电器的动作时间，试验三次，每次测量值与整定值之最大误差不超过0.07 s。

在对所有继电器检修、调整完毕，还必须进行重复检查，拧紧全部螺钉，盖上盖子，并在外壳上加封印。

第二节　10 kV油断路器的大修

一、大修过程

以SN10-10Ⅰ型少油断路器为例，说明大修的基本程序和方法。

1. 少油断路器的拆卸、换油和检查

SN10-10Ⅰ型少油断路器原理结构图如图9—1所示。

（1）拧开放油螺钉，将断路器内油放出，放油时要注意油标中油位下降速度，以判断油路是否堵塞。

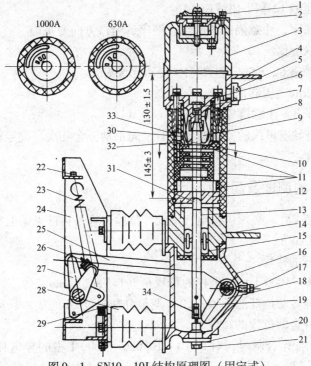

图 9—1　SN10 - 10I 结构原理图（固定式）

1—注油螺钉　2—油气分离器　3—帽子　4—上出线　5—油标　6—静触座　7—逆止螺钉
8—螺纹压圈　9—指形触头　10—弧触指　11—灭弧室　12—下压圈　13—导电杆　14—下出线座
15—滚子　16—基座　17—螺钉　18—转轴　19—连杆　20—分闸缓冲器　21—放油螺钉
22—螺母　23—分闸弹簧　24—框架　25—拉杆　26—分闸限位　27—大轴　28—绝缘子
29—合闸缓冲器　30—绝缘套筒　31—动触头　32—垫圈　33—合闸缓冲器　34—油缓冲器塞杆

（2）拆开断路器的上下出线。

（3）拆开传动轴拐臂与绝缘边杆的连接。

（4）拆开油箱的支柱绝缘子连接螺钉，取下断路器油箱。

（5）打开帽子 3，拆下静触座 6，检查弧触指及触指的烧损状况，烧损严重者应予更换。

（6）检查绝缘套筒 30，擦去表面的碳化层。

（7）拆下螺纹压圈 8，取出隔弧板和垫片，检查出烧损严重者应予更换。

（8）使断路器处于合闸位置，检查动触头烧损情况，烧损严重者应予更换。

（9）外部检查油箱焊缝无渗、漏油；所有连接胶合处的填料无脱落；瓷绝缘子无放电现象；固定螺栓无松动。

检查完毕，用清洁的变压器油将所有拆下的零部件清洗，擦干净后，按装配的顺序进行组装。

2. 断路器的组装

装配顺序如下：

（1）装上放油螺钉并拧紧。

（2）装上分闸油缓冲器 20。

（3）装上导电杆及与连杆的连接销子。

（4）装上下压圈 12 和下出线座 14。

（5）装上灭弧室，注意隔弧片的组合顺序，喷口方向要正确。

（6）装上绝缘套筒。

（7）装上静触座 6，检查逆止螺钉 7 是否已装好。

（8）注入合格的变压器油。

（9）装上帽子 3，注意排气孔的方向。

组装完毕，将导电母线的紧固螺钉拧紧，先手动分合几次，确定动作正常后，方可通电进行电动分合。

二、大修后的测试及调整

断路器大修完成后，必须进行电气试验，试验内容及标准见第七章第三节。断路器的调整内容及方法如下：

1. 调整导电杆的行程

SN10 - 10/630 - 1000 Ⅰ型导电杆的行程是（145 ±3）mm，如不符合要求，可以进行调整：（1）调整传动拉杆的长短；（2）调整分闸限位 26 的垫片数量。

2. 调整导电杆合闸位置的高度

在断路器电动操作合闸时，对 SN10 - 10/630 - 1000 Ⅰ型的导电杆上端面至上出线的上端面距离为（130 ±1.5）mm，当达不到要求时，可以调整：（1）调整传动杆的拉杆 25 的长短；（2）调整主传动杆 32 的长短。

3. 调整刚分速度

刚分速度是指断路器刚分后 0.01 s 的平均速度，可用示波器、数字显示器及电磁振荡器测量。要求刚分速度为（3 ±0.3）m/s。调整分闸弹簧 23 的松紧程度，就能改变刚分速度的大小。

4. 调整三相分闸同期性

要求三相分闸不同期性不大于 2 ms。不符合要求时，可以调整传动拉杆 25 的长度来达到。

5. 测导电回路的直流电阻

要较准确地测量回路电阻，最好用压降法，通一定的电流，然后测电压降。要求各相导电回路电阻不大于下述值：

SN10 - 10 Ⅰ型630 A 100 μΩ

        1 000 A 55 μΩ

装配时，各导电接触面一定要清洗干净，触头与导电杆以及其他紧固件一定要拧紧。

6. 调整导电杆和静触头的同心度

将静触头的固定螺栓松开，手动合闸几次，用导电杆向上插入静触头，使静触头稍作动作，达到自动调节同心度的目的，最后再拧紧固定螺栓。

7. 调整合闸弹簧缓冲器

当断路器处于合闸位置时，拐臂的终端滚子打在缓冲器上，使终端滚子距缓冲器的极限位置为 2 ~ 4 mm。

第三节　10 kV 电力电缆头及中间盒的制作

一、制作工艺

电缆在敷设后，两端必须与其他电气设备连接，而且电缆制造长度有限，还要把多根电缆相连接，它们除有良好的电气连接外，还要保证电缆的绝缘水平和密封性能不降低，以适应各种运行条件。这就是电缆终端头和中间盒的作用与任务。

电缆终端头和中间直接头常见型式有干包式、热缩式和浇注式三种，其用途和工艺见表 9—1。

表 9—1　　　　　　　　　　　常用电缆头型式和关键工艺

序号	型式	用途	特征	关键工艺
1	热缩式	可用于高低压电缆头或单芯截面大于 70 mm² 的电缆	采用手套形状的热缩头	在需要做电缆接头的电缆端部，把电缆外皮扒开，套上专用的热缩头，然后通过无端子接线的方式把每芯电缆连接，再把热缩头套管套到接头位置，利用喷灯或其他加热设备对接头部位的热缩头进行加热，使热缩附着在电缆上，形成电缆接头
2	干包式	多用于临时用电的电缆或低压电缆头其单芯截面小于 70 mm² 的电缆	采用胶布缠绕	采用高压自黏式胶布和电工胶布缠绕制作。只能明敷设，不能埋地敷设，安全性能较差
3	浇注式	高压电缆	采用环氧树脂和专用模具	采成套成品模具，安装就位后浇注环氧树脂，干燥后拆下模具，形成的浇注式电缆头

1. 户内终端头的安装、制作

（1）基本要求

①户内和电缆沟内的电缆应将麻包剥除。

②除考虑绝缘水平外，应有防潮和防止漏油的措施。

③尾线长度、锯钢甲、剖铅等尺寸应根据终端头支架位置到连接设备间的距离确定，尾线长度最少不小于 200 mm。

④当盒体下有零序电流互感器时，应将地线穿过零序互感器后再接地或将铅包加长（在互感器下锯钢甲）。

（2）尼龙头安装制作方法之一

①根据终端头支架位置，确定剥切尺寸，铅包保留长约 150 mm，喇叭口应伸入盒体内 5 mm。

②在锯钢甲后剥铅前，用喷灯将铅包烘热擦净，并在锯钢甲处焊接地线。

③套上进线套的压盖、垫圈及橡胶密封圈，然后进行剖铅及胀喇叭口。

④剥绝缘纸及包绝缘　从距喇叭口25 mm处至末端将统包纸及填料剥除；从距喇叭口150 mm（185～240 mm² 电缆为180 mm）至末端将绝缘纸全部剥除。用汽油擦除线芯上的绝缘油。撕掉喇叭口处统包纸上的炭黑纸，在每相线芯的绝缘纸上包二层油浸黑玻璃丝带。在统包纸上及喇叭口内包四层油浸黑玻璃丝带。然后在裸线芯上依次包二层聚氯乙烯带、四层干玻璃丝带，再包二层聚氯乙烯带。

⑤装上尼龙盒体，使剖铅口进入壳体底部平口上方5 mm，拧紧进线套压盖，将盒体装至预定位置，并将地线接好。

⑥浇灌沥青绝缘胶或电缆复灌油；第一次灌到壳体平口。待冷却后再从线口添加一次，直到出线口为止。

⑦套橡胶套及压接线鼻子，将三芯橡胶套套至盒盖的出线口上；弯好三相尾线；锯除多余部分，压接线鼻子。

⑧包扎密封塑料带及相包带。在橡胶套外和线鼻子处用聚氯乙烯带包扎密封。在线鼻子上用黄、绿、红三色塑料带标明相色标，其长度为80～100 mm。安装方法如图9—2所示。

上述方法防止绝缘受潮能力较好，但防止漏油性能较差。

（3）尼龙头制作安装方法之二　该方法的特点是考虑到尼龙头本身不能防止漏油，因此采用套塑料管、塑料手套及扎尼龙绳的方法来防止漏油，其制作工艺如下：

①剥切尺寸基本上同方法一，但喇叭口应伸入壳体底部平口上方约20 mm。

②锯钢甲，焊地线，套进线套压盖、垫圈及橡胶密封圈，剖铅及胀喇叭口。

③剥绝缘纸及包绝缘。基本上同方法一。

④套手套及塑料管（或耐油橡胶管）。先套塑料手套，再套塑料管，塑料管应压在塑料手套的手指上，重叠部分不小于20 mm。套管困难时可将套管浸入热油内加热后迅速套入。

⑤扎尼龙绳。在手套根部的喇叭口下（手套与铅包重叠部分）及手指上（手套与塑料管重叠部分）扎尼龙绳10～15 mm。为防止塑料手套被尼龙绳扎破和被绝缘胶烫坏，应在塑料手套上包两层塑料带，每相线芯上（全长）包一层黑色塑料带。尼龙绳的绑扎应紧密。最后将手套根部尼龙绳以下的多余部分切除。

⑥装上尼龙壳体，使喇叭口进入壳体底部平口上方约20 mm，拧紧进线套盖。将壳体装至预定位置，并将地线接好。

⑦灌沥青绝缘胶或电缆复灌油，为防止烫坏塑料手套和塑料管，灌注温度一般不应超过130°。绝缘胶冷却至60～70℃时再补灌满，然后安装盒盖及套上橡胶套。

⑧压接线鼻子及包相色标带，按需要将多余部分锯掉后，在切相绝缘纸时应将塑料管往下套。预留一定长

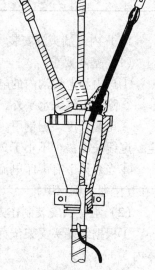

图9—2　尼龙头安装图之一

度，以使压接后再将塑料管套回线鼻子上，然后在线鼻子与塑料管的重叠部分扎
20 mm 尼龙绳，最后在线鼻子上包相色标带，标明相色标。电缆头的结构如图9—
3 所示。

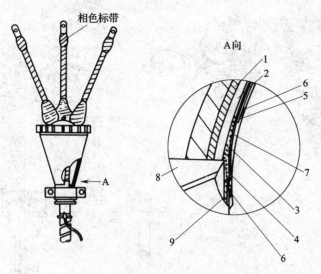

图9—3　尼龙头安装图之二
1—线芯　2—相绝缘　3—黑蜡带　4—塑料手套
5—塑料套管　6—尼龙绳　7—聚氯乙烯带　8—统包绝缘　9—铅包

2．户外鼎足式终端头的制作

鼎足式电缆头的种类较多，本书以 WDZ 型电缆头的做法为例，说明户外电缆头
的做法。WDZ 型电缆头为整体浇铸，无盒盖、盒体之分，如图9—4所示。其基本制
作工艺如下：

（1）检查终端盒　在安装制作终端头前应先检查和试装终端盒，检查有无砂眼、
裂缝和毛刺，各部件是否合套、齐全，必要时进行气密试验。将盒内充气至 2.94 Pa，
放至水中保持 5 min，无漏气现象即可。

（2）剥切尺寸　按图9—6所示尺寸进行锯钢甲、剖铅、剥切绝缘纸及锯齐线芯。
对铝芯电缆，尺寸 L_1 为 680 mm，L_2 为 450 mm，L_3 为 100 mm。

（3）预热铅包，焊接地线　在锯钢甲后剖铅前用喷灯将铅包烘热擦净，并在锯钢
甲外焊接地线。

（4）剖铅，胀喇叭口　套入铜压盖，垫圈后，进行剖铅及胀喇叭口。

（5）剥绝缘纸及包绝缘　从距喇叭口 25 mm 处至末端将统包纸及填料剥除，剥除
喇叭口处的炭黑纸，按图9—6中尺寸切去红芯绝缘纸。每相线芯上分别包三层油浸玻
璃丝带，其外再包两层聚氯乙烯带。在统包纸上包 6～8 层油浸黑玻璃丝带，再外包
3～4层聚氯乙烯带扎紧。

（6）焊接或压接线芯　用汽油棉纱将芯擦干净。将线芯和导电杆通过连接管焊好。

（7）组装终端头　将盒子套至电缆上，上紧套管，将各部件螺钉拧紧并将橡胶垫
垫好。安装前应核对相色，且不应扭伤线芯，各接口处应涂封口漆。

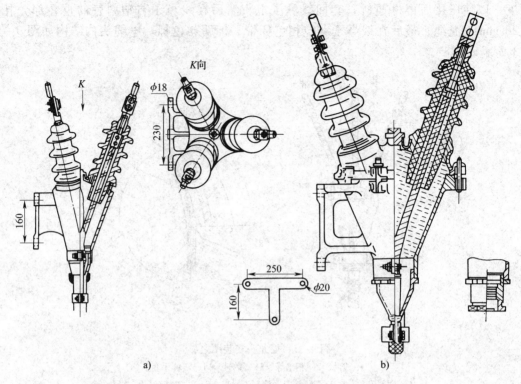

图9—4 户外电缆头

a）WDZ型 b）WD76型

（8）封铅或安装橡胶压装部件 封铅前应将灌胶口打开，用喷灯烘热电缆及铜压盖，再进行封铅。当进线口采用橡胶圈压装件封口时，则直接将螺钉拧紧，使橡胶圈紧压于铅包上，以保证进线口的密封性能。

（9）安装终端头 吊装前应装好吊线卡子，防止在安装时扭伤电缆。电缆头的安装应平正，应将接地线和避雷器地线连接。

（10）灌绝缘胶 灌胶前应先将终端头下的第一道卡箍卡紧，再将套管顶部的铜螺母、铜帽、胶垫圈取下，将三个套管拧松，将已烘热的长颈漏斗装上，进行灌胶。灌满后立即将套管拧紧，并将其顶部的橡胶垫圈、铜帽装上及拧紧螺母。待绝缘胶冷却后（60～70℃）补满绝缘胶，上紧灌胶口盖。

灌绝缘胶是制作终端头的最重要工序，应注意以下几点：

1）灌胶应采用长颈漏斗，其长度应高于瓷套管，漏斗不应太细，以免绝缘胶冷却太快而灌不满。

2）绝缘胶要加热到浇灌温度，温度太低流动性差，不易灌满。

3）灌胶前应将套管顶部的铜螺母、铜帽（或瓷帽）、胶垫等松开或取下，以便套管中的空气逸出，使套管内灌满绝缘胶。

4）当漏斗内绝缘胶灌满后应立即拧紧套管，使套管内也压入绝缘胶。

5）在组装盒体前应将内部清理干净，以保证绝缘胶能很好地黏附在盒体上。

6）为保证绝缘胶能很好地黏附在盒体上，必要时（如冬季）应将盒体加热。

为确保终端盒的安全运行，应在安装后的第一个冬季补灌一次绝缘胶。

3. 中间接头盒的制作

中间接头的工艺较终端头复杂，因其长期埋入地下，因而对其密封要求较高，常见的有铅套型和铸铁盒型两种，此处只介绍密封性能较好的铅套型，如图9—5所示。其主要工艺如下：

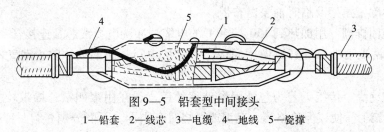

图9—5 铅套型中间接头

1—铅套 2—线芯 3—电缆 4—地线 5—瓷撑

（1）定接头中心 将接头坑铺平并铺好基础板，调直电缆，在两电缆重叠处定中心。电缆应有200 mm的重叠部分，接头两端应有不少于200 mm的直线部分，而且有一端能套入铅套。

（2）剥切电缆 按图9—6所示的剥切尺寸进行锯钢甲、剖铅、胀喇叭口、剥切炭黑纸、统包线及填料。

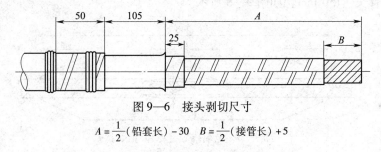

图9—6 接头剥切尺寸

$$A = \frac{1}{2}(\text{铅套长}) - 30 \quad B = \frac{1}{2}(\text{接管长}) + 5$$

（3）套入铅套 在锯钢甲后剖铅前，将电缆欲放铅套处包好临时白布，将内部已擦净的铅套套至白布上，铅套灌胶口朝下，两端用棉纱包缠堵住，防止掉入异物。

（4）包临时白布带及绑三角架，找相色标 在铅包上包两层白布带，包时应从锯钢甲处开始并在该处收尾，以便在收好铅套后易于撤除。

将三芯调直分开，在三芯中间插入木制三角架并用油浸白布带扎紧，如图9—7所示。在距三角架约30 mm处将三相线芯向中心扳弯，使两端线芯均平行、对称。找好相色标，确定接头两端对应的线芯，做好标记，将三相线芯扭正，使两芯在上，一芯在下。当折弯电缆线芯，找相色标和扭正线芯时，应特别小心，防止损伤绝缘纸。

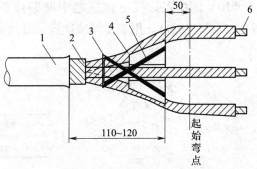

图9—7 绑三角架

1—铅包 2—统包 3—油浸白布带
4—线芯 5—三角架 6—导线

（5）锯齐电缆线芯　在将两端电缆按所定相色标摆正后，将各相对应线芯绑好，多余部分锯掉。在锯线芯前，应仔细核对三相线芯是否调直、对称、等长。

（6）剥相绝缘纸及连接电缆线芯　从线芯末端量至1/2接管长 +5 mm 处，将相绝缘纸剥除。用汽油将导线洗净，用绑线将线芯扎圆，然后将对应相的线芯插入连接管，进行压接或焊接。

（7）拆除三角架及临时油浸白布带。

（8）浇油排潮　用加热到 150～160℃ 的电缆油冲洗电缆线芯及连接管，排除潮气。浇油时应从两端喇叭口处开始向中间浇，不应从中间赶向两端，防止潮气侵入喇叭口内。

（9）包绝缘　传统工艺为包油浸黑玻璃丝带，现在用聚四氟乙烯带较多。后者绝缘强度高，施工简便，但价格高，高温或燃烧时有剧毒。下面分别介绍两种绝缘材料的包缠方法及要求。

1）包油浸黑玻璃丝带　用事先经 130～140℃ 电缆油进行过排潮处理的黑玻璃丝带，从两端统包绝缘纸切断处起始，用半重叠法在每相线芯上包三层，并将接管两端填平。然后将包绕长度缩短至连接管长 +240 mm，继续包缠油浸绝缘黑玻璃丝带，并继续均匀缩短包缠长度。当包缠厚度达 7.5 mm 时（即连接管直径 +15 mm），包缠长度缩短至连接管长 +150 mm。如图9—8所示。

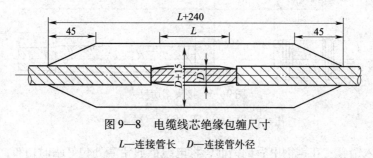

图9—8　电缆线芯绝缘包缠尺寸

L—连接管长　D—连接管外径

2）包聚四氟乙烯带　该操作方法同黑玻璃丝带，但包绕厚度减少到 4 mm（即连接管直径 +8 mm），包缠时要不断涂硅油，减少绝缘层中的空隙。

（10）绑扎瓷撑板　在三芯中间距接头中心两侧 100 mm 处各放入瓷撑板（见图9—5和图9—9）。用油浸黑玻璃丝带或油浸白布带将三芯扎紧并固定在瓷撑板上。

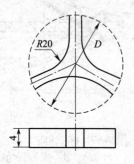

瓷撑板号	1	2	3	4
D (mm)	84	99	114	129

图9—9　瓷撑板

绑扎瓷撑板的目的是将三芯固定，使各线芯不相互碰触及防止线芯碰触铅套。

（11）排除潮气　在绝缘全部包缠好后用 150～160℃ 的电缆油浇淋，再次排除各芯上的潮气。

（12）套铅盒及封铅　将铅套移至接头位置中间，用敲棒敲打铅套，使铅套两端收缩成锥形并紧贴于铅包上。灌胶口朝上，拆除铅包上的白布带进行封铅。

（13）灌胶缘胶　将电缆两端垫平，从灌胶口进行灌胶，最后将灌胶口用封铅封口。

（14）焊接地线。

（15）安装保护盒。

二、电缆头及中间盒的测试

电缆放置完毕，须经试验合格方可投入运行，试验的内容与标准见第七章第三节。这里将讨论绝缘电阻的测试方法和直流耐压试验的技术要求。

1. 绝缘电阻的测试方法

工厂中一般采用兆欧表法。其测试步骤如下：

（1）拆除被试物的电源及一切对外连线，将被试物充分放电。

（2）将兆欧表接至被试物，并读取 15 s、60 s 时的绝缘电阻值。

（3）测试完毕后，必须将被试物充分放电。

2. 直流耐压试验与泄漏电流测量的技术要求及注意事项

（1）升压速度平稳，不能太快，不得大于 1 kV/s。

（2）升压过程时，于 0.25、0.5、0.75、1.0 倍试验电压下各停留 1 min 并读取泄漏电流。当加到额定试验电压时，应读取 1、2、3、4、5 min 的泄漏电流值。

（3）耐压试验时，按规定速度升到额定试验电压，按标准保持一定时间，然后迅速放电，先经限流电阻接地放电几分钟，然后再直接接地。

（4）试验中，一般将导线线芯接负极。测量泄漏电流的微安表可以接在低压端，也可以接在高压端。接低压端时，必须测量在试验电压下，不连接被试电缆时的杂散电流，然后将有被试电缆的泄漏电流减去这个数值。接高压端时，必须用绝缘棒进行操作。

第四节　10 kV、750 kVA 新建变电所的安装

一、电气系统图与位置图的识图

图 9—10 是该变电所的布置图。这是一个既典型又简单的变电所，它由高压配电室、变压器室和低压配电室组成。

图 9—11 为此变电所的高、低压系统图。

图 9—10、图 9—11 是进行安装的依据，看懂并熟悉图纸是安装前必须要做的内容。在熟悉图纸的基础上，才可进行安装工作。

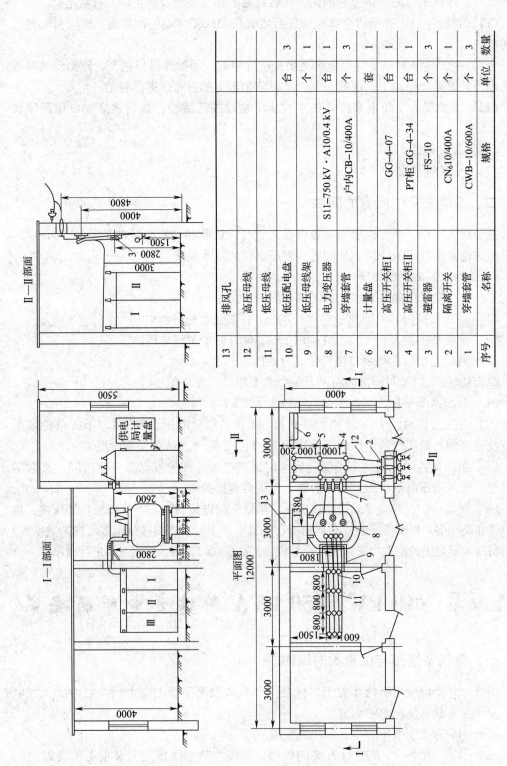

序号	名称	规格	单位	数量
13	排风孔			
12	高压母线			
11	低压母线			
10	低压配电盘			3
9	低压母线架		个	1
8	电力变压器	S11~750 kV·A10/0.4 kV	台	1
7	穿墙套管	户内CB-10/400A	个	3
6	计量盘		套	1
5	高压开关柜I	GG-4-07	台	1
4	高压开关柜II	PT柜GG-4-34	台	1
3	避雷器	FS-10	个	3
2	隔离开关	CN₆10/400A	个	1
1	穿墙套管	CWB-10/600A	个	3

图9—10 某车间变电所平面布置图

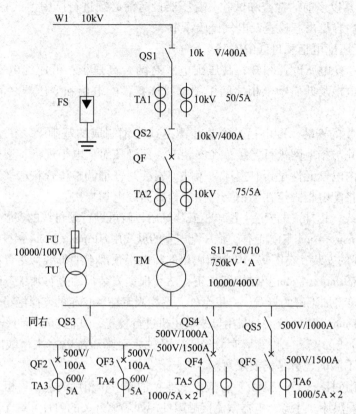

图9—11　变电所的高低压系统图

二、安装施工

1. 变压器安装

（1）安装前的准备工作

1）清理施工现场　将土建后的剩余物料清除出施工现场。

2）准备好变压器就位工具。

3）变压器外观检查　参见第九章第七节有关内容。

4）绝缘油试验　参见第七章第三节有关内容。

5）吊芯检查　检查方法见第九章第七节有关内容。

（2）变压器的安装　在进行完上述工件后，再用水平尺检查一下基础轨道的水平，就可进行变压器就位安装。

1）变压器就位　一般需借助起重机械来完成，并调整好位置。

2）接引高、低压母线。

3）进行外部检查　上述两步完成后，用棉纱擦净灰尘，检查接线套管、油枕、放油阀等部件有无损坏。

4）安装时注意，如需登上变压器顶部工作时，必须用梯子上下，在变压器顶上工作时，不准身背电工工具，特别要保护好变压器的接线套管。

（3）变压器投运前的检查和试验　变压器投运前必须进行严密性试验和漏油检查，交接试验有关内容见吊芯检查及电气试验章节。

2. 高、低压配电柜和母线的安装

由图 9—10 变电所位置图知，高压配电室有两台高压柜；低压配电室有三台低压柜。在高压配电柜及低压配电柜之间用硬母线连接，配电柜和变压器之间也用硬母线（铝排）连接。

（1）配电柜的安装　配电柜是安装在槽钢或角钢制成的基础上，在土建时要按图纸要求埋设，并与接地网进行连接。在安装前，仔细核对配电柜规格、型号是否与图纸相符；检查柜内电气元件是否有损坏和短缺。安装时仔细调整位置和水平、垂直度。位置调整好后，将配电柜固定在槽钢上，用螺栓紧固或电焊焊接。

（2）硬母线（铝排）的安装　配电柜安装好后，就可进行硬母线的安装。其中高压配电室母线用 40 mm×4 mm 铝排制作，低压配电室的母线用 80 mm×8 mm 铝排制作。

1）主母线的安装　在图 9—10 中所画出的配电柜顶部上的母线为主母线。安装过程为：先将所用 40 mm×4 mm 铝排进行校正，然后根据安装尺寸进行加工，最后用水平排列方式，用螺栓将加工好的母线，由里至外，逐相固定在各自相的支撑绝缘子上。低压母线为 80 mm×8 mm，截面较大，需用母线校正机进行校正，其他与高压母线类似。

2）连接母线的安装　由穿墙套管经隔离开关，至高压配电室主母线间的连接母线与主母线安装不同的地方是需要煨弯。

3）涂刷相色标　母线安装完后，应涂刷有色油漆。U 相用黄色，V 相为绿色，W 相为红色，零线刷黑漆。注意，电器截流接触零件，如隔离开关的刀片、端子及连接母线的螺栓，母线与电器的连接处及距连接处不小于 10 mm 以内的地方不应涂色。

三、设备的调整

图 9—11 所示变电所中，二次回路由电流回路、电压回路及操作回路构成。在高压配电柜中有电流继电器二块、电流表一块、电压表一块、有功电能表一块及无功电能表一块、合闸、跳闸按钮、信号灯等。这些设备已由生产厂家在高压配电柜中安装好，一般情况下只需检查、试验及调整。

新安装的变电所在投运前，应对二次回路进行验收，检验项目有：

（1）二次设备及回路检查。

（2）二次回路绝缘电阻测量。

（3）继电器本件试验。

（4）油断路器跳闸试验。

（5）二次通电试验。

（6）常闭接点过电流继电器接点的分流试验。

（7）一次通电试验。

为使检验工作能迅速、正确地进行，要做好如下准备：备有完整的技术资料、图纸，准备好所用的仪表、设备、工具等。

几个主要检验项目的内容是：

1. 外部检查

主要检查内容有：

（1）二次设备的规格、型号、数量是否与图样相符。

（2）二次设备安装是否良好。

（3）二次回路标号是否正确。

（4）接线端子安装是否牢靠。

（5）所有接线的螺钉均应拧紧，线头无伤痕，电气接触良好。

2. 二次回路试验

包括校线与绝缘电阻测量。

3. 继电器本体实验（调整试验）

在该变电所的高压配电柜中，只采用了过流保护，故在此只说明关于过流继电器的调整和检查。

（1）外部检查。

（2）内部和机械部分检验。

（3）检查绝缘性能　用 1 000 V 兆欧表，摇测线圈对接点、接点对底座的绝缘电阻，测量值不小于 50 MΩ。

（4）电气特性试验（即整定）　在该变电所中的过流保护采用了两种保护方式：过流速断保护，即当变压器的一次侧电流超过某一定值时保护装置立即动作。反时限过流保护，即当变电器一次侧电流为速断保护值以下，某一电流值以上时，保护装置的动作时间随电流的增加而缩短。

因此，只需按设计整定值对电流继电器的速断动作电流和反时限动作电流进行调整。但要注意，所给的整定值不是变压器一次侧的电流值，而是电流互感器二次侧电流，即继电器线圈所通过的电流。

继电器的整定是用实验箱来完成的，其试验电路图如图 9—12 所示。调整测试方法如下：

1）已给出速断电流为 40 A，反时限过电流值（分头值）为 5 A，时限为 0.5 s。

2）盘动试验　先将线圈动作电流分头插销，插在 5A 插孔上，时限调整旋钮放在中间位置，速断调整旋钮放在最大值。调整试验箱的水电阻，使电流均匀上升直至圆盘转动一周的最小电流为盘动电流。要求此值不大于分头值的 40%。

3）速断动作调整　按住框架，使蜗杆不与扇形齿接触，调整水电阻使电流升到速断整定值，拉开试验刀闸，调整速断调节旋钮通入电流，并测动作时间，要求测三次，平均值为 6 ~ 14 周波（0.12 ~ 0.28 s）。然后再重新调整电阻，使电流为 90% 的速断定值电流，此时速断应不动作，再通入 110% 的速断定值电流，测动作时间，三次平均值不超过 4 ~ 6 周波（0.8 ~ 0.12 s）。调整好后，将速断旋钮固定好。

4）反时限动作调整　根据反时限动作电流定值，将插销插在 5 A 上，合上试验箱刀闸，调节水电阻，使电流为 5 A，测出动作时间，若为 0.5 s，则连续测三次，取平均值。若动作时间不对，拉开刀闸，调整旋钮，进行试验，直到符合要求为止。调好后将旋钮固定好，再通入不同倍数的电流值测量动作时间，作出平滑的时限特性曲线。

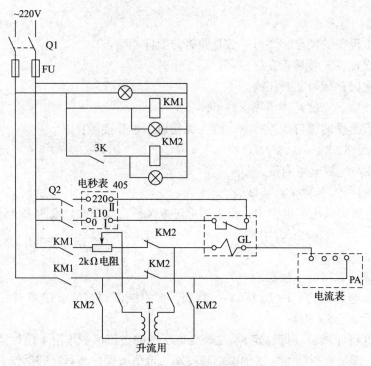

图 9—12　试验箱线路图

4. 油断路器跳闸及电流互感器的检验

（1）油断路器跳闸检验　检查操作机构各部分是否可靠及绝缘性能的好坏，然后进行跳闸检验。

（2）电流互感器检验　先进行外部检查，然后测绝缘电阻，用 1 000 V 兆欧表测初二次线圈，线圈对外壳的绝缘电阻均不小于 50 MΩ。再进行互感性极性和变压比检查。

第五节　变、配电所一、二次电气图绘制

按照 2010 年国家颁布的新标准 GB/T 24341—2009，变、配电所的电气图可分为三类：一是系统图或框图；二是电路图；三是接线图。

系统图或框图是用符号或带注释的框，概略表示系统的基本组成、相互关系及主要特征的一种简图。

电路图是用图形符号按其工作顺序排列，详细表示电路、设备的全部基本组成和连接关系，而不考虑其实际位置的一种简图，供详细了解作用原理，分析和计算电路特性之用。

接线图是表示成套装置、设备连接关系，用以进行接线和检查的一种简图。接线图可分为单元接线图、互连接线图、端子接线图和电缆配置图四种。

一、变、配电所一次回路系统图的绘制

1．图形符号

变、配电所一次回路涉及的元件有变压器、各种开关、母线、互感器等。这些元件的图形符号参见附录中所列图形符号。有些场合，系统图中的符号也可采用框图表示，若框图是非标准的，框内可用文字注释。

2．连接线

在系统图中，元件之间靠连接线联系。连接线的线型有细实线与粗实线两种，细实线用于反映电气连接或信息联系；粗实线用于强调其重要性的主电路与电源电路的输入与输出连接线上，必要时还可标注功能及去向。

3．布局

把电路划分为若干功能组，按照因果关系或能量流从左到右或从上至下布置。每个功能组内的元件应尽可能按工作顺序排列。

4．项目代号

在系统图中表示系统基本组成的符号和带注释的框，原则上均应标注项目代号。

5．一次系统图举例

电路图如图 9—11 所示。电路中电能的传输方向是从上到下，各元器件按其在实际线路中的连接顺序排列，各元器件符号均按国家标准图形符号画出，必要时，可在图形符号旁标注元器件的主要参数（如 10 kV/400 A）。

二、变、配电所二次回路电气图的绘制

变、配电所二次回路的电气图主要有两种，一是二次回路电路图；二是二次回路接线图。前面所述系统图的绘制方法，同样也适用于二次电路图的绘制。在此主要介绍电路图中的图形符号的绘制原则，二次接线图中的有关规定。

1．二次电路图中有关符号的绘制原则

（1）图形符号的表示　同一台设备或装置，可以用多个图形符号来表达，不同的表达方式适用于不同的电路。

（2）图形符号的方位　在国家标准中给出的绝大多数图形符号方位可以任意，可以根据画图需要旋转或成镜像放置，但各种字符和指示方向均不得倒置，以免读图时难以理解。

对方位有要求的符号主要是电气图中各类开关、触点符号。常用的方位如图9—13a所示。图 9—13b 在特殊情况下使用。

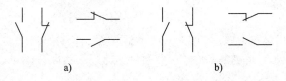

a)　　　　　　　　　　　　　　　b)

图 9—13　开关与触点符号的方位

a）常用　b）特殊情况下使用

（3）图形符号的状态　国家标准中给出的图形符号都是按无电压、无外力作用的正常状态画出的。

（4）图形符号的布置　如图9—14所示。

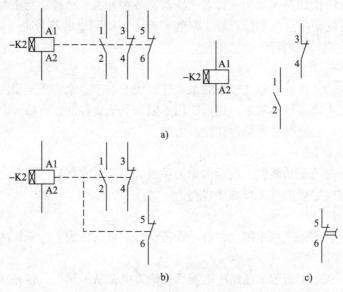

图9—14　图形符号的3种布置方式

a）集中表示法　b）半集中表示法　c）分开表示法

（5）图形符号的位置　若采用分开表示法画出的电路图，为便于查找元件、器件和设备在图中的位置，应根据它们在图幅中的分区位置采用专门的标记方法。标记方法有两种：一种是插图法；另一种是表格法。如图9—15所示。图中的插图和表格表示相同的含义：电路中的K5继电器共驱动四组触点。其中，常闭触点有两组，一组是"11－12"画在本图的第二张第3列，另一组"41－42"未用；常开触点也有两组，一组"21－22"画在本图第4张的第2列，另一组"31－32"画在图3115的第C列。

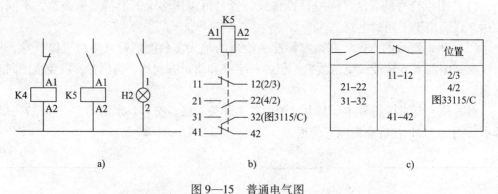

图9—15　普通电气图

a）电路图（部分）　b）插图法示例　c）表格法示例

插图或表格一般情况下可在所属图形符号的附近画（列）出，也可将各图形符号所属的插图或表格集中到图纸的某一空白处，或将它们专门列（画）在另一张图纸中。

2．二次回路接线图的绘制

（1）项目代号　在电气图尤其是接线图上每个元件、设备的图形符号旁都应标注项目代号。一个完整的项目代号包括"高层代号"、"位置代号"、"种类代号"和"端子代号"。大多数情况不必注写齐全。根据项目代号可以确定系统中实际设备的项目种类、隶属关系、安装位置、连接情况等。

（2）接线图中单元内连接线的表示方法　接线图上两端子间的连接线，可以画成连续的，也可以画成中断的。注意，短路线必须是连续的。如图 9—16 中第 11 项目第3、4 端子间的连线。图 9—16 中数字 32、33、36、39、40 等都是连接导线的编号，线号一般标注在连接线左侧（垂直走向）或上侧（水平走向）。采用中断方式时，必须在中断处标注出该连接线的远端标记，如图 9—16b 中的 36 号线，在与第 11 项目的第 4号端子相连端注有远端标记"12：B"，说明该线的另一端与第 12 项目的 B 号端子相连接。

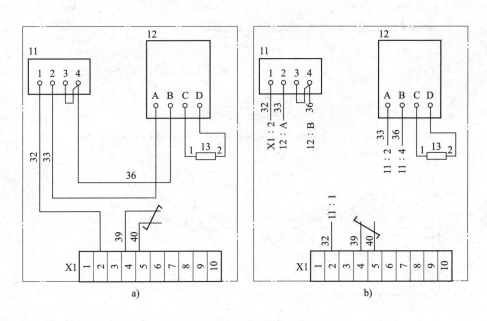

图 9—16　连接线表示法示例（单元接线图）

a）连续线　b）中断线

（3）接线图中单元间的连接线表示方法　在接线图中表达各种屏、柜等单元间用电缆连接的情况，可采用图 9—17 的所示方法。单元用点画线围框表示。电缆线上要做标记。一般是上部注写电缆号，如图 9—17 中"107"、"108"等，下部注写规格，如图中"3×1.5"表示 3 芯，每芯截面积 1.5 mm²。

3．二次电气图例

（1）电路图的绘制　二次回路的电路图可分为原理电路图和展开电路图。下面以线路的定时限过流保护为例来说明。图 9—18a 是原理电路图形式，图 9—18b 是展开电路图形式。在工厂中，大部分场合均采用展开电路图形式。

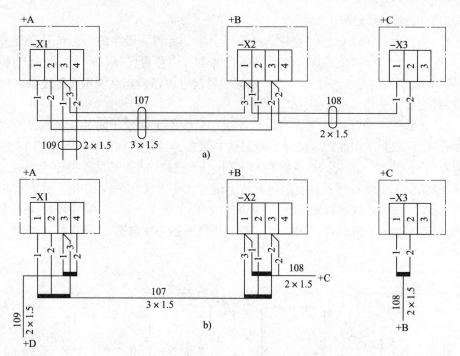

图9—17　电缆表示法示例（互连接线图）
a）连续线　b）中断线

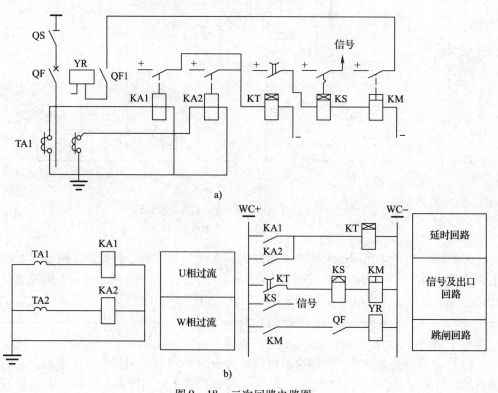

图9—18　二次回路电路图
a）原理电路图　b）展开电路图

（2）二次回路接线图的绘制　图 9—19 是图 9—18 的接线图，图中端子的连接主要采用中断线形式，如电流继电器 KA1 的 1 号端子接端子排 X1 的 1 号，故用 X1：1 表示。而电流继电器 KA2 的 2 号端子接 KA1 的 2 号端子，故用 KA1：2 表示，其他类似。图中 KM 的 1 号端子与 KS 的 4 号端子，KS 的 1 号端子与 KT 的 2 号端子之间分别采用了连续线形式。断路器操作机构中的 YR1 号端子与辅助触点 QF 的 1 号端子之间也是采用连续线表示方式。

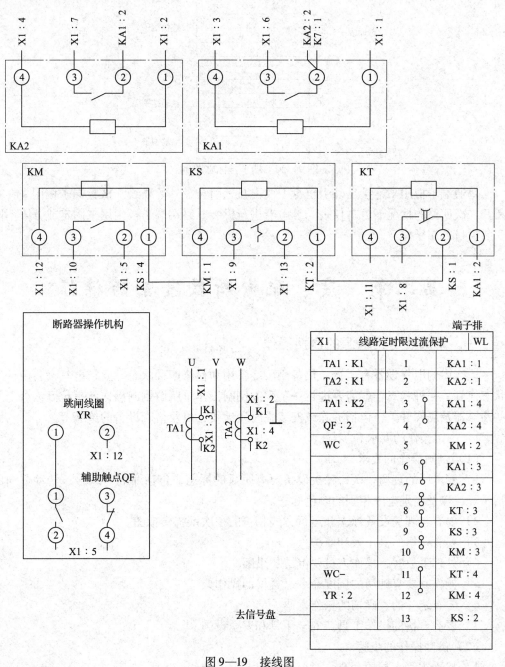

图 9—19　接线图

图9—19中端子排上，各符号的含义如图9—20所示，接线端子板分为普通端子、试验端子和终端端子等形式。

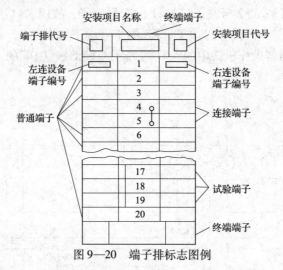

图9—20　端子排标志图例

普通端子板用来连接盘外引至盘上或由盘上引至盘外的导线。试验端子板用来在不断开二次回路的情况下，对仪表、继电器进行拆装。终端端子板则用来固定或分隔不同安装项目的端子排。

第六节　变、配电所较复杂的操作

一、单母线两路电源的倒换操作

运行中的电气设备有运行、热备用、冷备用和检修四种状态。要将电气设备由一种状态换到另一种状态，就需要进行一系列的倒闸操作。所谓倒闸操作就是拉开或合上某些断路器及隔离开关，包括拆除或安装临时接地线，以及检查设备的绝缘等。

1. 倒闸操作的要求和步骤

（1）倒闸操作的要求

1）变电所的现场一次、二次设备要有明显的标志，包括命名、编号、转动方向的指示等，以及区别电气相别的颜色标志。

2）要有与现场设备标志和运行方式相符的一次系统模拟图。

3）要有合格的操作人和监护人。

4）处理事故时，操作人员要沉着、果断。

5）操作时要有确切的调度命令、合格的操作票。

6）要有统一的、确切的操作术语。

7）要有合格的操作工具、安全用具和安全设施。

（2）倒闸操作的步骤

1）接受主管人员的命令，对命令一定要记录清楚。

2）根据命令填写操作票。

3）审查操作票。

4）预演 操作人、监护人先在模拟图上按照操作票所列顺序逐项唱票预演。

5）核对设备 到达操作现场后，操作人员应先核对设备名称和编号。核对完毕，操作人穿戴好安全用具，准备操作。

6）唱票操作 监护人按操作票顺序高声唱票，每次只准唱一步。操作人认为正确无误，开始高声复诵，并用手指铭牌，做操作手势。监护人认为操作人复诵正确，两人认为一致无误后，监护人发出"对，执行"的命令，操作人方可开始操作，并记录开始操作的时间。

7）检查 每一步操作完毕后，由监护人在操作票上打一个"√"符号。监护人勾票后，应先告诉操作人下一步操作内容。

8）汇报 操作结束后，应检查所有操作步骤是否全部执行，由监护人填写操作结束时间，并向主管人员汇报。将已执行的操作票，在工作日志和操作记录本上做好记录。并将操作票归档保存。

2. 电气设备的正确操作

（1）隔离开关的操作

1）手动合隔离开关时必须迅速果断，在合到底时不能用力过猛。在合隔离开关时发生弧光或误合时，则应将隔离开关迅速合上，不得拉开，误合后只能用断路器切断后，才允许将隔离开关拉开。

2）手动拉隔离开关时，应按"慢—快—慢"的过程进行。刚开始时要慢，看触头刚分开时是否有电弧产生，有电弧迅速合上，若无电弧就迅速拉开，当隔离开关快到位时也应慢，防止不必要的冲击使瓷瓶损坏。

3）隔离开关经操作后，必须检查开、合情况，绝不能出现未全都拉开或未全部合上的现象。

（2）断路器的操作

1）一般情况下，断路器不允许带负荷手动合闸。

2）断路器操作后，应查看有关的信号装置和测量仪表的指示，以判别断路器动作的正确性，还应到现场检查断路器的实际分合情况。

3）当断路器合上，控制开关返回后，合闸电流表应指在零位。

（3）高压熔断器的操作 操作高压熔断器大多采用绝缘杆单相操作。不允许带负荷分合高压熔断器。操作情况如下：在拉开第一相时，一般不会有电弧，在拉开第二个单相时，就会产生强电弧，要根据第一相断开时的弧光情况判断是否误操作，然后决定是继续操作，还是重新合上已拉开的第一相。

为防止事故，高压熔断器的操作顺序为：拉闸时先拉中间相，后拉两边相；合闸时先合两边相，后合中间相。

3. 单母线两路电源的倒换操作

单母线两路电源如图9—21所示。当任一台变压器或任一电源线检修时，只要进行如下操作即可（假定 WL1 需检修），其操作票格式、内容见表9—2。

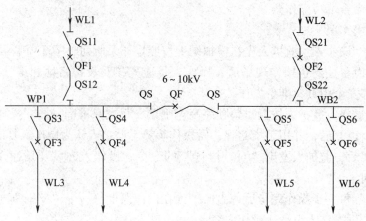

图 9—21 单母线两路电源

表 9—2 操作票

_____年_____月_____日；开始_____时_____分；结束_____时_____分

操作任务：停 WL1 电源，将全部负荷移至 WL2 电源上

记号打勾	操作顺序	操作内容	操作时间
	（1）	检查两路电源相序是否一致	
	（2）	检查母线断路器 QF 确定断开位置，其操作电源是否正常	
	（3）	合上母线断路器 QF 两侧的隔离开关 QS	
	（4）	确定隔离开关 QS 确已合上	
	（5）	检查 QF1 的操作电源是否正常	
	（6）	断开 QF1	
	（7）	确定 QF1 已经断开	
	（8）	断开 QS11 及 QS12	
	（9）	确定 QS11 及 QS12 已经断开	
	（10）	合上母线断路器 QF	
	（11）	观察有无异常现象	

操作人_____ 监护人_____ 班长_____ 发令时间_____

值班人_____ 发令人_____

二、负荷的调整

1. 负荷调整的意义

工业企业供、配电系统中，电气设备所需用的电功率及电流，称为电力负荷或简称负荷。电力负荷的大小是随时间而变化的，将电力负荷随时间变化的关系用曲线表示出来，这种曲线称为负荷曲线。根据时间范围的不同分为日负荷曲线、月负荷曲线和年负荷曲线。平均有功负荷与最高有功负荷之比的百分数，称为负荷率。负荷率是一个小于 1 的数，它是衡量平均负荷与最高负荷之间差异程度的一个系数，是反映企业用电均衡程度的主要标志。从经济运行方面考虑，负荷率越接近 1，表明设备利用率越高。

根据国家规定，企业日负荷率不应低于以下指标：

连续性生产的企业：95%；

三班制生产的企业：85%；

二班制生产的企业：60%；

一班制生产的企业：30%。

电力生产和使用过程是同时进行的。发电厂发出多少电力，什么时间开机生产，都决定于用户使用多少电力，什么时间使用。如果没有调度进行统一调整负荷工作，就可能出现有时大家都用电，形成突出的高峰负荷，造成电力供不应求的现象；有时大家都不用电或少用电，形成突出的低谷负荷，使发电和供电设备利用率很低，造成浪费，所以必须进行负荷调整工作。

2. 负荷调整的方法

(1) 调整企业内大容量用电设备的用电时间，错开高峰用电时间。

(2) 调整企业车间的生产班次和工作时间，错开高峰时间用电。

(3) 错开各企业的公休日。可将同一变电所供电的企业安排在同一天休息，而其他变电所供电的企业安排在另外的时间休息。

(4) 实行计划用电，搞好企业电力平衡，高峰电力指标下达到车间、班组，严格控制高峰时间的电力负荷。

第七节　10 kV、750 kV·A 变压器吊芯检查、测试

变压器经长途运输和装卸，铁心常因振动和冲击使螺栓松动或掉落，穿心螺栓也常因绝缘材料损坏而使绝缘降低，因此变压器安装前，必须对铁心进行检查。对于油浸式变压器，需要把芯部从油箱中吊出进行检查，这种检查方法叫变压器的吊芯检查。

一、吊芯检查的准备工作

1. 变压器吊芯检查的工作条件

(1) 吊芯检查应在干燥洁净的室内进行。

(2) 在冬季进行吊芯检查时，周围空气的温度不能低于0℃。

(3) 铁心在空气中存放的时间：干燥天气（相对温度不大于65%）不应超过16 h；潮湿天气不应超过12 h。

(4) 雨天或雾天不宜进行吊芯检查。

2. 吊芯前的准备工作

吊芯前应做好下面准备工作。750 kV·A变压器吊芯高度为4.6 m。

(1) 准备好起重及常用工具　常用工具如下：①吊链；②防滑钢丝绳；③吊扣；④撬棍；⑤U形卡子；⑥三角架；⑦梯子；⑧木凳；⑨道木；⑩脚手架；⑪钢管；⑫滤油机；⑬大油筒；⑭油盘；⑮扳手；⑯塞尺；⑰玻璃瓶；⑱木箱；⑲电工随用工具；

⑳永久磁铁；㉑木棍。

（2）材料准备　①合格的变压器油（与原变压器油同牌号）；②滤油纸；③白布；④白布带；⑤黄蜡带；⑥塑料带；⑦绝缘纸板；⑧φ2 mm尼龙绳；⑨耐油胶条。

（3）试吊、摆正、放正变压器　①首先，停电后做好安全措施；②拆除一、二级接线和地线；③用撬棍撬起变压器一侧，撤出变压器斜度的垫块；④用木箱将变压器套管扣上；⑤架起三角架；⑥装上三角架的防滑钢丝绳；⑦把吊链挂在中心吊环上；⑧把两条钢丝绳取中挂在吊钩上，其四个头分别与变压器箱沿的四个吊钩挂好（吊装时钢丝绳长度略大于变压器吊钩距离的2倍）；⑨用麻袋片将钢丝吊扣与箱沿处垫好；⑩拉起吊链将变压器缓缓吊起，再放平。

二、吊芯检查的步骤

1. 搭临时作业架

在油箱周围搭设临时作业架。检查铁心时，一般是先把道木架在油箱上。临时作业架应牢固稳当。

2. 放油

在吊芯前要拆除箱盖与箱沿间的连接螺栓。为了避免变压器油在顶盖螺栓卸开时溢出，必须在吊芯前将油箱中的油放去一些。对于750 kV·A的变压器，放油前应准备能装180 kg的大油桶。装有油枕的变压器，绝缘油应放至顶盖的密封耐油胶条水平以下。不带油枕的变压器，应放至出线套管以下。

3. 吊铁心

起吊速度应缓慢，不要碰撞油箱、铁心。吊出后，将铁心放在道木上。铁心吊出后，应立即检查。

4. 检查铁心

检查时，应有专人负责记录，将发现的问题和处理的结果记录下来。检查步骤如下：

（1）用干净的白布擦净绕组、铁心支架及绝缘隔板，拧紧有导电作用的螺栓，有掉落的应找出拧紧。

（2）拧紧铁心上的全部螺栓。

（3）检查电压切换装置是否正常，其动触头与静触头应接触严密，用0.05 mm厚的塞尺检查，应塞不进去。

（4）检查铁心上、下接地片接触是否良好，拆开接地螺栓，使接地片不接地，用兆欧表测量铁心对地的绝缘电阻。用5 000 V摇表测量穿心螺栓对地的绝缘电阻，并以1 000 V交流或2 500 V直流电压试验1 min。

（5）耐油胶条的选定与安装　吊起铁心，撤下道木，然后缓慢放下铁心，使之落到箱底，测量出箱沿与箱盖的距离h。选用耐油胶条的直径$d = 1.5h$。耐油胶条的连接部分应切割成斜坡形的搭接口，用502胶水粘牢坡口。

（6）组装　检查完毕，立即按吊芯的反顺序把变压器铁心装回油箱。先用干净的木棍装上磁铁，检查油箱内有无铁磁物。然后将铁心缓缓放回油箱，将盖板上的螺栓拧紧后，将放出的绝缘油过滤后全部回注入变压器油箱中。

三、吊芯完毕后的测试

1. 漏油试验

用 0.3~0.6 m 长、直径为 φ25 mm 的铁管，一端装上漏斗，另一端拧紧在变压器油嘴上，将变压器呼吸孔和放油阀关闭，然后从漏斗中注入与油箱中同牌号的合格变压器油。加绝缘油，使油面达到铁管的 0.3~0.6 m 持续 15 min，检查散热器与油箱结合处、各法兰盘接合处、油枕等处是否漏油、渗油。试验完毕，打开放油阀放油，待油面降至正常范围，关闭并打开呼吸孔。

2. 交接试验

参见电气试验有关内容。

第八节 变、配电所停电事故处理

一、发生停电事故的处理方法

变、配电所发生停电事故时处理原则已在第五章第二节中讨论过。本节讨论变、配电所中主要设备在运行过程中可能发生的故障及处理方法。

1. 高压隔离开关

（1）隔离开关接触部分发热 由于接触不良所导致。对双母线系统，一组母线的隔离开关发热时，应将负荷切换到另一组母线上去。对单母线系统，则应减轻负荷，若母线可以停电，应立即停电检修。

（2）隔离开关拉不开 可能的原因是操作机构被卡住，如粘连、机构变形等。此时，不可强行拉开，而应找出故障部位进行检修，如故障严重，则应立即变更运行方式或停电检修。

2. 母线

母线故障的原因多数是由于运行人员误操作或小动物跨越短路等原因造成，也有下级断路器拒动作而使母线断路器越级动作所造成。出现母线断路器动作后，一般应先检查母线，只有在故障排除后方可送电。运行中的母线有时也会出现发热现象，一般在接头处，处理方法同高压隔离开关。

3. 油断路器

（1）油断路器自动跳闸 处理方法如下：

1）检查断路器保护动作情况，确认已断开。

2）检查油断路器油色有无变化，如有喷油、冒烟等现象，应停电处理。

3）油断路器两侧母线连接处过热变色，瓷绝缘子或瓷套管断裂时，应立即停电处理。

4）有重合闸的油断路器自动跳闸、重合不良时，必须查明原因后方可恢复送电。

5）对无重合闸的油断路器，如自动跳闸无异常现象，可强行合闸一次，强送不良必须查明原因后，方可恢复送电。

（2）油断路器缺油　应立即停止该断路器的操作电源。在操作把上挂"不许拉闸"警示牌。将断路器负荷全部倒换至备用电源或停掉，必要时，用上级油断路器切断。

（3）油断路器拉力瓷绝缘子或弹簧断裂　应立即停断操作电源，在操作手把上挂"禁止拉闸"警示牌。然后按下列规定处理：

1）如油断路器是一相拉力瓷绝缘子断裂，可先将该线路负荷倒至备用电源供电。无备用电源时，通知有关部门停电，然后断开事故断路器。

2）如油断路器是二相或三相拉力瓷绝缘子断裂，将线路负荷倒至备用电源或通知用电单位停电后，断开上级油断路器，再处理事故断路器。

3）跳闸弹簧断裂还能切断油断路器时，按1）项处理；不能断开油断路器时，依2）项处理。

4. 电力变压器

（1）电力变压器发生下列严重事故，应立即停电检修：

1）内部音响异常，有爆炸声。

2）储油柜喷油或防爆管喷油。

3）严重漏油使油面不断下降，低于油位计的指示限度。

4）瓷套管有严重的破裂和放电现象。

5）在正常负荷和冷却条件下，变压器温度不正常，且不断上升。

6）油色变化过大，油内出现灰质。

（2）变压器着火时，应首先打开放油阀门，将油放入油坑，同时用二氧化碳、四氯化碳或1211灭火器进行灭火，将变压器及周围电源全部切断。

（3）由重气体保护动作跳闸时，必须对变压器作详细检查，查明无内部故障症状，并测量变压器绝缘电阻后，方可重新投入运行。

（4）变压器自动跳闸时，应检查保护装置动作情况，二次回路是否有接地。如过负荷保护动作、强送不良时，应先调整负荷，再送电；若速断、差动等保护继电器动作，应查明原因，消除故障；若为变压器内部故障，应立即停电修理。

二、查找事故及排除故障

变、配电所中有一些故障需根据现象进行判断处理。

1. 小电流接地系统中的单相接地故障

（1）接地现象

1）接地信号牌亮、警铃响。

2）发生完全接地故障时，绝缘监察电压表三相指示不同，接地相电压为零或接近零，非故障相电压升高$\sqrt{3}$倍。

3）发生间歇接地故障时，接地相电压和非故障相电压时增时减，有时正常。

4）发生弧光接地故障时，非故障相电压有时升高2.5~3倍。

（2）寻找接地故障点的方法　将变、配电所的供电线路逐条进行试验。依次将各线路断路器拉开，然后再合上。若在断开路线器时，绝缘监察仪表恢复正常，即证明断开的这条线路发生了接地。接地点查出后，对一般性车间线路应切除后进行处理。对带有重要负荷，而又无备用电源时，先通知，再断电处理。

（3）处理接地故障时的注意事项

1）发生单相接地后，线路可以继续运行 2 h。

2）发生单相接地后，应严密监视互感器，防止其发热。

3）不得用隔离开关断开接地点。

2. 电流、电压互感器的故障

（1）电流互感器　当电流互感器二次回路开路时，电流表、功率表指示为零，这时，必须穿绝缘靴，戴绝缘手套将开路的电流互感器用绝缘线在端子排上短路。若故障消除，应查明二次回路开路点；若故障未消除，电流互感器内部开路，应停电处理。

（2）电压互感器　当电压表、功率表、电能表指示不正常，及电压回路发出信号时，需查明原因，确定是互感器内部发生故障，还是二次回路故障。

1）电压互感器音响失常、内部有放电声、发出臭味或烟味、引线漏油等明显内部故障时，断开上级油断路器，停电处理。不准用隔离开关切断故障互感器。

2）根据仪表指示，并检查确实是一次侧熔丝熔断，方允许用隔离开关切断电源，测量绝缘电阻，如内部短路，应停电处理。

3）二次侧熔丝熔断，一般是二次回路发生短路，应查明故障点，然后更换熔丝。

三、恢复送电及善后处理

当变、配电所发生停电事故后，应立即查找原因，并进行检修，更换设备。检修或更换的设备应按规程进行各种试验，合格后方可恢复送电。送电的过程应严格执行操作票制度，具体细节可参阅第五章第二节的有关内容。

四、变配电所停电事故案例分析和处理

1. 事故 1：某配电所引入线断路器跳闸分析处理

（1）现象描述　变电所当时的运行方式如图 9—22 所示。事故警报信号响。掉牌

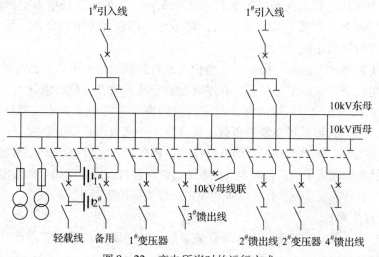

图 9—22　变电所当时的运行方式

未复归光字牌亮。1#引入线的红灯灭、绿灯闪光。10 kVⅠ段电流表、电压表和功率表均指示为零。1#引入线的过流保护动作信号继电器掉牌。同时发现变电所10 kVⅠ段所带的轻工线速断保护动作，信号继电器掉牌，断路器未跳闸。其他回路继电保护均未动作，所带负荷断路器也未跳闸。

（2）故障分析　根据当时变电所的事故警报（笛）响、红绿灯变化、各种表计指示情况、所亮光字牌、回路继电保护动作情况，判断是变电所内部故障原因造成的。经分析确定是轻工线短路故障，轻工线继电保护拒动，造成越级跳闸10 kVⅠ段停电。

（3）处理步骤

1）值班员立即切断10 kVⅠ段未跳闸负荷断路器。只保留变电所用电断路器，同时及时向电气调度及有关领导汇报该变电所事故情况。

2）检查1#引入线断路器确在开位。

3）对1#引入线断路器、电流互感器、隔离开关进行检查。

4）对轻载线断路器、母线隔离开关、负荷隔离开关进行检查。检查轻工线断路器确在开位。拉开轻载线负荷隔离开关。检查轻工线负荷隔离开关确在开位。拉开轻工线母线隔离开关。检查轻载线母线隔离开关确在开位。

5）联系电气调度，合上1#引入线断路器。检查1#引入线断路器确在合位。

6）检查10 kVⅠ段母线电压指示正常。汇报电气调度，10 kVⅠ段母线电压恢复正常。

7）联系电气调度，依次将10 kVⅠ段母线所带负荷送出。

8）在轻载线断路器和母线隔离开关之间装设1#地线一组。

9）在轻载线断路器和负载隔离开关之间装设2#地线一组。

10）轻载线断路器、轻载线母线隔离开关、轻载线负荷隔离开关操作把手上悬挂"禁止合闸，有人工作"警示牌。

11）在轻工线断路器柜两侧装设遮栏。

12）采取好安全措施，开始检修。

2．事故2：变电所在停电操作时发生带负荷拉隔离开关分析处理

（1）现象描述　变电所当时的运行方式如图9—23所示。变电所值班员在接到电网调度命令"停电厂2#线"操作命令后，填写好操作票并经审核合格，操作人和监护人一起前往变电所高压室进行操作。

操作人走在监护人前面，操作人在监护人没有到场的情况下，自己进行操作，由于没有核对停电设备位置，走错位置，在没有检查断路器确在开位的情况下，将正在运行的某变电所2#线的Ⅱ段母线隔离开关拉开，拉隔离开关时产生弧光短路使该母线引入线过流保护动作，将该段母线所带负荷全部停电，造成大面积停电事故。

（2）故障分析　变电所在进行停电操作时，操作人员在没有监护人到场进行监护的情况下，走错位置造成带负荷拉隔离开关事故，使该段母线所带负荷全部停电。显然，这起事故是由于操作人员违反操作技术规程规定，带负荷拉隔离开关造成。

（3）处理步骤

1）汇报电气调度，带负荷拉隔离开关事故，2#变压器过流保护动作造成10 kVⅡ段母线停电。

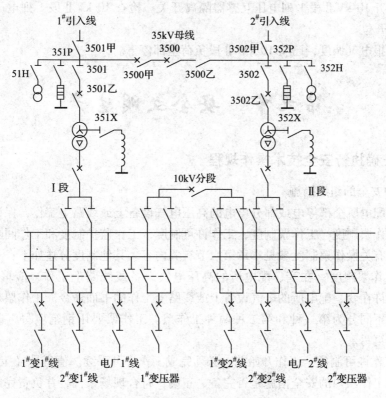

图 9—23　变电所当时的运行方式

2）检查 2# 变压器主一次 3502 断路器确在开位。

3）拉开 2# 变压器主一次 3502 甲隔离开关。检查 2# 变压器主一次 3502 甲隔离开关确在开位。

4）检查 35 kV 联络 3500 乙确在开位。

5）拉开 35 kV 联络 3500 乙隔离开关。检查 35 kV 联络 3500 乙隔离开关确在开位。

6）拉开 35 kV 联络 3500 甲隔离开关。检查 35 kV 联络 3500 甲隔离开关确在开位。

7）拉开 2# 变压器 352P 避雷器隔离开关。检查 2# 变压器 352P 避雷器隔离开关确在开位。

8）拉开 2# 变压器 352H 电压互感器隔离开关。检查 2# 变压器 352H 电压互感器隔离开关确在开位。

9）拉开 2# 变压器 352X 消弧线圈隔离开关。检查 2# 变压器 352X 消弧线圈隔离开关确在开位。

10）检查 2# 变压器主二次断路器确在开位。

11）拉开 2# 变压器主二次 Ⅱ 段 1 列隔离开关。检查 2# 变压器主二次 Ⅱ 段 1 列隔离开关确在开位。

12）检查电厂 2# 线、1# 变 2# 线、2# 变 2# 线、2# 变压器断路器。

13）依次拉开电厂 2# 线 Ⅱ 段 1 列隔离开关、1 变 2# 线 Ⅱ 段 1 列隔离开关、2 变 2# 线 Ⅱ 段 1 列隔离开关、2# 变压器 Ⅱ 段 1 列隔离开关。

14）拉开 10 kV Ⅱ段 1 列电压互感器隔离开关。检查 10 kV Ⅱ段 1 列电压互感器隔离开关确在开位。

15）汇报电气调度，已将 10 kV Ⅱ段负荷全部停下。

第九节　安全文明生产

一、正确执行安全技术操作规程

1. 保护安全的组织措施

在变、配电所全部停电或部分停电的高压电气设备上或线路上工作，保证安全的组织措施有操作票制度，工作票制度，工作许可制度，工作监护制度和工作间断、转移和总结制度。有关操作票制度参见本章第六节有关内容。其他制度分述如下：

（1）工作票制度　在变、配电所的高压电气设备或线路上工作，应填写工作票。工作票是准许在变、配电所的电气设备上或线路上工作的书面命令。工作票根据工作范围和性质的不同分为第一种和第二种两种工作票。工作票要用钢笔填写正确，不准涂改，可作废再写。

（2）工作许可制度　工作开始前，必须完成工作许可手续。值班员（工作许可员）应负责审查工作票内的安全措施是否完备、正确，符合现场条件，并负责完成施工现场的安全措施。在变、配电所内工作时，值班员应同工作负责人现场检查所做的安全措施是否可靠齐全，并用手触试，验证检修设备确实无电，然后双方在工作票上签字，工作方可开始。

（3）工作监护制度　工作监护制度是保证人身安全和操作正确的措施，要求监护人的安全技术等级高于操作人。在完成许可手续后，监护人应向工作人员交代现场的安全措施，指明带电部位和其他注意事项。监护人必须自始至终在工作现场，对工作人员认真监护。

监护人的监护内容主要有：

1）部分停电时，监护所有工作人员的活动范围，使其与带电部分保持规定的安全距离。

2）带电作业时，监护所有工作人员的活动范围，使其与接地部分保持安全距离。

3）监护所有工作人员对工具使用是否正确，工作位置是否安全，以及操作方法是否得当等。

4）工作间断、转移和总结制度　工作间断时，工作人员从现场撤出，所有安全措施保持不动，工作票仍由工作负责人保存；重新工作可由工作负责人带领工作人员回到工作地点继续工作。每日收工时，清扫工作现场，开放封闭的通道，所有措施保持不动，将工作票交值班员；次日复工，应得到值班人员许可，领回工作票，工作负责人必须重新检查安全措施后方可开始工作。

在同一电气连接部分用同一工作票依次在几个工作地点转移工作时，全部安全措施在开工前一次做完,转移工作时,不需再办理转移手续,但工作负责人在转移工作地点时,应向工作人员交代带电范围、安全措施和注意事项。

全部工作完毕后,工作人员应清扫、整理现场。工作负责人应先周密检查,在全体工作人员撤离工作现场后,再向值班人员讲清检修项目、发现的问题、试验结果和存在的问题等,然后在工作票上填写工作终结时间,双方签名后,工作票方可结束。同一停电系统的所有工作票结束,拆除所有接地线、临时遮栏和警示牌。并得到值班调度员的许可命令后,方可合闸送电。送电后,工作负责人应检查电气设备的运行情况,正常后方可离开工作现场。

2. 保证安全的技术措施

在全部停电或部分停电的设备或线路上工作,必须完成停电、验电、装设接地线、悬挂警示牌和装设遮栏等保证安全的技术措施。以上措施由值班员执行。无值班员的场合,可由断开电源的工作人员执行,并应有监护人在场。

(1)停电 在工作地点必须停电的设备:

1)要检修的设备。

2)工作人员在进行工作时,正常活动范围与带电设备距离小于表9—3规定的设备。

表9—3　　　　　　工作人员工作中正常活动范围与带电设备的安全距离

电压等级（kV）		<10	20～35	44	60～110
安全距离（m）	无遮栏	0.70	1.00	1.20	1.50
	有遮栏	0.35	0.60	0.90	1.50

3)带电部分在工作人员后面和两侧又无可靠安全措施的设备 停电操作请参见第五章第二节有关内容。

(2)验电 变、配电设备和线路停电后,在封挂接地线前必须用验电笔检验有无电压。

(3)装设接地线 装设接地线的目的是防止工作地点意外来电,保证检查人员安全。装设接地线时,必须先接接地端,后接导体端,要求接触良好、可靠。拆接地线时,先拆导体端,后拆接地端。接地线应采用多股软裸铜线,截面不得小于25 mm²。

(4)悬挂警示牌和装设遮栏 在变、配电所室内的高压设备柜门、遮栏前,室外变压器或断路器的护栏前,应悬挂"高压,生命危险"警示牌。在一经合闸即可送电到工作地点的断路器和刀开关的操作把手上悬挂"禁止合闸,有人工作!"警示牌。在室内高压设备上工作,应在工作点四周用绳子做好围栏,围栏上悬挂"在此工作"警示牌。室外构架上工作,应在工作地点附近带电部分的横梁上悬挂"止步!高压危险!"警示牌,等等。凡是容易出现危险的地方均应挂上相应的警示牌。

严禁工作人员在工作中移动或拆除遮栏和警示牌。

二、做好值班记录

值班人员对变配电所的运行情况、异常情况、故障处理、事故分析等均应做好记录。应该如实、认真填写的工作记录本有:

1. 值班工作日记。
2. 工作票、操作票记录本。
3. 设备缺陷管理记录本。
4. 检修工作记录本。
5. 变、配电所异常情况、人身和设备事故分析记录本。
6. 外来人员出入登记本。

第 5 部分

高级电工知识要求

第十章 高级电工基础知识

第一节 磁场与磁路

一、磁场的基本性质

电和磁是相互联系的两个基本现象,几乎所有电气设备的工作原理都与电和磁紧密相关。这里主要介绍磁现象及规律、磁路的有关知识、电磁感应等。

1. 磁的基本现象

(1) 磁体与磁极 人们把具有吸引铁、镍、钴等铁磁性物质的性质叫磁性。具有磁性的物体叫磁体。使原来不带磁性的物体具有磁性叫磁化。天然存在的磁铁叫天然磁铁,人造的磁铁叫人造磁铁。磁铁两端磁性最强的区域叫磁极。若将实验用的磁针转动,待静止时它停在南北方向上,如图10—1所示。指北的一端叫北极,用 N 表示;指南的一端叫南极,用 S 表示。

与电荷间相互作用相似,磁极间具有同极性相斥、异极性相吸的性质。

(2) 磁场与磁力线 磁体周围存在磁力作用的区域称为磁场。互不接触的磁体之间具有相互作用就是通过磁场这一特殊物质进行的。为了形象地描绘磁场而引出了磁力线这一概念。如果把一些小磁针放在一根条形磁铁附近,那么在磁力的作用下,磁针将排列成图10—2a 的形状,连接小磁针在各点上 N 极的指向,就构成一条由 N 极指向 S 极的光滑曲线。如图10—2b 所示,此曲线称为磁力线。规定在磁体外部,磁力线的方向是由 N 极出发进入 S 极;在磁体内部,磁力线的方向是由 S 极到达 N 极。

磁力线是人们假想出来的线。但可以用试验方法显示出来。在条形磁铁上放一块纸板,撒上一些铁屑并轻敲纸板,铁屑会有规律地排列成图10—2c 所示的线条,这就是磁力线。

2. 电流的磁场

电流的周围存在着磁场。近代科学证明,产生磁场的根本原因是电流。电流与磁场有着不可分割的联系。

(1) 电流产生磁场 在图10—3 中,在小磁针上面放一根通直流电的直导体,结果小磁针会转动,并停止在垂直于导体的位置上;中断导体中的电流,小磁针将恢复原位置;电流方向改变,小磁针会反向转动。这个试验证明,通电导体周围产生了磁场。

图10—1 磁针

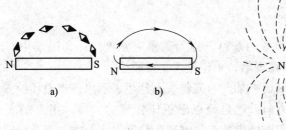
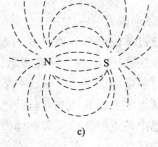

图 10—2　磁场

图 10—4 所示为在载流直导体周围撒上铁屑，结果铁屑的分布是以导体为圆心的一系列同心圆，进一步证明电流产生磁场。

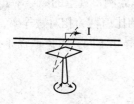
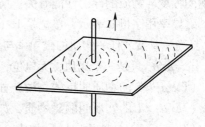

图 10—3　通直流电的直导体产生磁场　　　　图 10—4　载流直导体的磁场

（2）电流磁场方向的判定——右手螺旋定则　电流产生的磁场方向可用右手螺旋定则来判断，一般分两种情况：

1）直线电流的磁场　如图 10—5a 所示，右手握直导体，拇指的方向指向电流方向，弯曲四指的指向即为磁场方向。

2）环形电流产生的磁场　如图 10—5b 所示，右手握螺旋管，弯曲四指表示电流方向，拇指所指方向即是磁场方向。

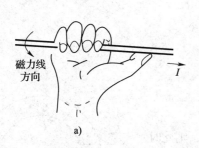
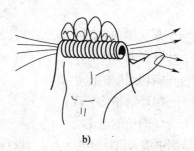

图 10—5　磁场方向判定
a）直导体　b）螺旋管

3. 磁通

通过与磁场方向垂直的某一面积上的磁力线的总数，叫作通过该面积的磁通。用字母 Φ 表示，单位是 Wb（韦伯）。当面积一定时，如果通过的磁力线越多，则磁场越强。如变压器提高效率的方法之一就是减小漏磁通，使磁力线尽量通过铁心的截面积。

4. 磁感应强度

垂直通过单位面积的磁力线的数目，称为磁感应强度。均匀磁场中，磁感应强度 $B = \Phi/S$，磁感应强度用字母 B 表示，单位是 T（特斯拉）。

磁感应强度不仅表示了磁场中某点的强弱，而且还表示出该点磁场的方向，它是一个矢量。某点磁力线的切线方向，就是该点磁感应强度的方向。用 B 的大小、方向可以描述磁场中各点的性质。若磁场中各点的磁感应强度大小与方向完全相同时，这种磁场叫均匀磁场。

5. 磁导率

用一个插入软铁棒的通电线圈去吸引铁屑，然后把软铁棒换成铜棒再去吸引铁屑，会发现两种情况，吸引大小不同，前者比后者大得多。这说明不同物质对磁场的影响不同，影响的程度与物质的导磁性能有关。所以引入磁导率（导磁系数）来表示物质的导磁性能。磁导率用字母 μ 表示，单位是 H/m（亨/米）。试验测得真空的磁导率 $\mu_0 = 4\pi10^{-7}$ H/m，且为一常数。任一物质的磁导率与真空中磁导率的比值称为相对磁导率，用字母 μ_r 表示。$\mu_r = \mu/\mu_0$。只是一个比值，无单位，根据物质的磁导率不同，可以把物质分为三类：

（1）$\mu_r < 1$ 的物质叫反磁物质，如铜、银等；

（2）$\mu_r > 1$ 的物质叫顺磁物质，如空气、锡等；

（3）$\mu_r \gg 1$ 的物质叫铁磁物质，如铁、钴、镍及其合金等。

铁磁物质由于其相对磁导率远大于1，往往比真空产生的磁场高几千倍甚至几万倍以上。如硅钢片 $\mu_r = 7\,500$，玻莫合金 μ_r 高达几万甚至十万以上。所以铁磁物质广泛用于电工技术方面（制造变压器、电动机的铁心等）。

6. 磁场强度

若将图 10—6 所示的圆环线圈置于真空中（环内不放任何导磁材料），那么磁感应强度的大小将与圆环的周长、线圈的匝数及电流的大小有关，其公式为：

$$B_0 = \mu_0 \frac{NI}{l}$$

式中　B_0——真空中的磁感应强度，T；

　　　μ_0——真空磁导率；

　　　N——圆环线圈的匝数；

　　　l——圆环的平均长度；

　　　I——线圈中的电流。

当把线圈中填入相对磁导率为 μ_r 的材料时，则此时的磁感应强度为 $B = \mu_r\mu_0\dfrac{NI}{l} = \mu\dfrac{NI}{l}$，不同的物质有不同的 B，计算较复杂。为了方便计算，引入磁场强度这个物理量。定义磁场中某点的磁感应强度 B 与媒介质的磁导率的比值，称为该点的磁场强度，用 H 表示，即：

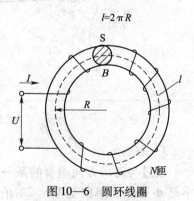

图 10—6　圆环线圈

$$H = B/\mu \quad \text{A/m（安/米）}$$

磁场强度也是一个矢量，在均匀媒介质中与磁感应强度的方向一致。

7. 磁化与磁性材料

（1）磁化　使原来没有磁性的物质具有磁性的过程叫磁化。凡是铁磁物质都能被磁化。

（2）磁化曲线　当铁磁物质从完全无磁化的状态进行磁化的过程中，铁磁物质的磁感应强度 B 将按一定规律随外磁场强度 H 的变化而变化。这种 B 与 H 的关系称为磁化曲线，如图10—7所示。

由曲线可见，当 H 较小时，B 随 H 近似成比例增加，如曲线 Oa 段；曲线 ab 段，H 增大而 B 增加缓慢，称为曲线的膝部；当 H 达到相当大时，B 增加甚微，称为曲线的饱和段，即曲线 b 点以后部分。

（3）磁滞回线　铁磁材料在交变磁场中反复磁化时，可得到如图10—8所示磁滞回线。由于在反复磁化过程中，B 的变化总是滞后于 H 的变化。所以，这一现象称为磁滞。

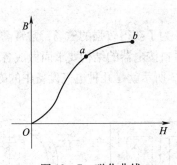

图10—7　磁化曲线

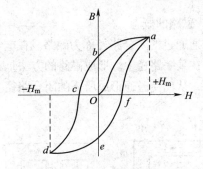

图10—8　磁滞回线

不同的外磁场强度 H_m 情况下所得到的一系列磁滞回线如图10—9所示，把这些磁滞回线的顶点连接起来所得到的曲线称为基本磁化曲线，今后在磁路计算中所用的曲线都是这种曲线。图10—10所示为几种铁磁材料的磁化曲线。

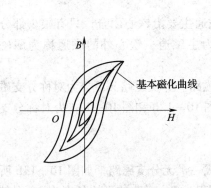

图10—9　不同磁场强度对应
不同磁滞回线

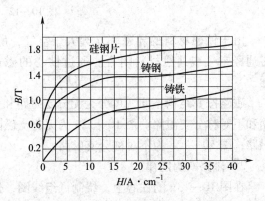

图10—10　硅钢片、铸钢、铸铁的
基本磁化曲线

（4）铁磁材料分类及用途　不同的铁磁材料具有不同的磁滞回线，在工程上的用途也各不相同，通常可分三大类：

1）软磁材料　如硅钢片、纯铁等。其特点是易磁化也易去磁，磁滞回线较窄，如图10—11a 所示。常用来制作电机、变压器等电气设备的铁心。

2）硬磁材料　其特点是不易磁化，也不易去磁，磁滞回线很宽，如图10—11b 所示。常见的这类材料有钨钢、钴钢等。常用来做永久磁铁、扬声器的磁钢等。

3）巨磁材料　其特点是在很小的外磁作用下就能磁化，一经磁化便达到饱和，去掉外磁场后，磁性仍能保持在饱和值。因其磁滞回线近似为矩形而得名，常用来做记忆元件，如计算机中储存器的磁芯。

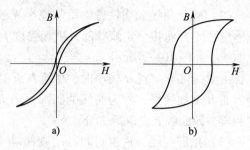

图10—11　不同铁磁材料的磁滞回线

二、磁路与磁路定律

1. 磁路的概念

磁通通过的闭合路径称为磁路。在电气设备中，为了获得较强的磁场，常常需要把磁通集中在某一路径中。形成磁路的方法是利用铁磁材料按电器的结构要求而做成各种形状的铁心，从而使磁通形成所需的闭合路径。图10—12 所示就是几种电气设备中的磁路。

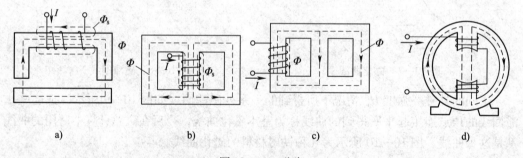

图10—12　磁路

由于铁磁材料的导磁率 μ 远大于空气，所以磁通主要沿铁心闭合，只有很少部分磁通经空气或其他材料闭合。通过铁心的磁通称为主磁通；铁心外的磁通称为漏磁通。

磁路按其结构不同，可分为无分支磁路和分支磁路。分支磁路又可分为对称分支磁路和不对称分支磁路。图10—12a 为无分支磁路；图10—12b 和图10—12d 为对称分支磁路；图10—12c 为不对称分支磁路。

2. 磁路欧姆定律

在图10—13a 的铁心上，绕制一组线圈，便形成一个无分支磁路，如图10—13b 所示。设线圈匝数为 N，通过的电流为 I，铁心的截面积为 S，磁路的平均长度为 l，则其磁场强度为：

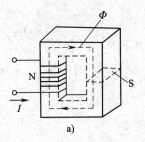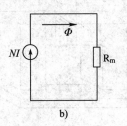

图 10—13　无分支磁路

a) 结构　b) 分支磁路

$$H = \frac{NI}{l}$$

式中 NI 相当于电路中的电动势，叫磁动势，单位为安匝。因为 $\Phi = BS$，那么有：

$$B = \mu H = \mu \frac{NI}{l}$$

则

$$\Phi = \mu \frac{NI}{l} S = \frac{NI}{\frac{l}{\mu S}}$$

　　令

$$R_m = \mu \frac{l}{S}$$

式中　R_m——磁路中的磁阻。

　　可见，磁阻的大小与磁路中磁力线的平均长度 l 及材料磁导率 μ 成正比，和铁心截面积成反比。由此得出：

$$\Phi = \frac{NI}{R_m}$$

即

$$磁通 = \frac{磁动势}{磁阻}$$

　　上式称为磁路欧姆定律，它与电路欧姆定律相似，磁通 Φ 相当于电路中的电流 I，磁动势 NI 相当于电动势 E，磁阻 R_m 相当于电阻 R。但磁路与电路有本质的不同，磁路无开路状态。

　　在实际应用中，很多设备的磁路往往要通过几种不同的物质，在图 10—14 中，当衔铁未吸合时，磁通不仅要通过铁心和衔铁，还要两次通过宽度为 δ 的空气隙，其等效磁路如图 10—14b 所示，该磁路中的磁通表示为：

$$\Phi = \frac{NI}{R_{m1} + R_{m2} + R_{m气}}$$

式中　R_{m1}——铁心的磁阻；

　　　　R_{m2}——衔铁的磁阻；

　　　　$R_{m气}$——2δ 的空气隙具有的磁阻。

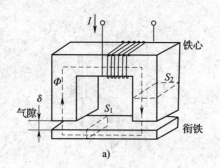
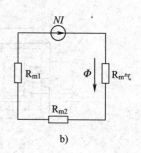

图 10—14　磁路计算图

a）结构　b）磁路

在有气隙的磁路中，气隙虽很短，但因空气的 μ_r 近似等于 1，因此气隙磁阻远大于铁心的磁阻。

磁路与电路有很多相似之处，表 10—1 列出了磁路与电路的对应关系。

表 10—1　　　　　　　　　　　　　　　　磁路与电路的对应关系

磁路		电路	
磁动势	NI	电动势	E
磁通	Φ	电流	I
磁导率	μ	电阻率	ρ
磁阻	$R_m = \dfrac{l}{\mu S}$	电阻	$R = \rho \dfrac{l}{S}$
欧姆定律	$\Phi = \dfrac{NI}{R_m}$	欧姆定律	$I = \dfrac{E}{R}$

三、电磁感应定律

1. 法拉第电磁感应定律

（1）电磁感应现象及条件　在图 10—15a 中，在均匀磁场中放置一根导体 AB，两端接上灵敏检流计。当导体垂直于磁力线做切割运动时，可以看到检流计指针偏转，说明回路中有电流存在；当导体平行于磁力线方向运动时，导体所在回路中磁通不发生变化，检流计指针不动，回路中无电流存在。

在图 10—15b 中，线圈两端接上检流计 P 构成回路，当磁铁插入线圈时，检流计指针会向一个方向偏转；如果磁铁在线圈中静止不动时，检流计不偏转；将磁铁迅速由线圈中拔出时，检流计又向另一个方向偏转。

上述现象说明：当导体切割磁力线或线圈中磁通发生变化时，在导体或线圈中都会产生感应电动势。其本质都是由于磁通发生变化而引起的。由以上分析可知，电磁感应的条件是穿越线圈回路中的磁通发生变化。

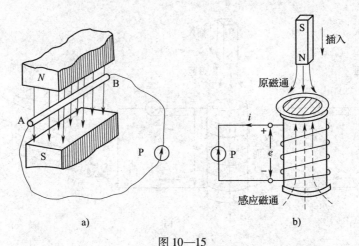

图 10—15

a）直导体的电磁感应现象　b）磁铁在线圈中运动

（2）法拉第电磁感应定律　在图 10—15b 所示的试验中，当磁铁插入或拔出越快，指针偏转越大。即回路中感应电动势的大小与穿过回路的磁通变化率成正比，这就是法拉第电磁感应定律。设通过线圈的磁通量为 Φ，则单匝线圈的感应电势大小为：

$$e = -\frac{\Delta\Phi}{\Delta t}$$

对 N 匝线圈，其感应电势为：

$$e = -N\frac{\Delta\Phi}{\Delta t}$$

式中　e——在 Δt 时间内感应电动势的平均值；

　　　N——线圈匝数；

　　$\dfrac{\Delta\Phi}{\Delta t}$——磁通变化率。

2．楞次定律

楞次定律是确定感应电动势方向的重要定律。其内容是：感应电动势的磁通总是反抗原有磁通的变化。应用其判断感应电动势方向的具体方法是：

（1）首先确定原磁通的方向及其变化趋势。

（2）由楞次定律判断感应磁通方向。如果原磁通增加，则感应磁通与原磁通方向相反，反之则方向相同。

（3）由感应磁通方向，应用右手螺旋定则判断感应电动势或感应电流的方向。

例 10—1　在图 10—16a 中，原磁通如图所示；磁通在磁铁插入时增加，由楞次定律，感应磁通与原磁通方向相反，因此，感应磁通向上；再用右手螺旋定则判断感应电流方向，右手握线圈，拇指指向感应磁通方向，弯曲四指指向感应电流方向（如图 10—15b 所示）。同样方法，亦可判断出图 10—16b 中感应电流方向。

直导体中感应电动势方向，用右手定则判断更为方便。其具体方法：伸开右手，当磁力线穿过手心，拇指指向导体运动方向，其余四指的方向即感应电动势的方向，如图 10—16b 所示。

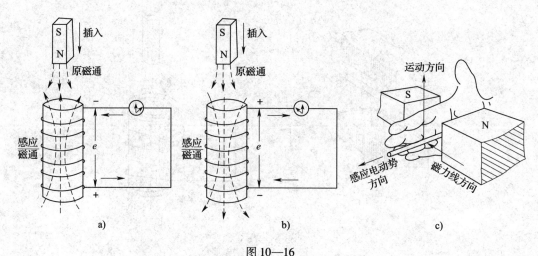

图 10—16

a)、b) 应用楞次定律判断感应电流　c) 右手定则

（4）电磁感应定律表达式中的负号　电磁感应定律 $e = -\dfrac{\Delta\Phi}{\Delta t}$ 中的负号是怎么得来的呢？可用图 10—17 来说明，图中圆代表单匝线圈。先在图中标出 e 的参考方向，参考方向应符合磁通的方向（右手螺旋定则），图中实线箭头所示。用楞次定律判断感应电动势的方向如图中虚线所示。在图 10—17a 中，Φ 增加，即 $\dfrac{\Delta\Phi}{\Delta t}>0$，由楞次定律得出 e 的实际方向与参考方向相反，即 $e<0$；在图 10—17b 中，Φ 减少，$\dfrac{\Delta\Phi}{\Delta t}<0$，由楞次定律判断出 e 的实际方向与参考方向相同，$e>0$。可见，无论 Φ 增加还是减小，e 与 $\dfrac{\Delta\Phi}{\Delta t}$ 之间总是异号，负号实际上是楞次定律在电磁感应定律中的反映，有了负号，电磁感应定律既能表示感应电动势的大小，又能表示其方向。

图 10—17　感应电动势的方向

a) Φ 增加　b) Φ 减少

四、自感、互感、涡流

1. 自感

由流过线圈本身的电流发生变化而引起的电磁感应现象称为自感应，简称自感。自感产生的电动势称为自感电动势，用 e_L 表示。

当一个线圈通过变化的电流后，这个电流产生的磁场使线圈每匝具有的磁通 Φ 称为自感磁通，使整个线圈具有的磁通称为自感磁链，用字母 ψ 表示。在第一章第一节已定义过 ψ/i 的比值称为自感系数，也称为自感。由电磁感应定律，自感电动势为：

$$e_L = -N\frac{\Delta\Phi}{\Delta t} = -\frac{\Delta\psi}{\Delta t}，\text{将 } L = \psi/i \text{ 代入得：}$$

$$e_L = -L\frac{\Delta i}{\Delta t}$$

2. 互感

互感也是电磁感应的一种形式。在图 10—18 所示电路中，合上开关的一瞬间，线圈 2 中有感应电动势使检流计指针偏转。这种由于一个线圈中电流变化，使另一线圈产生感应电动势的现象叫互感现象，简称互感。

由互感产生的感应电动势叫互感电动势，用 e_M 表示。在图 10—18 中，当两个线圈产生互感时，线圈 1 的电流 i_1 产生的互感磁通 Φ_{12} 与线圈 2 交链，其磁链为 $\psi_{12} = N_2\Phi_{12}$。互感的大小为：

$$e_{M2} = -N_2\frac{\Delta\Phi_{12}}{\Delta t} = -\frac{\Delta\psi_{12}}{\Delta t} = -M\frac{\Delta i_1}{\Delta t}$$

式中　M——互感系数，其单位与自感系数同，$M = \dfrac{\psi_{12}}{i_1}$。

3. 涡流

涡流也是一种电磁感应现象。在图 10—19a 中，整块铁心上绕有一组线圈，当线圈中通有交变电流时，铁心内就会产生交变的磁通，产生感应电动势，形成感应电流。由于这种感应电流在整块铁心中流动，形成闭合回路，故称涡流。

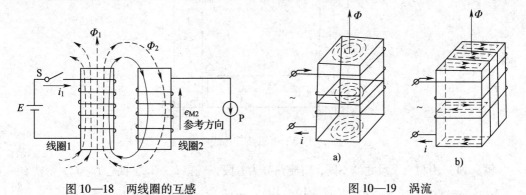

图 10—18　两线圈的互感　　　　图 10—19　涡流

涡流流动时，由于整块铁心的电阻很小，常常达到较大的数值，使铁心发热，而这种热量无法利用，称为涡流损耗。涡流损耗与磁滞损耗合称铁损。涡流产生的磁通将阻止原磁通变化，也将削弱原磁场的作用，叫作去磁。

上述涡流损耗和去磁作用对电气设备工作不利，应设法减小。通常用增大涡流回路电阻的方法，可以达到减小涡流的目的。在电机与变压器的铁心中，通常使用相互绝缘的硅钢片叠成（一般每 0.35 ~ 0.5 mm），如图 10—19b 所示。这样，一是将涡流的区域分割小；二是硅钢片的电阻率较大，从而大大限制了涡流。

在另一种情况下，人们利用涡流产生的热来加热金属，如高频感应炉就是一例。

五、磁路的计算

1. 无分支磁路的计算

无分支磁路的特点是磁路中各截面的磁通相等，对称分支磁路也可化为无分支磁路的计算。磁路的计算分为两大类：一是已知磁通求磁势；二是已知磁势求磁通。本书只讨论无分支磁路的第一类计算问题。

2. 已知磁通求磁势

已知 Φ 或 B 及磁路的材料、尺寸，求磁势 NI。计算步骤如下：

（1）按材料、截面的不同，把磁路进行分段。

（2）计算出各段的截面及平均长度。

（3）按已知的磁通，求出各段的磁感应强度：$B_1 = \Phi S_1$，$B_2 = \Phi S_2$，…

（4）在材料的 BH 曲线上（磁化曲线），由计算出的 B，查出对应的 H。

（5）应用全电流定律公式，求出磁势 NI。

$$NI = H_1 l_1 + H_2 l_2 + H_3 l_3 + \cdots + H_0 l_0$$

例 10—2　有一磁路系统，尺寸如图 10—20 所示，单位为毫米，铁心用 D_{21} 硅钢片叠成，衔铁用铸钢制成，现要求铁心中磁通为 3×10^{-4} Wb，外加的磁动势为多少？

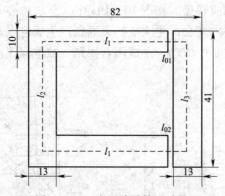

图 10—20　由磁路计算磁动势

解：（1）由材料及尺寸的不同，将磁路分为五段，气隙 l_{01}、l_{02}，铁心 l_1、l_2，衔铁 l_3。

$$l_1 = \left(82 - 13 - \frac{13}{2} - 0.1\right) + \left(41 - \frac{13}{2} - \frac{10}{2}\right) = 91.9 \text{（mm）} \approx 0.009\,2 \text{（m）}$$

$$l_2 = 82 - 13 - \frac{13}{2} - 0.1 = 62.4 \text{（mm）} \approx 0.006\,2 \text{（m）}$$

$$l_3 = \left(41 - \frac{13}{2} - \frac{10}{2}\right) + 2\left(\frac{13}{2}\right) = 42.5 \text{（mm）} \approx 0.004\,3 \text{（m）}$$

$l_{01} = l_{02} = 0.1 \text{ mm} = 10^{-5} \text{（m）}$

考虑硅钢片的"铁心叠化系数"，铁心的有效面积从铁心实际面积乘 k_c（k_c 取 0.9），则

$$S_1 = 13 \times 34 \times 0.9 = 400 \text{（mm}^2\text{）} = 4 \times 10^{-4} \text{（m}^2\text{）}$$

$$S_2 = 10 \times 34 \times 0.9 = 306 \ (mm^2) = 3 \times 10^{-4} \ (m^2)$$

$$S_3 = 13 \times 34 = 442 \ (mm^2) = 4.4 \times 10^{-4} \ (m^2)$$

空气隙面积　$S_{01} = S_1 = 4 \times 10^{-4} \ (m^2)$

$$S_{02} = S_2 = 3 \times 10^{-4} \ (m^2)$$

（2）计算各段磁感应强度

$$B_1 = \frac{\Phi}{S} = \frac{3 \times 10^{-4}}{4 \times 10^{-4}} = 0.75 \ (T)$$

$$B_2 = \frac{\Phi}{S_2} = \frac{3 \times 10^{-4}}{4 \times 10^{-4}} = 1 \ (T)$$

$$B_3 = \frac{\Phi}{S_3} = \frac{3 \times 10^{-4}}{4.4 \times 10^{-4}} = 0.68 \ (T)$$

$$B_{01} = \frac{\Phi}{S_{01}} = 0.75 \qquad B_{02} = \frac{\Phi}{S_{02}} = 1 \ (T)$$

（3）求各段的磁场强度

由 B_1，B_2 查表得：

$H_1 = 300 \ (A/m)$，$H_2 = 490 \ (A/m)$，$H_3 = 5\ 500 \ (A/m)$　　空气隙，$H_{01} = 6 \times 10^5$ (A/m)，$H_{02} = 8 \times 10^5 \ (A/m)$

（4）由 $NI = H_1 l_1 + H_2 l_2 + H_3 l_3 + H_{01} l_{01} + H_{02} l_{02}$

$= 300 \times 9.2 \times 10^{-2} + 490 \times 6.24 \times 10^{-2} + 5\ 500 \times 4.3 \times 10^{-2} + 6 \times$

$10^5 \times 10^{-4} + 8 \times 10^5 \times 10^{-4}$

$= 27.75 + 30.58 + 23.41 + 60 + 80 = 221.24 \ (安 \cdot 匝)$

即需外加 221.24（安·匝）的磁动势方能满足要求。

第二节　电子技术

一、模拟电子电路

1. 基本放大电路

我们以共发射极基本放大电路为例，介绍放大电路的组成与分析方法。

（1）基本交流放大电路的组成及静态工作点　图 10—21 是共发射极基本放大电路，VT 是 NPN 型三极管，是整个电路的核心，R_L 是负载，u_i 是输入信号，u_0 是输出信号。偏置电阻 R_B 提供基极直流电流 I_B（称基极偏置电路）。集电极电阻 R_C 可将集电极电流 i_C 的变化转化为电压 u_{CE} 的变化，从而实现电压的放大。耦合电容 C1、C2 用来隔离直流，传递交流信号。

当输入信号 $u_i = 0$ 时，该电路由电源 $+E_C$ 提供了一组直流电流、电压值，分别用 I_{BQ}、I_{CQ}、U_{BEQ}、U_{CEQ} 表示，由于这组直流量代表输入、输出特性上的一个点，所以习惯上称之为静态工作点。

（2）基本放大电路的分析 放大电路的基本分析方法有三种，即估算法、图解法和微变等效电路法。

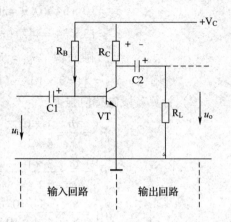

1）基本放大电路的估算法 对一个放大电路进行分析，包括两个方面：一是静态分析，即确定静态工作点的各直流电压、电流值；二是动态分析，计算放大电路在有输入信号时的放大倍数、输入及输出阻抗等。静态分析是针对直流量，故电容看成开路；而动态分析是针对交流量，故电容应考虑容抗。通常，对理想的电源、大电容（容抗很小）均可看成短路。这样，对图10—22的电路，静态和动态分析时

图10—21 共发射极基本放大电路

的电路形式是不一样的，静态分析时称为直流通路（见图10—22a），动态分析时称为交流通路（见图10—22b）。

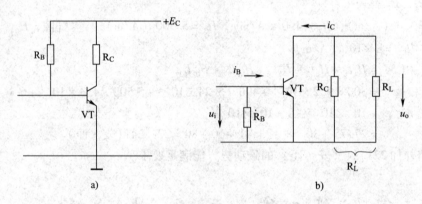

图10—22

a）直流通路 b）交流通路

①静态分析 静态分析时，假设共发射极交流电流放大系数 β = 共发射极直流电流放大系数 $\overline{\beta}$，且发射结压降 U_{BE} 是已知的（硅管为 0.5 ~ 0.7 V，锗管为 0.2 ~ 0.3 V），由图10—22a直流通路，可得：

$$\begin{cases} I_{BQ} = \dfrac{E_C - U_{BE}}{R_B} \approx \dfrac{E_C}{R_B} \\ I_{CQ} = \beta I_{BQ} \\ U_{CEQ} = E_C - I_{CQ}R_C \end{cases}$$

由这组公式即可确定电路的静态工作点参数。

②动态分析 在图10—22b交流通路中，当有一输入信号 u_i 时，负载上就有一输出 u_o，把 u_o 与 u_i 之比定义为放大倍数，用 A_V 表示，则有：

$$A_V = \dfrac{u_o}{u_i}$$

又因为 $i_B = \dfrac{u_i}{r_{BE}}$，$i_C = \beta i_B$，$u_o = -i_C R'_L$（$R'_L = R_C /\!/ R_L$），负号表示输出信号与输入信号相位相反。由上述公式得：

$$u_o = -\beta \dfrac{u_i}{r_{BE}} R'_L$$

$$A_V = \dfrac{u_o}{u_i} = -\beta \dfrac{R'_L}{r_{BE}}$$

通常 $\beta \gg 1$，$R'_L > r_{BE}$，一般放大倍数是很高的。式中 r_{BE} 称为半导体管输入电阻。该电阻定义为：当输出端交流短路时，半导体管输入端电压 u_{BE} 的变化量 Δu_{BE} 与由它引起的基极电流 i_B 的变化量 Δi_B 之比，即：

$$r_{BE} = \dfrac{\Delta u_{BE}}{\Delta i_B}\bigg|_{U_{CE}=常数}$$

2）基本放大电路的图解分析法　它是根据三极管的特性曲线和外部电路所确定的负载线，利用作图的方法作出分析解答。

①静态分析（直流负载线）　如图 10—23 电路所示，对于直流通路，$U_{CE} = E_C - I_C R_C$，令 $I_C = 0$ 得：

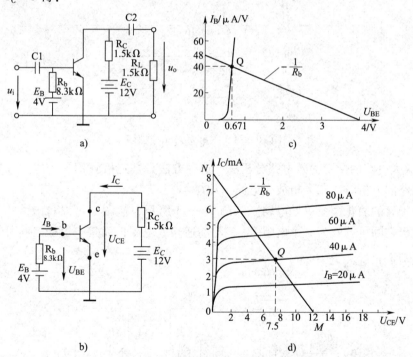

图 10—23　用图解法确定静态工作点

a）共发射极电路　b）直流电路　c）输入特性上定出 Q' 点　d）输出特性上定出 Q 点

$U_{CE} = E_C = 12$ V，标于图 10—23d 中 M 点；令 $U_{CE} = 0$ 得：

$I_C = E_C / R_C = 12 / (1.5 \times 10^3) = 8$ mA 标于图 10—23d 中 N 点，连接 MN 得到一条直线，即为所求直流负载线。

由于 $I_B = (E_B - U_{BE}) / R_b = 40$ μA，直流负载线与 $I_B = 40$ μA 输出曲线上的交点即

是电路的静态工作点 Q，如图 10—23d 所示。由图中 Q 点可读得 I_{CQ} 与 U_{CEQ} 的值。

②动态分析（交流负载线）　如图 10—23a 所示电路，由于隔直电容 C1 的作用，电路加上交流负载时，负载电阻对静态工作点无影响，此时 R_C 和 R_L 是并联关系。则 $R_L' = R_C R_L / (R_C + R_L) = 0.75\ \mathrm{k\Omega}$。因为交流信号在变化过程中必然要经过零点，在经过零点的瞬间，即反映了交流信号的一点，又相当于静态工作情况，所以交流负载线必定经过 Q 点。由于交流负载线的斜率为 $\tan\alpha = -1/R_L' = -\dfrac{4}{3}$，且经过 Q 点，所以可以作出交流负载线，如图 10—24 所示。利用交流负载线可以分析放大电路的电压放大倍数、波形失真情况等。

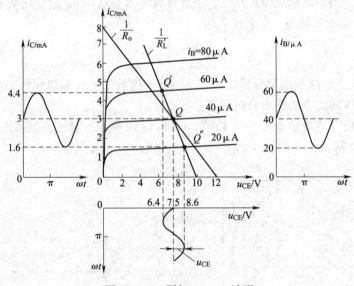

图 10—24　图解 u_{CE}，i_C 波形

3）放大电路的微变等效电路分析法　这种方法是把三极管用一个电路来等效，然后利用电路的分析方法来分析放大电路。

①三极管的简化微变等效电路　如图 10—25 所示，从图中可以看出，三极管的基极、发射极之间可等效为一个电阻 R_{BE}，即前述输入电阻；而集、射极之间可等效为一个受控电流源 βi_B。

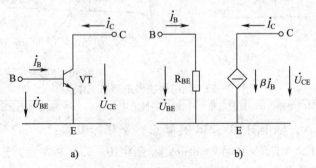

a)　　　　　　　　b)

图 10—25　三极管的简化微变等效电路

a）三极管电路　b）微变等效电路

②微变等效电路的应用　利用微变等效电路可以方便地求放大电路电压放大倍数及电流放大倍数的计算。将图 10—25b 所示的微变等效电路画出如图 10—26b 所示电路。根据微变等效电路，电压放大倍数为：

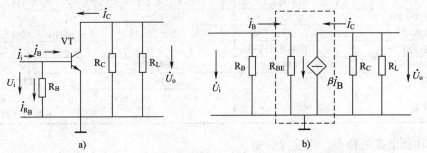

图 10—26　共发射极基本放大电路的交流通路及等效电路

$$\dot{U}_i = \dot{I}_B R_{BE} \qquad R'_L = R_L // R_C，那么\qquad \dot{U}_o = -\beta \dot{I}_B R'_L$$

$$\dot{A}_V = \dot{U}_o / \dot{U}_i = (-\beta \dot{I}_B R'_L) / (\dot{I}_B R_{BE}) = -\beta R'_L / R_{BE}$$

输出电压为：

$$\dot{U}_o = \dot{A}_V \dot{U}_i = -\beta R'_L \dot{U}_i / R_{BE}$$

式中　$\dot{A}_I$——电流放大倍数；

　　　$\dot{A}_I$——输出信号电流；

　　　$\dot{I}_o$——输入信号电源 $\dot{I}_i$。

根据微变等效电路图有：

$$\dot{I}_i = \dot{I}_{R_B} + \dot{I}_B = \dot{U}_i / (R_B // R_{BE})$$

$$\dot{I}_o = -\dot{U}_o / R_L = -\dot{A}_V \dot{U}_i / R_L$$

即 $\dot{A}_I = \dot{I}_o / \dot{I}_i = -\dot{A}_v (R_B // R_{BE}) / R_L$

如果 $R_B \gg R_{BE}$，则 $\dot{I}_i \approx \dot{I}_B$，那么：

$$A_I \approx -A_V R_{BE} / R_L$$

（3）三种基本放大电路的比较　除上述共发射极基本放大电路外，交流放大电路还有共集电极和共基极两种形式，这三种形式的放大电路各有特点，运用场合也不一样，其比较见表 10—2。

表 10—2　　　　　　　　　　基本放大电路三种接法比较表

电路名称	共发射极电路	共集电极电路	共基极电路
电路图			

续表

电路名称	共发射极电路	共集电极电路	共基极电路
电流放大倍数	β	$1+\beta$	$\approx \alpha$ 小于、近于1
电压放大倍数	大，几十倍到几千倍	小于、近于1	大，几十倍到几百倍
功率放大倍数	大	一般	一般
输入电阻	较小，几百欧到几千欧	较大，几十千欧以上	最小，几欧到几十欧
输出电阻	较大，几千欧到几十千欧	最小，几十欧以下	最大，几十欧到几百千欧
频率特性	高频特性较差	较好	好
稳定性	较差	较好	较好
用途	低频放大	适用于输入极、输出极和阻抗变换级	用于高频放大、振荡及恒流源电路

2. 功放电路的特点、用途及分析

由于实际负载常常需要较大功率，放大电路无法直接驱动，常在放大电路与负载间加一级放大电路，以提高驱动负载的能力，这一级电路就称为功率放大电路，简称功放。作为功放电路，主要考虑的有以下几个问题：输出大功率、提高效率、减小大信号下的失真、改善热稳定性。常见的功放电路按频率分有高频和低频两类，本节只讨论工作频率为 20 ~ 20 000 Hz 的低频功放。低频功放电路按工作状态分又可分为甲类、乙类和甲乙类三种常见形式。为了提高效率及输出功率、减小体积等，一般多采用乙类和甲乙类，下面主要介绍这两类电路的工作原理。

（1）三极管甲类、乙类、甲乙类工作状态　如图 10—27 所示，三种工作状态的区别是：甲类（见图 10—27a），其静态工作点 Q 设置在负载线的中点附近，管子的集电极电流 $i_C \geqslant 0$。乙类（见图 10—27c），Q 点设置在负载线与横轴的交点外，这样，$i_C = 0$ 的时间为半个周期。而甲乙类的 Q 点比乙类位置稍偏上（见图 10—27b），$i_C = 0$ 的时间小于半个周期。乙类和甲乙类功放，由于静态工作点 Q 下降，故静态时管耗也下降了，因而提高了效率，但波形失真严重。因此，这类放大器通常用同类型两个管子组成互补对称电路。

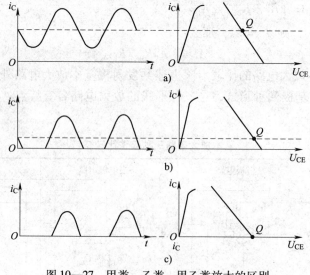

图 10—27　甲类、乙类、甲乙类放大的区别

a）甲类 $i_C \geqslant 0$　b）甲乙类 $i_C = 0$ 的时间小于半个周期　c）乙类 $i_C = 0$ 的时间为半个周期

（2）OCL 电路　无输出电容电路（OCL），又称双电源互补对称电路，如图 10—28 所示。假设 VT1、VT2 两管特性对称，则在静态时，$u_i = 0$、$u_E = 0$，VT1、VT2 截止，$i_{C1} = i_{C2} = 0$，电路中无功率损耗。动态时，在 u_i 的正半周内，VT1 导通，VT2 截止，u_o 为正，在 u_i 的负半周，VT1 截止，VT2 导通，u_o 输出为负。显然，VT1、VT2 均工作于乙类状态，但它们互相交替工作，互相补充对方缺少的半个周期，在输出端仍可得到完整的信号波形（见图 10—28b）中 u_o。电路的最大输出电压分别接近于 $+E_C$ 和 $-E_C$。该电路在实际应用中，由于 VT1、VT2 输入特性存在死区，在输出电压过零时产生失真，如图 10—28b 中 u_o' 波形，这种失真称为交越失真。消除的办法是使 VT1、VT2 在静态时就略为导通，为此采用图 10—29 所示电路。即在 VT1、VT2 基极之间加一直流电压，静态时，VT1 基极电位为正，VT2 基极电位为负。两管都有一个不大的静态电流，这样，无论信号电压为正或负，都至少有一个管子导通，交越失真就消除了。图 10—29a 中直流电压是 VD5、VD6 的管压降，图 10—29b 中直流电压是 VT4 的管压降。

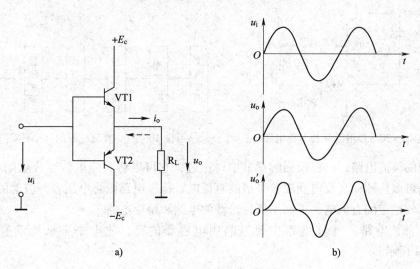

图 10—28　乙类互补对称电路及其工作波形
a）电路图　b）波形图

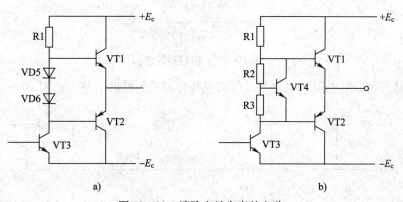

图 10—29　消除交越失真的电路
a）用半导体二极管　b）用电阻及三极管

（3）OTL 电路　前述 OCL 电路需两个独立电源，很不方便，为此可采用 OTL 电路，即无输出变压器电路，也称单电源互补对称电路。如图 10—30 所示，图中 E_1、E_2 是为克服交越失真而设置的偏置电源，在实际电路中可由两个二极管代替。静态时，调整三极管发射极电位，使 $U_E = E_C/2$，当输入信号 u_i 为正半周时，VT1 导通，VT2 截止。反过来，u_i 为负半周时，VT1 截止而 VT2 导通。VT2 由电容 C 提供电源。

3．直流稳定电源的特点、用途及分析

在前述的放大电路以及其他各种电子电路中，很多都需要一个直流电源，这个电源可以由电池提供，更多的是直流电源电路将交流电转化成稳定的直流电源，给各种电子电路供电。

直流电源一般由图 10—31 所示的几个环节构成：

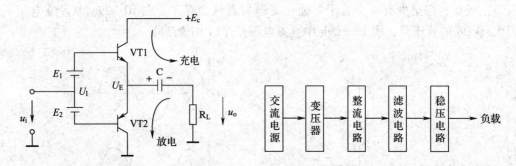

图 10—30　单电源互补对称电路　　　　图 10—31　直流电源的几个环节

其中的整流电路，已在前面的章节中讨论过，它可以将交流电转变成脉动直流电。滤波电路可以将脉动直流电变成较平滑的直流电。稳压电路则将电压容易波动的直流电变成电压较稳定的直流电。下面主要讨论滤波电路和稳压电路。

（1）滤波电路　滤波电路主要是利用电容器的充、放电来平滑脉动直流，如图 10—32 所示。

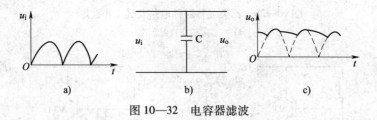

图 10—32　电容器滤波

电容器还可以和电阻、电感等元件构成各种形式的滤波电路，如图 10—33 所示。

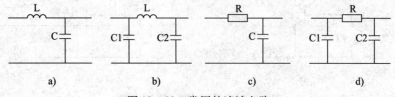

图 10—33　常用的滤波电路

a）L、C 滤波器　b）L、C Ⅱ形滤波器　c）R、C 滤波器　d）R、C Ⅱ形滤波器

（2）稳压电路

1）稳压二极管　这是一种特殊的半导体二极管，其图形符号及伏安特性如图 10—34 所示。

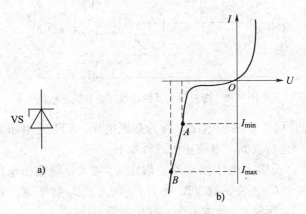

图 10—34　稳压二极管符号及伏安特性

a）图形符号　b）伏安特性

稳压管的反向击穿区特性曲线较陡，如图 10—34b 中的 *AB* 段，这是稳压管的正常工作区。稳压管被反向击穿后，流过管子的电流可以在较大范围内变化（图中 I_{min} ~ I_{max}），而管子两端电压变化很小，这就是稳压管的稳压作用。

2）稳压管稳压电路　如图 10—35 所示。由于引起输出电压不稳的原因主要是交流电源电压波动及负载电流的变化。下面从这两方面来讨论该电路的稳压过程。

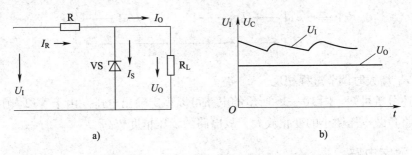

图 10—35　稳压管稳压电路及电压波形

当交流电压波动时，如 U_I 增加，则 U_O 也增加，这时 I_S 显著增加，I_R 也将显著增加，从而使 R 两端压降增大，使 U_O 得到稳定。

当电压不变，而负载电流增大时，电阻 R 上的压降增大，U_O 有下降的趋势，而 U_O 下降一点，稳压管电流 I_S 显著减小，I_R 也要减小，使 R 上压降减小，从而使 U_O 得到稳定。

由稳压管构成的稳压电路，线路简单，但稳压性能差，输出功率也不大，故一般只用于要求不高的电源电路中。

3）串联式三极管式稳压电路　改变三极管基极电流大小，就可以改变集电极与发射极之间的电压，相当于改变了三极管的电阻。利用这一点，将三极管串联在电路中，就可构成串联式三极管稳压电路，如图 10—36 所示。

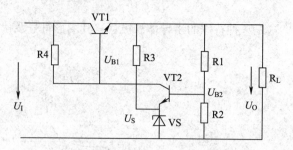

图 10—36　带有放大器的串联三极管稳压电路

该电路中，U_S 是稳压管两端电压，称为基准电压，VT1 是电压调整管，VT2 将输出电压的一部分取出进行放大。电路稳压过程如下：

当负载 R_L 不变，而输入电压波动时，假定 U_I 增大，则输出电压 U_O 有增大的趋势，使 U_{B2} 增大，由于 U_S 不变，故 VT2 管的 U_{B2} 增大，U_{B1} 将下降，VT1 管的输入电压 U_{BE} 减小，U_{CE} 增大，从而使 U_O 基本不变。这个过程可描述如下：

$$U_I\uparrow \longrightarrow U_O\uparrow \longrightarrow U_{B2}\uparrow \longrightarrow U_{B1}\downarrow \longrightarrow U_{BE}\downarrow \longrightarrow U_{CE}\uparrow$$
$$U_O\downarrow \longleftarrow$$

当 U_I 减小时，调节过程相反。

若输入电压 U_I 不变，而负载 R_L 变化，如 R_L 减小，U_O 就有下降的趋势，电路将有如下调节过程：

$$R_L\downarrow \longrightarrow U_O\downarrow \longrightarrow U_{B2}\downarrow \longrightarrow U_{B1}\uparrow \longrightarrow U_{BE}\uparrow \longrightarrow U_{CE}\downarrow$$
$$U_O\uparrow \longleftarrow$$

负载 R_L 增大时调节过程相反。

由上述分析可知，图 10—36 所示的电路可以稳定输出电压。由于 VT2 构成的放大电路可以将负载电压微小的变化放大，故电路的稳压精度较高。

二、数字电路

1. 基本逻辑门电路

基本逻辑门电路是构成一切复杂数字电路的基本单元。它由二极管、三极管等元器件构成，下面介绍几种最常见的逻辑门电路。

（1）二极管"与"门电路　该电路图及图形符号如图 10—37 所示。A、B、C 是三个信号输入端，Q 是信号输出端。无论是输出还是输入信号，其电位只有高电位和低电位两种形式，通常用"1"表示高电位，"0"表示低电位。这是数字电路与前述模拟电路不同的地方。

"与"门电路的输入、输出关系可以用图 10—38 所示的表格来描述，这个表称为真值表。真值表是描述数字电路的基本方法之一。由表中可见，只有当电路的三个输

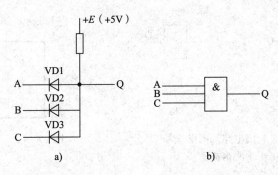

图 10—37　二极管"与"门电路及符号

a) 电路图　b) 图形符号

入端 A、B、C 都是"1"状态时，输出才是"1"状态；只要三个输入端中有一个是"0"状态，输出就是"0"状态。这个关系用一个表达式来描述，即 $Q = A \cdot B \cdot C$。逻辑表达式是描述数字电路的另一种方法。上式即是"与"门电路的逻辑表达式。

（2）二极管"或"门电路　该电路图、图形符号及真值表如图 10—39、图 10—40 所示。从表中可见，只有当三个输入端 A、B、C 都处于"0"状态，输出才是"0"；A、B、C 中只要有一个（或几个）是"1"状态，输出 Q 就是"1"状态。具有这种输入、输出关系的电路称为"或"门电路。用逻辑表达式即 $Q = A + B + C$。

A	B	C	Q
1	1	1	1
1	1	0	0
1	0	1	0
1	0	0	0
0	1	1	0
0	1	0	0
0	0	1	0
0	0	0	0

图 10—38　"与"门电路的真值表

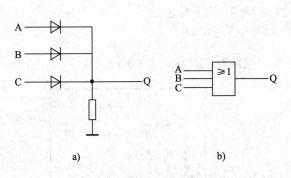

图 10—39　"或"门电路及符号

a) 电路图　b) 图形符号

A	B	C	Q
1	1	1	1
1	1	0	1
1	0	1	1
1	0	0	1
0	1	1	1
0	1	0	1
0	0	1	1
0	0	0	0

图 10—40　"或"门真值表

（3）"非"门电路　该电路图、图形符号及真值表如图 10—41、图 10—42 所示。该电路由三极管构成。该三极管工作在截止或饱和状态。显然"非"门电路输入与输出的状态正好相反。用逻辑表达式表示即 $Q = \bar{A}$，利用"非"门可实现逻辑"非"运算。

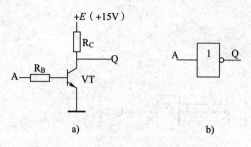

图 10—41 "非"门电路及图形符号
a) 电路图　b) 图形符号

图 10—42 "非"门真值表

A	Q
0	1
1	0

（4）复合逻辑门电路　由基本的"与""或""非"门电路，可以构成各种复杂的逻辑门电路。如"与非"门、"或非"门、"与或非"门、"异或"门等。在实际运用中，通常可以将这些复合逻辑门电路看成一个门电路来使用。下面列出常见的复合逻辑门电路组成、图形符号、真值表及逻辑表达式。

1）"与非"门　如图 10—43 所示。逻辑表达式 $Q = \overline{A \cdot B \cdot C}$。

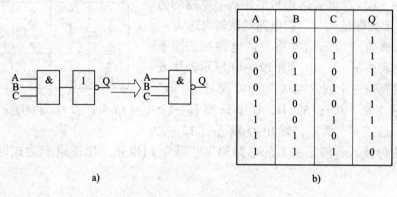

A	B	C	Q
0	0	0	1
0	0	1	1
0	1	0	1
0	1	1	1
1	0	0	1
1	0	1	1
1	1	0	1
1	1	1	0

a)　　　　　　　　b)

图 10—43 "与非"门及真值表
a) 图形符号　b) 真值表

2）"或非"门　如图 10—44 所示。逻辑表达式 $Q = \overline{A + B + C}$。

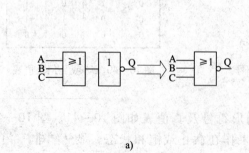

A	B	C	Q
0	0	0	1
0	0	1	0
0	1	0	0
0	1	1	0
1	0	0	0
1	0	1	0
1	1	0	0
1	1	1	0

a)　　　　　　　　b)

图 10—44 "或非"门电路及真值表
a) 图形符号　b) 真值表

3）"与或非"门　如图 10—45 所示。逻辑表达式 $Q = \overline{A \cdot B + C \cdot D}$，其真值表读者可自行列出。

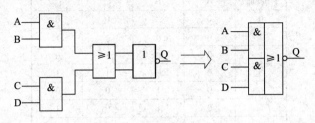

图 10—45　"与或非"门

4）"异或"门　如图 10—46 所示。逻辑表达式 $Q = \overline{A} \cdot B + \overline{B} \cdot A$。

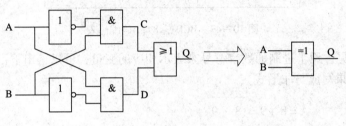

a)

A	B	C	D	Q
0	0	0	0	0
0	1	1	0	1
1	0	0	1	1
1	1	0	0	0

b)

图 10—46　"异或"门电路及真值表

a）图形符号　b）真值表

2. 组合逻辑电路分析

用前述的基本逻辑门电路及简单的复合门电路，可以构成各种组合逻辑电路。如编码器、译码器、多路选择器、数码比较器等。组合逻辑电路的特点是任意时刻的输出信号仅取决于该时刻的输入信号，而与信号作用前电路所处状态无关。下面仅就编码器和译码器的工作原理作一些分析，介绍组合逻辑电路的基本分析方法。

（1）编码器　电子计算机等数字电子设备内使用所谓"二进制"数，而人们日常生活所用的是十进制数。如何将十进制数转换成计算机所认识的二进制数，这就是编码器的任务。编码器种类很多，这里仅介绍二—十进制（BCD 码）编码器。所谓 BCD 码就是用一组四位二进制代码来表示一个十进制数字。最常见的 BCD 码是 8421 码，其编码表如图 10—47 所示。

输 入	输		出	
十进制数	A	B	C	D
0	0	0	0	0
1	0	0	0	1
2	0	0	1	0
3	0	0	1	1
4	0	1	0	0
5	0	1	0	1
6	0	1	1	0
7	0	1	1	1
8	1	0	0	0
9	1	0	0	1

图 10—47 BCD 的 8421 码编码表

为简单起见，用十进制的数字符号来表示相应的变量，可以得出下面一组逻辑表达式（把最后结果写成与非形式）：

$$A = 8 + 9 = \overline{\overline{8} \cdot \overline{9}}$$

$$B = 4 + 5 + 6 + 7 = \overline{\overline{4} \cdot \overline{5} \cdot \overline{6} \cdot \overline{7}}$$

$$C = 2 + 3 + 6 + 7 = \overline{\overline{2} \cdot \overline{3} \cdot \overline{6} \cdot \overline{7}}$$

$$D = 1 + 3 + 5 + 7 + 9 = \overline{\overline{1} \cdot \overline{3} \cdot \overline{5} \cdot \overline{7} \cdot \overline{9}}$$

注意，上述表达式是根据真值表写出的。如输出 C 对应的是输入 2、3、6、7 为 1，所以，写作 C = 2 + 3 + 6 + 7。

由逻辑表达式画出电路图，如图 10—48 所示。

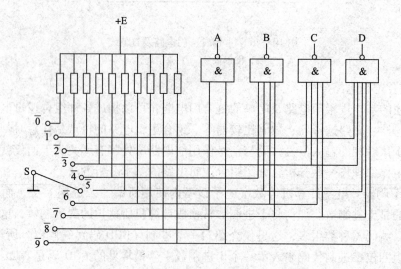

图 10—48 BCD 的 8421 码编码器逻辑电路

若想得到十进制数"6"的编码，可将开关S打在 $\bar{6}$ 处，此时，$\bar{6}$ 端输入为"0"，其余各端输入为"1"，输出端 A = 0，B = 1，C = 1，D = 0，就完成了对6的编码。

（2）译码器 译码器的任务与编码器正好相反，它将编码所代表的含义翻译出来，通常还利用一定的装置显示出来。下面介绍一种驱动七段显示数码管的二—十进制译码器。这种译码器可将 8421 码译成显示器件所需的七段二进制代码。其真值表如图 10—49 所示。由真值表，可以设计出图 10—50 所示的译码电路。

十进制数	输入				输出							数字显示
	A	B	C	D	a	b	c	d	e	f	g	
0	0	0	0	0	1	1	1	1	1	1	0	0
1	0	0	0	1	0	1	1	0	0	0	0	1
2	0	0	1	0	1	1	0	1	1	0	1	2
3	0	0	1	1	1	1	1	1	0	0	1	3
4	0	1	0	0	0	1	1	0	0	1	1	4
5	0	1	0	1	1	0	1	1	0	1	1	5
6	0	1	1	0	1	0	1	1	1	1	1	6
7	0	1	1	1	1	1	1	0	0	0	0	7
8	1	0	0	0	1	1	1	1	1	1	1	8（f g b / e c / d）
9	1	0	0	1	1	1	1	1	0	1	1	9

图 10—49 8421 码七段显示输出真值表

假如输入 8421 码为 0101，即 A = 0，B = 1，C = 0，D = 1，则输出端 $\bar{a}$ = 0，$\bar{b}$ = 1，$\bar{c}$ = 0，$\bar{d}$ = 0，$\bar{e}$ = 1，$\bar{f}$ = 0，$\bar{g}$ = 0，即 a、c、d、f、g 五段同时发光，七段数码管显示"5"。

3. 时序逻辑电路分析

由基本门电路还可以组成另一种类型的逻辑电路，称为时序逻辑电路，其特点是：输出信号不仅取决于输入信号，还与输入信号的先后顺序及电路的原始状态有关。常见的时序逻辑电路有：触发器、寄存器、计数器等。下面主要介绍触发器。

（1）RS 触发器 图 10—51 所示为其结构与符号。电路有三个输入端，R、S 为触发信号输入端，CP 为控制信号（时钟脉冲）输入端。有两个输出端，即 Q 和 $\bar{Q}$。当没有时钟脉冲输入（CP = 0），门 C 和门 D 被"封锁"，R、S 的状态不能影响触发器的输出，图中的 $\bar{R}_d$ 为清零端，当 $\bar{R}_d$ = 0，$\bar{S}_d$ = 1 时，Q = 0，$\bar{Q}$ = 1。$\bar{S}_b$ 端为置"1"端，当 $\bar{R}_d$ = 1，

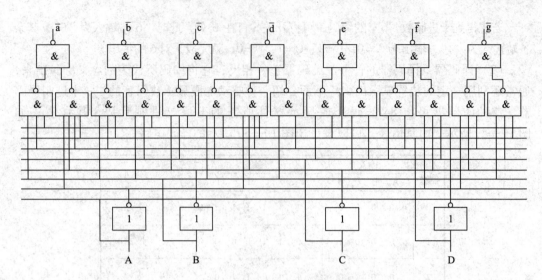

图10—50 七段译码器逻辑电路图

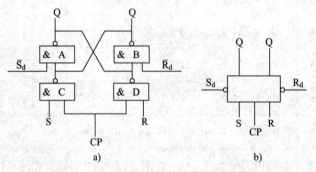

a)   b)

图10—51 RS 触发器的结构及图形符号

a) 逻辑电路 b) 图形符号

$\overline{S}_d = 0$ 时，$Q = 1$，$\overline{Q} = 0$，$\overline{R}_d$ 与 $\overline{S}_d$ 不能同时为零。RS 触发器的逻辑功能，可以用图10—52a 所示的状态转换真值表和图10—52b 所示的驱动表来描述。

Q^n	S	R	Q^{n+1}
0	0	0	0
0	0	1	0
0	1	0	1
0	1	1	×
1	0	0	1
1	0	1	0
1	1	0	1
1	1	1	×

a)

Q^n	Q^{n+1}	S	R
0	0	0	×
0	1	1	0
1	0	0	1
1	1	×	0

b)

图10—52 状态转换真值表和驱动表

a) 状态转换真值表 b) 驱动表

图 10—52 所示的表中，Q^n 表示触发器触发前的状态，Q^{n+1} 表示触发器触发之后的状态，均以 Q 端的状态为准。"X" 表示状态不确定。当 R、S 端同为 "1" 状态时，Q^{n+1} 是不确定的。因此，R、S 同为 "1" 的状态是不允许的。RS 触发器的逻辑关系还可以用下面一组方程描述，称为特性方程。

$$Q^{n+1} = S + \bar{R}Q^n$$
$$S \cdot R = 0 \quad （约束条件）$$

（2）D 触发器　D 触发器由六个 "与非" 门组成如图 10—53a 所示，图形符号如图 10—53b 所示，D 端为信号输入端，CP 为时钟输入端，$\bar{R}_d$ 和 $\bar{S}_d$ 分别是直接置 "0" 端和直接置 "1" 端。其状态转换表、驱动表如图 10—54 所示。其特征方程为：

$$Q^{n+1} = D$$

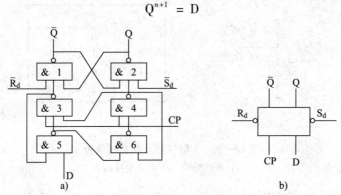

图 10—53　D 触发器

a）逻辑电路　b）图形符号

Q^n	D	Q^{n+1}
0	0	0
0	1	1
1	0	0
1	1	1

a)

Q^n	Q^{n+1}	D
0	0	0
0	1	1
1	0	0
1	1	1

b)

图 10—54　D 触发器的状态转换表、驱动表

a）状态转换表　b）驱动表

需特别指出：对图 10—54a 分析，可以看出 D 触发器的状态翻转只能发生在 CP 信号的上升沿（即 CP 由 "0" 变 "1" 瞬间）。

（3）T 触发器　T 触发器一般由其他类型的触发器变化而来。图 10—55 所示为 T 触发器的两种组成方式，其动作特点是当输入端为高电位，即 T = 1 时，每当 CP 脉冲到来时，其输出状态就翻转一次。因此，两个时钟脉冲就使输出恢复到原来状态。或者说，每输入两个时钟脉冲，就得到一个输出脉冲。这一特点使它广泛用于计数电路与分频电路。当 T = 0 时，时钟脉冲不能使输出状态改变，其图形符号及状态转换表如图 10—56 所示，且特征方程为：

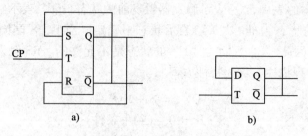

图 10—55　T 触发器的组成

a）从 RS 触发器换来　b）从 D 触发器变换来

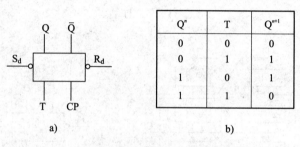

图 10—56　T 触发器及状态转换表

a）图形符号　b）状态转换表

$$Q^{n+1} = \overline{Q}^n T + Q^n \overline{T}$$

（4）JK 触发器　前述的 RS 触发器当 $R = S = 1$ 时，其输出是不确定状态，为了解决这一问题，可将 RS 触发器的输出端再引回到输入端，如图 10—57a 所示。这样，就构成了一种新的触发器，即 JK 触发器，其图形符号如图 10—57b 所示，JK 触发器的状态转换表和驱动表如图 10—58 所示。

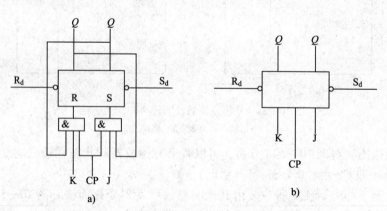

图 10—57　JK 触发器

a）逻辑电路　b）图形符号

从图 10—58a 中可见，当 $J = K = 1$ 时，CP 脉冲触发下，$Q^{n+1} = \overline{Q}^n$，即触发器状态将翻转，从而得到一个确定的输出状态。

J	K	Q^n	Q^{n+1}
0	0	0	0
0	1	0	0
1	0	0	1
1	1	0	1
0	0	1	1
0	1	1	0
1	0	1	1
1	1	1	0

$Q \longrightarrow Q_{n+1}$		J	K
0	0	0	×
0	1	1	×
1	0	×	1
1	1	×	0

a)　　　　　　　　　　　　　　　　b)

图 10—58　JK 触发器状态转换表与驱动表

a）状态转换表　b）驱动表

JK 触发器的特征方程为：

$$Q^{n+1} = J\overline{Q}^n + \overline{K}Q^n$$

第三节　晶闸管电路

一、三相零式可控整流电路

三相零式可控整流电路又称为三相半波可控整流电路。其电路的工作情况取决于负载的性质，负载一般可分为纯电阻和大电感两种类型。下面分别讨论这两种负载下电路的工作情况。

1. 纯电阻负载

图 10—59a 所示为三相零式可控整流电路共阴极接线，三个晶闸管的阴极接在一起，当同时给三个管子触发信号时，阳极电压最高的那只管子导通，将相应的电源电压施加到负载电阻上，另两只管子则承受反压而截止，若触发信号一直保持下去，则负载两端电压 u_d 的波形如图 10—60 所示。可见 V1、V2、V3 分别在 1、2、3 点处开始导通，一个管子导通，另两个管子就截止，这个过程称为"换相"。由于此时换相过程是"自然"完成的，所以将 1、2、3 点称为自然换相点，三点互隔120°。为了实现晶闸管的控制作用，人们就以自然换相点为基准来设置触发脉冲信号。触发脉冲到自然换相点的电角度，称为晶闸管的控制角，用字母"α"表示。即自然换相点处为 $\alpha = 0°$，触发脉冲从自然换相点向右移动，就可改变 α 角大小，从而实现对晶闸管的控制作用。图 10—61 所示为 $\alpha = 30°$、$\alpha = 60°$、$\alpha = 90°$时的负载电压 u_d 的波形。流过负载的电流 i_d 波形对纯电阻来说，显然与 u_d 波形一致，就不重复画出。

图 10—59b 所示为共阳极接线，按照对共阴极电路的分析方法，可以发现自然换相点应该是三相电压波形在负半周的交点处。图 10—62 所示画出了 $\alpha = 30°$时的 u_d 波形，其他 $\alpha = 60°$、$\alpha = 90°$波形读者可自行分析画出。

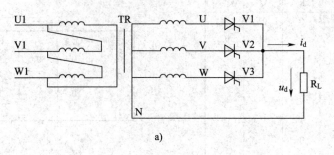

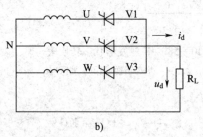

图 10—59　三相零式可控整流电路纯电阻负载

a）共阴极接线　b）共阳极接线

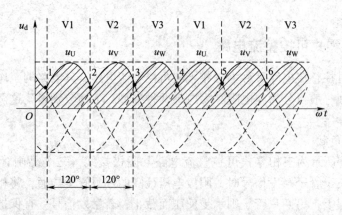

图 10—60　三相零式可控整流电路全导通时 u_d 波形及自然换相点

综上分析，对于三相零式可控整流电路可以得到一些结论如下：

（1）在一个周期（2π）内，三个晶闸管轮流导通一次，导通顺序是 V1—V2—V3。

（2）α 的移相范围是 $0° \sim 150°$。

（3）选择晶闸管的耐压时，应按线电压的峰值考虑。

（4）经过一定的数学推导，可得出负载电压、电流的计算公式为：

$$U_d = 1.17 U_{2\phi} \cos\alpha \quad (0 < \alpha \leqslant 30°)$$

$$U_d = 1.17 U_{2\phi} \frac{1 + \cos(30 + \alpha)}{\sqrt{3}} \quad (30° < \alpha \leqslant 150°)$$

$$I_d = U_d / R_d$$

式中　$U_{2\phi}$——电源相电压有效值。

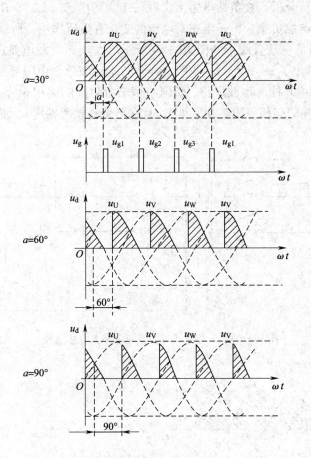

图 10—61　电阻负载共阴极接线 $\alpha = 30°$、$\alpha = 60°$、$\alpha = 90°$ 的 u_d 波形

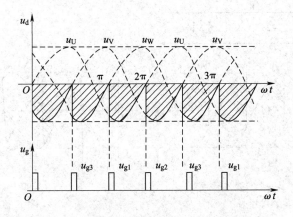

图 10—62　纯电阻负载共阳极接线 $\alpha = 30°$ 的 u_d 波形

对于共阳极接线来说，u_d 是负值。

2. 大电感负载

与电阻负载一样，也有共阴极接线和共阳极接线两种，这里只讨论共阴极接线，共阳极接线读者可自行分析。在负载电阻上串联一个大的电感（$\omega L \gg R_d$），如图 10—63 所示，就构成了大电感负载，由于电感对电流的变化有阻碍作用，所以，可以认为负载电流 i_d 的波形近似是一条直线，如图 10—64 所示。大电感负载电路还有什么特点呢？在图 10—64 中，画出了 $\alpha = 30°$、$\alpha = 60°$、$\alpha = 90°$ 的 u_d 波形。由图可见，$\alpha > 30°$ 时，u_d 波形出现负值。$\alpha = 90°$ 时，u_d 波形正、负值与横轴所包围的面积相等，此时的 u_d 平均值为零。因此，α 角的移相范围是 $0° \sim 90°$，且在整个移相范围内 u_d 波形连续。

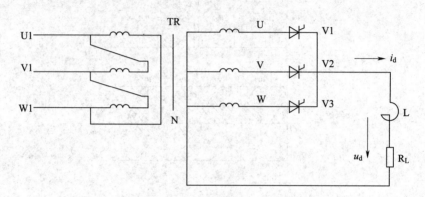

图 10—63　三相零式可控整流电路大电感负载

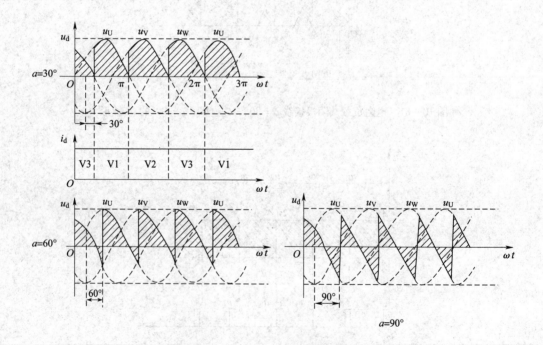

图 10—64　大电感负载时的波形图

输出电压、电流的计算公式为：

$$u_d = 1.17 U_{2\phi}\cos\alpha \quad (0 \leqslant \alpha \leqslant 90°)$$

$$i_d = u_d / R_d$$

二、三相全控桥整流电路

1. 三相全控桥整流电路的分解

三相桥式整流电路可以认为是由两个三相零式整流电路串联构成，如图 10—65b 所示。其中 V1、V3、V5 三个管子构成共阴极电路，V2、V4、V6 三个管子构成共阳极电路。在两组电路负载完全相同且控制角 α 一致的情况下，图 10—65b 中的 N 和 N′ 点可以认为是同电位点。u_{d1} 和 u_{d2} 就分别是两个三相零式整流电路的输出电压，总的负载电压为：

$$u_{d1} = u_{d1} - u_{d2}$$

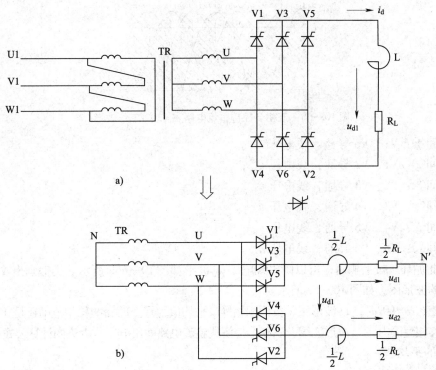

图 10—65　三相全控桥整流电路的分解

显然，输出电压 u_{d1} 是三相线电压。

2. 三相全控整流电路分析

下面以大电感负载为例，分析三相全控整流电路的工作原理。先设 $\alpha = 30°$，可以画出 u_{d1}、u_{d2} 的波形，如图 10—66a 所示。通过分析，可见这六个晶闸管每时每刻都有两个管子导通，其中一个属于共阴极组，另一个是共阳极组。在一个周期（2π）内，每个管子导通 $120°\left(\dfrac{2}{3}\pi\right)$，每隔 $60°\left(\dfrac{1}{3}\pi\right)$ 有一个管子换相。图中的阴影部分就是总的输出电压 u_d，这样画很不直观，一般通常在线电压波形上画出。为此，将图 10—66a 分成六个区间①～⑥，可见：

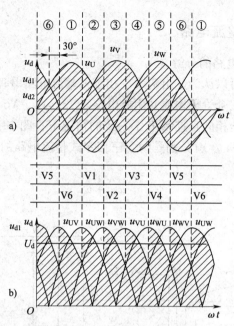

图10—66　三相全控桥整流电路 $\alpha = 30°$ 的 u_d 波形

区间①：V1、V6 导通，线电压 u_{uv}；

区间②：V1、V2 导通，线电压 u_{uw}；

区间③：V2、V3 导通，线电压 u_{vw}；

区间④：V3、V4 导通，线电压 u_{vu}；

区间⑤：V4、V5 导通，线电压 u_{wu}；

区间⑥：V5、V6 导通，线电压 u_{wv}。

如此循环。按上顺序，可以画出线电压 u_{d1} 波形如图10—66b 所示。类似画出 $\alpha = 60°$、$\alpha = 90°$ 的波形图，如图10—67 所示。

显然，$\alpha = 90°$时，u_{d1} 波形正、负面积相等，平均值为零。即 α 的移相范围还是 $0° \sim 90°$。在整个移相范围内，u_{d1} 波形连续。三相全控桥式整流电路输出电压、电流的计算公式是：

u_{d1} 的平均值：

$$U_d = 2.34 U_{2\phi}\cos\alpha \qquad (0 \leqslant \alpha \leqslant 90°)$$

i_d 的平均值：

$$I_d = U_d / R_d。$$

3. 三相全控桥整流电路对触发脉冲的要求

根据前面的分析，三相全控桥整流电路的六个晶闸管是按 V1→V2→V3→V4→V5→V6 的顺序导通的。因此，触发脉冲也应该是这个顺序，即 U_{g1}→U_{g2}→U_{g3}→U_{g4}→U_{g5}→U_{g6}，且两脉冲相隔60°。为了保证整流装置能启动工作，或在电流断续后能再次导通，必须对两组中应导通的一对晶闸管同时施加触发脉冲。实现这一点，有两种方法：一是采用宽脉冲触发，使每个触发脉冲宽度大于60°（但必须小于120°，一般为90°左右），但这种方法增加了触发电路的功率及脉冲变压器的体积；二是采用双窄脉冲，在一个管子换相导通后，经对60°再给这个管子补发一个脉冲。目前多采用双窄脉冲方式。

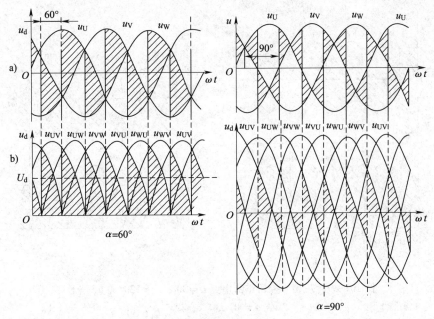

图 10—67　α = 60°、α = 90°的 u_d 波形

a) α = 60°　b) α = 90°

三、三相半控桥整流电路

1. 电感性负载时的工作情况

电路如图 10—68 所示。三相半控桥也可以看成是一个三相零式可控整流电路和一个三相零式不可控整流电路串联而成，输出电压的波形图如图 10—69 所示。

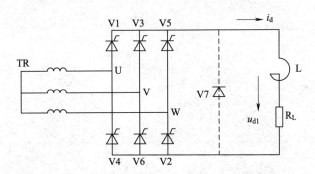

图 10—68　三相桥式半控整流电路

观察 u_d 的波形，可以看出，V2、V4、V6 的输出电压实际上是相电压波形的包络线。控制角 α 的移相范围可达 180°，当 α > 60°时，u_d 波形出现断续，但电流 i_d 的波形是连续的，始终是一条直线。在 u_d 波形断续期间，电流是如何流动的呢？如图 10—69 所示的 α = 120°波形，在 $\omega t_1 \sim \omega t_3$ 期间，导通的管子是 V1 和 V2，转换到 $\omega t_3 \sim \omega t_4$ 期间，V1 会关断吗？不会，因为 V3 没有导通，那么在电感的作用下，V4 会导通，V1、V4 构成了续流回路。这就是 u_d 波形断续期间，i_d 连续的原因。

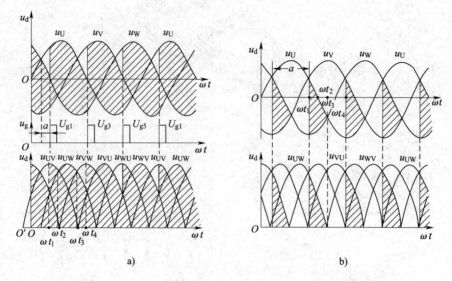

图 10—69　三相半控桥整流电路 α = 30°、α = 120°的 u_d 波形

a) α = 30°　b) α = 120°

2. 失控现象

在图 10—68 电路中，当突然切断触发脉冲或把控制角突然移到 180°以外时，会发生某个导通着的晶闸管关不断，而共阳极组的三个整流二极管轮流导通的现象。这种现象称为"失控"。产生失控的原因是：触发脉冲突然消失或者突然移到 α = 180°附近。切断触发脉冲时，比如正值 V3 导通，当 u_{VW} 或 u_{VU} 电压为正时，V3 要维持导通；当 u_{VU} 为负时，负载电流通过 V3 与 V6 续流，仍维持 V3 导通。这时的负载电压波形如图 10—70 所示。此时只有切断电源才能使电路恢复正常。

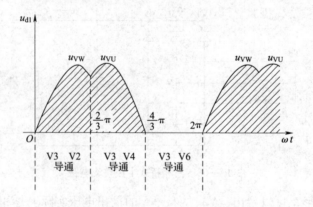

图 10—70　三相半控桥整流电路失控时的 u_{d1} 波形

为了克服"失控"，可以在负载两端并联一个二极管 VD7（见图 10—68 中虚线），该二极管称为续流二极管。当 α > 60°时，u_d 波形断续期间的续流电流将流过续流二极管而不再通过整流桥臂。这样，续流期间所有的晶闸管都可以关断，不会再出现"失控"。

四、晶闸管触发电路

在第六章第二节中讨论了两种简单的触发电路。下面介绍几种性能较好的触发电路。

1. 正弦波同步触发电路

该电路如图 10—71 所示。它由同步移相环节、脉冲形成环节、脉冲输出环节组成，可以产生输出脉宽可调、脉冲前沿很好、幅值较大的触发脉冲。

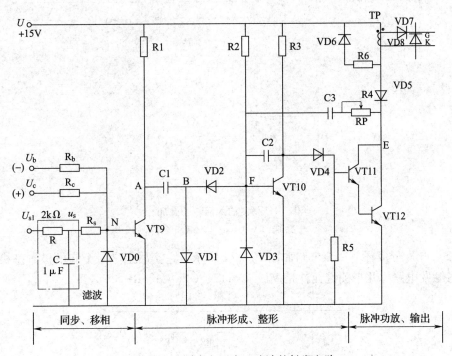

图 10—71　同步电压为正弦波的触发电路

（1）同步移相环节　该电路如图 10—72 所示电路。它的输入信号有三个：u_s 是同步信号，来自同步变压器，其波形是与主电路交流电源同步的正弦波；u_c 是控制信号，直流、正极性并且可调；u_b 是偏置信号，直流、负极性不可调。三个电压信号通过电阻转换成电流信号，叠加在 VT9 的基极，从而控制 VT9 工作于截止或饱和导通状态。为分析方便，仍以电压信号进行叠加。三个信号的叠加过程如图 10—73b 所示。最后 u_N 的变化波形如图 10—73c 所示。图中的 N 点是一个很重要的点，在 N 点左边，$u_N <$ 0.7 V，三极管 VT9 截止；在 N 点的右边，$u_N = 0.7$ V，三极管 VT9 处于饱和导通状态。N 点这个时刻，就是发出脉冲的时刻。若改变 u_c 的大小时，就可以改变 N 点的位置。比如，增加 u_c，N 点向 M 点移动，发出脉冲的时刻就提前了，从而实现了对晶闸管控制角 α 的控制，实现了移相。显然，电路的移相范围可达 180°。

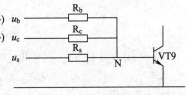

图 10—72　同步移相环节

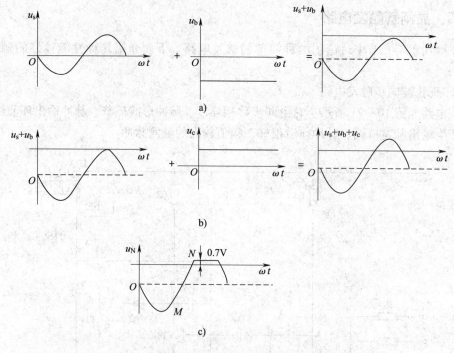

图 10—73　输入信号的叠加

a）u_s、u_b 叠加　b）u_s、u_b、u_c 叠加　c）u_N 波形

（2）脉冲形成环节　该电路如图 10—74 所示。它实质上是一个集电极、基极耦合单稳态触发电路。几个关键元件是 VT9 ~ VT12、C1、C3、RP。

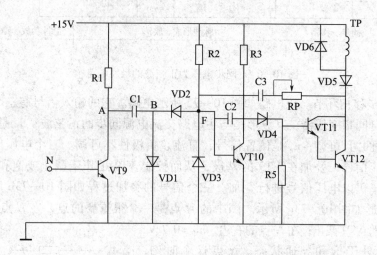

图 10—74　脉冲形成与放大环节

当 N 端电位低于 0.7 V 时，VT9 截止，电路处于稳态，电容 C1 通过 R1，VT9 充电，左"+"右"−"，最后 A 点电位达到 +15 V，B 点电位为 +0.7 V 左右（VD1 的管压降）。VT10 通过 R2 得电，处于饱和状态，使 VT11、VT12 处于截止状态，没有脉冲发出。电容 C3 通过 TP 原边，VD5，VT10 的基极充电，极性左"−"右"+"。F

点电位为 +0.7 V，E 点电位为 +15 V，C3 两端电压近似为 15 V。

当 N 点电位达到 +0.7 V 时，VT9 变成饱和导通，电路进入暂态。A 点电位跳变为 +0.3 V，使 B 点电位近似为 -15 V。通过 VD2，迫使 VT10 截止，VT11、VT12 转变为饱和导通，TP 得电，形成脉冲上升沿。与此同时，C3 的负端加在 VD2 的基极，使 VT10 维持截止状态。C3 还通过 R2、RP、VT12 基极、射极放电，放电速度取决于时间常数 $\tau_3 = C_3(R_2 + R_P)$。当 F 点电位由负重新回升到 +0.7 V 时，VT10 恢复导通，VT11、VT12 恢复截止，TP 失电，输出脉冲产生下降沿，暂态过程就结束了。

电路中，C2 起微分负反馈作用，可抗干扰，VD1 防止 VT11、VT12 截止时脉冲变压器初级产生高压使 VT11、VT12 击穿。VD1、VD3 可将 VT9、VT10 的基极电位负向钳位在 0.7 V，调节 RP 大小可改变脉冲宽度，VD5 用来防止来自电源的干扰，TP 是脉冲变压器。

该电路各点的电压波形如图 10—75 所示。

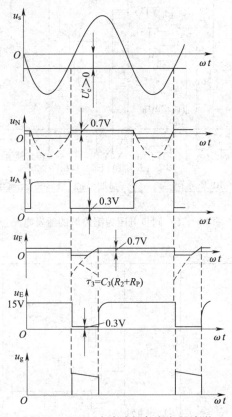

图 10—75　正弦波移相各点电压波形

2. 锯齿波同步触发电路

该电路如图 10—76 所示。它由锯齿波形成环节、同步移相环节、脉冲形成及放大输出环节、强触发环节、双脉冲形成环节等组成。

（1）锯齿波形成环节　如图 10—77 所示。该环节输入信号来自同步变压器的正弦波同步信号，而在其输出端（③端）则形成输入信号 u_s 同步的锯齿波电压信号，作为下一级的同步信号。该环节工作过程如下：

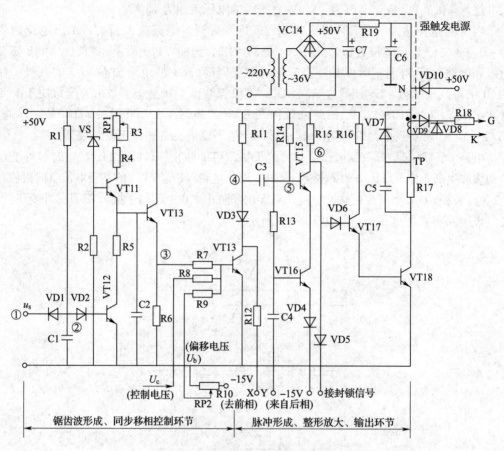

图 10—76　同步电压为锯齿波的触发电路

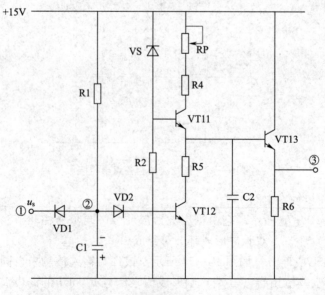

图 10—77　锯齿波形成环节

当 u_s 过零变负时，VD1 导通，使②点电位跟随①点电位变化，电容 C1 充电，极性上"–"下"+"，VT12 截止，而 VT11 与稳压管 VS、电阻 R4、RP1 构成了一个恒流源，其输出电流是一个常数。这样 VT11 就向 C2 恒流充电，C2 两端电压线性上升。VT13 构成射极跟随器使③点对地电压跟随 C2 两端电压变化。当 u_s 下降到负最大值后开始上升时，C1 开始通过 R1 及电源放电，但②点电位上升的速率要比①点电位上升慢（见图 10—82 波形）。最后当 $u_②$ = +1.4 V 时，VT12 转变为饱和导通，将 C2 两端电荷迅速释放，③点电位下降到零，从而完成一个锯齿波形。由图 10—82 波形可见，锯齿波的宽度为 240°。

（2）同步移相环节　由 R7、R8、R9、VT13 及信号 $u_③$、u_c、u_b 构成，其移相原因与正弦波同步触发电路相同，只是这里同步信号是锯齿波。

（3）脉冲形成及放大输出环节　如图 10—78 所示。为说明问题方便，该图与原图有少量变动。

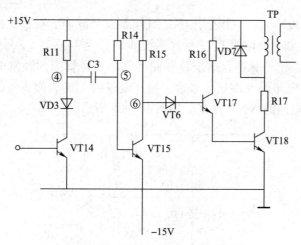

图 10—78　脉冲形成及放大输出环节

当 VT14 的输入信号低于 +0.7 V 时，VT14 截止，VT15 导通，R4 获得基极电流处于饱和状态，使⑥点电位近似为 – 15 V，VT17、VT18 截止，TP 不得电，没有脉冲输出。此时 C3 通过 R11，VT15 充电，使两端电压达到 30 V。

当 VT14 输入达到 +0.7 V 时，VT14 导通，迫使④点电位近似为 1 V，而⑤点电位近似为 – 30 V，VT15 转变为截止，⑥点电位通过 R15 达到 +2.1 V（V6、VT17、VT18 管压降），VT17、VT18 饱和导通，这样就形成了输出脉冲的上升沿。VT14 导通后，C3 通过 R14、V3、VT14 放电，⑤点电位由 – 30 V 逐渐上升到 – 15 V 左右，VT15 变为导通使 VT17、VT18 截止，输出脉冲产生下降沿。脉冲的宽度取决于 $\tau_3 = C_3 R_{14}$。

（4）强触发环节　如图 10—79 所示。当 VT18 截止时，电容 C6、C7 通过整流桥充满了电荷，两端电压达到 50 V（即交流 36 V 的峰值）。一旦 VT18 导通，大量电荷通过 TP，R17、VT18 泄放，N 点电位迅速下降，当降至 +15 V 时，V10 导通，从而将 N 点电位钳位在 +15 V 处，这样就形成了如图 10—82 所示强触发脉冲，可加速晶闸管由截止转变到导通。

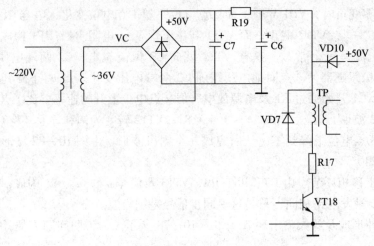

图 10—79　强触发环节

　　（5）双脉冲形成环节　三相全控桥晶闸管需双窄脉冲。双窄脉冲形成环节电路如图 10—80 所示。比如，晶闸管 1、2 号导通换到 2、3 号导通时，3 号管获触发脉冲，同时 2 号管也应获得一个补脉冲，这个补脉冲可以由 3 号管子的触发电路提供。图 10—81 中 3 号管子触发电路的 X 端接 2 号管子触发电路的 Y 端，而 3 号的 Y 端就接 4 号管的 X 端。6 个触发电路的 X、Y 连接，如图 10—81 所示。

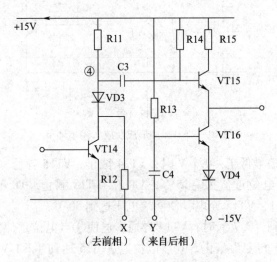

图 10—80　双脉冲形成环节

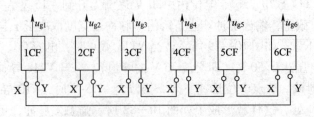

图 10—81　触发电路 X、Y 端的连接

先来看图 10—80 中 C4 的状态，无脉冲时，VT16 通过 R13 获得基极电流而饱和，VT16 的基极电位为 -15 V 左右，在 Y 端通过后相触发器的 X 端接在 VT14 的集电极，电位为 +15 V 左右，C4 两端充电后电压可达 30 V。当 3 号触发器发出脉冲时，2 号触发器的 Y 端将变为 0 V 左右，则通过 C4、VT16 基极电位为 -30 V，VT16 截止，VT15 也截止，这样 2 号触发器就发出了第二个脉冲，第二个脉冲的宽度取决于 $\tau_4 = C_4 (R_{12} + R_{13})$。

该电路各点电压波形如图 10—82 所示。

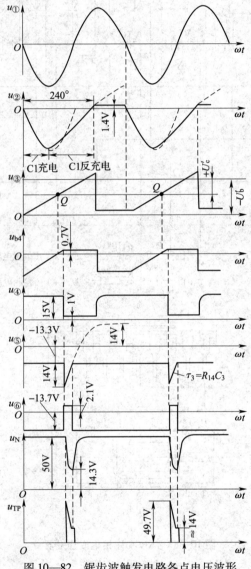

图 10—82　锯齿波触发电路各点电压波形

3．集成电路触发器

随着微电子技术的发展，晶闸管触发电路已实现了集成化。目前 KC 系列单片集成触发器已可适用于各种不同类型的晶闸管电路。下面介绍 KC04 移相集成触发器的工作原理。图 10—83 所示为 KC04 集成触发器的内部电路图及外形图。

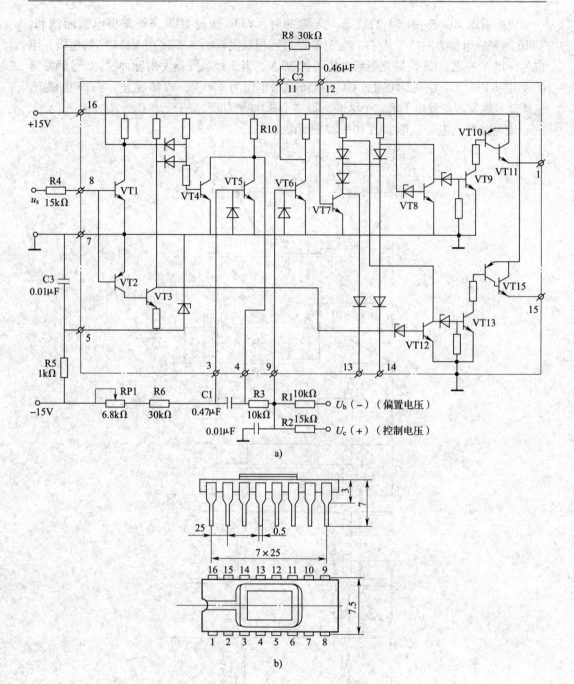

a)

b)

图 10—83　KC04 移相集成触发器

a）电路图　b）外形

（1）KC04 集成触发器主要技术数据

电源电压：直流 ±15 V，允许波动 ±5%；

电源电流：正电流 ≤15 mA，负电流 ≤8 mA；

移相范围：≥170°（同步电压 30 V，R4 为 15 kΩ）；

脉冲宽度：400 μs ~ 2 ms；

脉冲幅值：≥13 V；

最大输出能力：100 mA；

正负半周脉冲相位不平衡：≤ ±3°；

环境温度：– 10 ~ + 70℃。

（2）工作原理　从电路形式看，它属于锯齿波同步触发电路。外加的同步电压 u_s 为正弦波，通过电阻 R4 从⑦、⑧脚引入。u_s 过零时，VT1、VT2、VT3 均截止，VT4 饱和，将电容 C1 放电。同时，VT8、VT12 均导通将脉冲输出电路封锁。u_s 过零后，若变正，则 VT1 导通，使 VT4 截止，VT5 导通。VT5 和 C1 构成了密勒积分电路，③脚的电位受 VT5 基极钳位基本不变，通过 RP1、R6 给电容 C1 充电的电流是一个常数，于是④脚电位线性上升，构成锯齿波。该锯齿波信号与另外两个直流信号 U_b（偏置电压）、U_c（控制电压）叠加在 VT6 的基极，组成了同步移相环节。在 VT6 截止期间，VT7 饱和，没有输出脉冲。而电容 C2 则被充电至 15 V 左右，极性左"＋"右"－"。当 VT6 转为饱和时，VT7 截止，产生脉冲上升沿，脉冲宽度取决于 VT7 的截止时间，由 R8、C2 值决定。由于 VT8 是截止的，这个脉冲通过①脚输出。同理，可以看出，当 u_s 过零变负时，VT2、VT3 饱和。VT4 截止产生一个脉冲，此时 VT12 是截止的，故该脉冲通过⑮脚输出。由此可见，该触发电路在一个周期内可产生互差 180°的两个触发脉冲，分别由管脚①和⑮输出。

五、晶闸管有源逆变电路的一般知识

前面介绍了由晶闸管构成的可控整流电路。晶闸管还可以构成逆变电路。在图 10—84a 中，三相交流电源经整流变为直流电，向直流电动机供电，这种电能由交流侧传送到直流侧的过程称为整流。在图 10—84b 中，直流侧是一台直流发电机，发出的电能由直流侧经逆变器传送到交流侧，这个过程就称为逆变。如果逆变器的交流侧接的是负载，称为无源逆变；如果逆变器交流侧接的是交流电源，称为有源逆变。下面仅介绍有源逆变的一般知识。

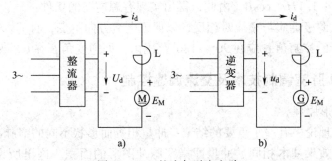

图 10—84　整流与逆变电路

a）整流　b）逆变

如果图 10—84 中的整流器和逆变器都是晶闸管电路，且两种电路形式完全一样，下面以三相零式可控电路为例来说明。如图 10—85a 所示，按前面讨论的结果，晶闸管

的控制角 α 的移相范围是 $0° \sim 90°$，由式 $I_d = \dfrac{U_d - E_M}{R_d}$ 可知 $U_d > E_M$，这样，可以得出电路运行于整流状态的条件：

（1）α：$0 \sim 90°$。

（2）$U_d > E_M$。

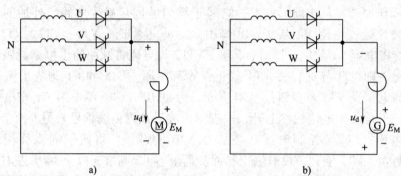

图 10—85　三相零式可控电路工作于整流及有源逆变状态

a）整流　b）有源逆变

再来看图 10—85b，I_d 的方向受晶闸管单向导电性的约束应该与整流电路相同，要想使直流电变为交流电，E_M 的极性应与整流时相反，还必须有下式：

$$I_d = \frac{E_M - U_d}{R_d}, \quad E_M > U_d$$

由图可见，U_d 的极性与整流相反，且有：

$$U_d = 1.17 U_{2\phi} \cos\alpha$$

当 $\alpha > 90°$ 时，U_d 就是负值，所以通常 α 的移相范围在 $90° \sim 180°$ 时，电路工作在逆变状态。为分析与计算方便，在逆变区引入逆变角 β，且有：

$$\alpha + \beta = 180°$$

即

$$\beta = 180° - \alpha$$

那么，$U_d = -1.17 U_{2\phi} \cos\beta$，由此，得出实现有源逆变的条件：

（1）直流电源极性应与整流时相反，以保证电流方向不变，且 $E_M > U_d$。

（2）晶闸管的控制角 α 应在 $90° \sim 180°$ 范围内，即逆变角 β 在 $0° \sim 90°$ 范围内。

六、PWM 脉宽调制技术及交流调速控制

1. PWM 波形原理

在采样控制理论中有一个重要的结论：冲量相等而形状不同的窄脉冲加在具有惯性的环节上时，其效果基本相同。冲量即指窄脉冲图形的面积。这里所说的效果基本相同，是指环节的输出响应波形基本相同。下面来分析一下如何用一系列等幅而不等宽的脉冲来代替一个正弦电波。把图 10—86a 所示的正弦半波波形分成 N 等份，就可把正弦半波看成由 N 个彼此相连的脉冲所组成的波形。

这些脉冲宽度相等，都等于 π/N，但幅值不等，且脉冲顶部不是水平直线，而是曲

线，各脉冲的幅值按正弦规律变化。如果把上述脉冲序列用同样数量的等幅而不等宽的矩形脉冲序列代替，使矩形脉冲的中点和相应正弦等分的中点重合，且使矩形脉冲和相应正弦部分面积（冲量）相等，就得到图 10—86b 所示的脉冲序列，这就是 PWM 波形。

2. 单相 SPWM 控制原理

图 10—87 所示为采用电力晶体管作为开关器件的电压型单相桥式逆变电路。控制 VT4 或 VT3 通断的单相 PWM 控制方式波形如图 10—88 所示。

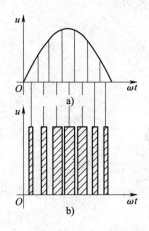

图 10—86　PWM 脉宽调制

a）正弦半波　b）PWM 波形

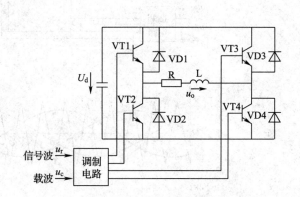

图 10—87　单相桥式 PWM 逆变电路

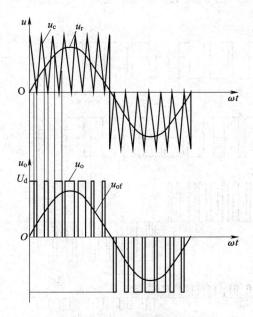

图 10—88　单相 SPWM 控制方式波形

3. 三相 SPWM 控制原理

在 PWM 型逆变电路中，使用最多的是图 10—89a 所示的三相桥式逆变电路，其控制方式一般都采用双极性方式。U、V 和 W 三相的 PWM 控制通常公用一个三角波载波

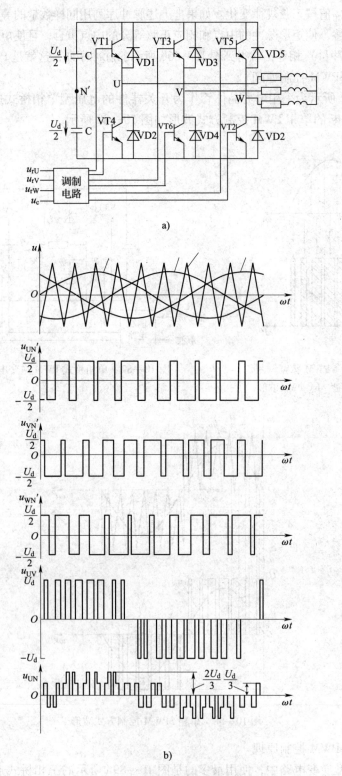

图 10—89 三相桥式逆变电路及波形

a）电路图 b）波形图

u_c，三相调制信号 u_{rU}、u_{rV} 和 u_{rW} 的相位依次相差 120°。U、V 和 W 各相功率开关器件的控制规律相同，现以 U 相为例来说明。当 $u_{rU} > u_c$ 时，给上桥臂三极管 VT1 以导通信号，给下桥臂三极管 VT4 以关断信号，则 U 相相对于直流电源假想中点 N′ 的输出电压 $u_{UN'} = U_d/2$。当 $u_{rU} < u_c$ 时，给 VT4 以导通信号，给 VT1 以关断信号，则 $u_{UN'} = U_d/2$。

VT1 和 VT4 的驱动信号始终是互补的。当给 VT1（VT4）加导通信号时，可能是 VT1（VT4）导通，也可能二极管 VD1（VD4）续流导通，这要由感性负载中原来电流的方向和大小来决定，和单相桥式逆变电路双极性 SPWM 控制时的情况相同。V 相和 W 相的控制方式和 U 相相同。$u_{UN'}$、$u_{VN'}$ 和 $u_{WN'}$ 的波形如图 10—89b 所示。可以看出，这些波形都只有 $\pm U_d/2$ 两种电平。像这种逆变电路相电压（$u_{UN'}$、$u_{VN'}$ 和 $u_{WN'}$）只能输出两种电平的三相桥式电路，无法实现单极性控制。

图 10—89 中线电压 u_{UV} 的波形可由 $u_{UN'} - u_{VN'}$ 得出。可以看出，当臂 1 和 6 导通时，$u_{UV} = U_d$，当臂 3 和 4 导通时，$u_{UV} = -U_d$，当臂 1 和 3 或 4 和 6 导通时，$u_{UV} = 0$，因此逆变器输出线电压由 $+U_d$、$-U_d$ 和零三种电平构成。负载相电压 u_{UN} 可由下式求得：

$$u_{UN} = u_{UN'} - \frac{u_{UN'} + u_{UN'} + u_{WN}}{3}$$ (10—1)

从图 10—89 中可以看出，它由（$\pm 2/3$）U_d，（$\pm 1/3$）U_d 和零共 5 种电平组成。

在双极性 SPWM 控制方式中，同一相上、下两个臂的驱动信号都是互补的。但实际上为了防止上、下两个臂直通而造成短路，在给一个臂施加关断信号后，再延迟 Δt 时间，才给另一个臂施加导通信号。延迟时间的长短主要由功率开关器件的关断时间决定。这个延迟时间将会给输出的 PWM 波形带来影响，使其偏离正弦波。

4. 晶闸管交流调压调速系统

调压调速是异步电动机调速系统中比较简单的一种。由电动机原理可知，当转差率 s 基本不变时，电动机的电磁转矩与定子电压的平方成正比。因此，改变定子电压就可以得到不同的人为机械特性，从而达到调节电动机转速的目的。

异步电动机采用调压调速时，由于同步转速不变和机械特性较硬，因此对普通异步电动机来说其调速范围很有限，无实用价值，而对力矩电动机或绕线式异步电动机在转子中串入适当电阻后使机械特性变软其调速范围有所扩大，当电动机低速运行时，负载或电压稍有波动，就会引起转速很大的变化，运行不稳定。除此之外，在负载或电网电压波动情况下，其转速波动也比较严重，为了提高系统的稳定性，可采用双闭环调速系统，以提高调压调速特性的硬度。

双闭环三相异步电动机的串级调速的基本原理是：对于绕线式异步电动机来说，由于其转子绕组能通过变量实现调速。转子侧的控制变量有电流、电动势、电阻等。通常转子电流随负载的大小决定，不能任意调节；而转子回路阻抗的调节属于耗能型调速，缺点较多，所以转子侧的控制变量只能是电动势。在发挥绕线式异步电动机转子的可控性优势的基础上，从节能角度考虑，应将损耗在转子附加电阻上的能量吸收，转化成别的有用的能量或反馈到电网，以提高传动系统的效率；从高性能调速要求考虑，应用控制理论，将其组成闭环调速控制系统，满足调速精度、动态响应等指标的要求。利用串级调速系统，就是使绕线式异步电动机实现高性能调速的有效办法。用转子串反电动势来代替电阻，吸收转差功率；用双闭环控制提高系统的静、动态性能。这种用附加电动势的方法将转差功率回收利用的调速系统称为双闭环串级调速系统。

双闭环三相异步电动机调压调速系统结构框图如图10—90所示。双闭环三相异步电动机调压调速系统的主电路由三相晶闸管交流调压器及三相绕线式异步电动机组成。控制部分由"电流调节器""速度变换""触发电路""正桥功放"等组成。

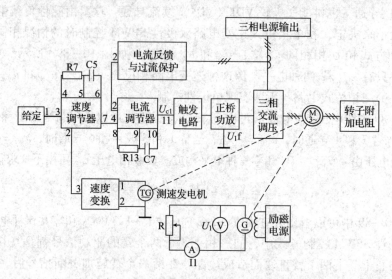

图10—90　三相异步电动机调压调速系统结构框图

整个调速系统采用了速度、电流两个反馈控制环。这里的速度环作用基本上与直流调速系统相同，主要是为了得到较好的调速精度和较宽的调速范围。带速度环的闭环调压系统的工作原理是将速度给定值与速度反馈值进行比较，比较后经速度调节器得到控制电压，再将此控制电压输出作为电流调节器的输入，由TH103型晶闸管触发集成电路和脉冲变压器输出来控制晶闸管的导通角，以控制晶闸管输出电压的高低，从而调节了加在定子绕组上电压的大小及电动机的转速。在稳定运行情况下，电流环对电网扰动仍有较大的抗扰作用，但在启动过程中电流环仅能起到限制最大电流的作用，不会出现最佳启动的恒流特性，也不可能是恒转矩启动。

综上所述，利用晶闸管交流调压电路控制三相异步电动机的转速，装置简单可靠，借助于速度负反馈构成闭环系统可以获得较宽的调速范围，因此广泛应用在通风机和泵类负载以及起重机等不长期工作在低速下的机械。

5. 交流电动机变频调速

变频调速的基本原理是：改变异步电动机供电频率，以改变其同步转速，实现调速运行。对异步电动机进行调速控制时，希望电动机的主磁通保持额定值不变。因此，在调频的同时改变定子电压，以维持气隙磁通不变。根据 U_1 和 f_1 的不同比例关系，将有不同的变频调速方式，即基频以下的恒磁通变频调速和基频以上的弱磁变频调速。

按控制方式不同，变频调试控制可分为 U/f 控制、转差频率控制、矢量控制、直接转矩控制和最优控制等。

（1）*U/f* 控制　按照图 10—91 所示的电压、频率关系对变频器的频率和电压进行控制，称为 *U/f* 控制方式，又称为 VVVF 控制方式。主电路中逆变器采用 BJT，用 PWM 进行控制。逆变器的控制脉冲发生器同时受控于频率指令 f 和电压 U 指令，而 f 与 U 之间的关系是由曲线 *U/f* 发生器决定的。*U/f* 控制是一种转速开环控制，控制电路简单，负载可以是通用标准异步电动机，通用性强，经济性好。但电动机的实际转速受负载变化的影响，在 f 不变的条件下，电动机转速将随负载转矩变化而变化，因而常用于速度精度要求不高的场合。

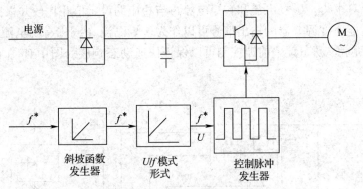

图 10—91　*U/f* 控制方式框图

（2）转差频率控制　在 *U/f* 控制方式下，转速会随负载的变化而变化，其变化量与转差率成正比。为了提高调速精度，就需要控制转差率。通过速度传感器检测出速度，可以求出转差角频率，再把它与速度设定值叠加以得到新的逆变器的频率设定值，实现转差补偿。这种实现转差补偿的闭环控制方式称为转差频率控制方式，其工作原理框图如图 10—92 所示。

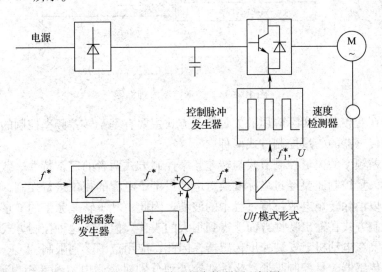

图 10—92　转差频率控制原理框图

由于转差补偿的作用，大大提高了调速精度。但是，使用转速传感器求取转差角频率，要针对电动机的机械特性调整控制参数，因而这种控制方式通用性较差。

（3）矢量控制　矢量控制是交流异步电动机的一种理想调速方法，其基本思想是把交流异步电动机模拟成直流电动机，能够像直流电动机一样进行控制。采用矢量控制的目的，主要是为了提高变频调速的动态性能。根据交流电动机的动态数学模型、利用坐标变换的手段，将交流电动机的定子电流分解为磁场分量电流和转矩分量电流，并分别加以控制，即模仿自然解耦的直流电动机的控制方式，对电动机的磁场和转矩分别进行控制，以获得类似于直流调速系统的动态性能。

在矢量控制方式中，磁场电流和转矩电流可以根据可测定的电动机定子电压、电流的实际值经计算求得。磁场电流和转矩电流再与相应的设定值相比较并根据需要进行必要校正。高性能速度调节器的输出信号可以作为转矩电流（或称有功电流）的设定值，如图 10—93 所示。动态频率前馈控制可以保证快速动态响应。图中有"＊"的为给定值。

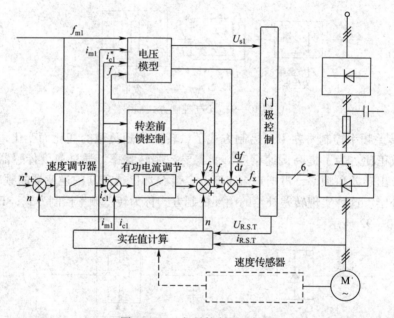

图 10—93　矢量控制原理框图

目前，在变频器中实际应用的矢量控制方式主要有基于转差频率控制的矢量控制方式和无速度传感器的矢量控制方式两种。

基于转差频率的矢量控制方式与转差频率控制方式两者的定常特性一致，但是基于转差频率的矢量控制还要经过坐标变换对电动机定子电流的相位进行控制，使之满足一定的条件，以消除转矩电流过渡过程中的波动。因此，基于转差频率的矢量控制方式比转差频率控制方式在输出特性方面能得到很大的改善。但是，这种控制方式属于闭环控制方式，需要在电动机上安装速度传感器，因此，应用范围受到限制。

无速度传感器矢量控制是通过坐标变换处理分别对励磁电流和转矩电流进行控制，然后通过控制电动机定子绕组上的电压、电流辨识转速以达到控制励磁电流和转矩电流的目的。这种控制方式调速范围宽，启动转矩大，工作可靠，操作方便，但计算比较复杂，一般需要专门的处理器来进行计算。因此，实时性不是太理想，控制精度受到计算精度的影响。

（4）直接转矩控制 直接转矩控制是利用空间矢量坐标的概念，在定子坐标系下分析交流电动机的数学模型，控制电动机的磁链和转矩，通过检测定子电阻来达到观测定子磁链的目的，因此省去了矢量控制等复杂的变换计算，系统直观、简洁，计算速度和精度都比矢量控制方式有所提高。即使在开环的状态下，也能输出 100％ 的额定转矩，对于多拖动系统具有负荷平衡功能。

（5）最优控制 最优控制在实际中的应用根据要求的不同而有所不同，可以根据最优控制的理论对某一个控制要求进行个别参数的最优化。例如，在高压变频器的控制应用中，就成功地采用了时间分段控制和相位平移控制两种策略，以实现一定条件下的电压最优波形。

（6）智能控制 变频器智能控制方式主要有神经网络控制、模糊控制、专家系统、学习控制等。读者可以网上学习相关知识，这里不再详述。

第十一章 高级电工专业知识

第一节 直流电动机电力驱动

一、直流电动机结构与工作原理

直流电动机与交流电动机相比有下列优点：启动转矩大；容易实现无级调速；适宜于频繁启动等。因此，在启动转矩要求较大、调速性能要求较高的场合，多用直流电动机驱动，如电力机车、轧钢机等。

直流电动机存在一些缺点：制造工艺较复杂，有色金属消耗较多，成本较高，换向器故障较多，维护比较麻烦等。

1. 直流电动机结构

直流电动机由两个部分组成：静止部分（称为定子）、转动部分（称为电枢）。图 11—1 所示为直流电动机的组成部分。从图中可见：定子部分主要有主磁极、换向磁极、机座、端盖、轴承和电刷装置等；电枢部分主要有电枢铁心、电枢绕组、换向器、转轴和风扇等。

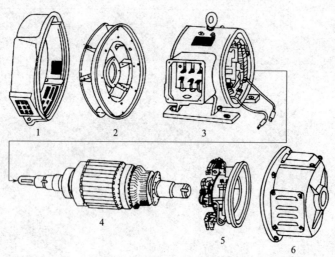

图 11—1 直流电机的组成部件

1—前端盖 2—风扇 3—机座 4—电枢 5—电刷架 6—后端盖

2. 工作原理

图 11—2 所示为直流电动机的原理示意图。把电刷 A、B 接到电源上，电流从电刷 A 进入线圈，沿 a→b→c→d 的方向从电刷 B 流出。由左手定则（伸开左手，掌心迎着磁力线，四指指向电流方向，绕组拇指的指向就是导体受力方向），线圈边 ab 受力向

左，线圈边 cd 受力向右，结果使电枢绕组逆时针转动，如图 11—2a 所示。当电枢转过 180时，如图 11—2b 所示。电流仍由电刷 A 流入线圈，沿 d→c→b→a 方向从电刷 B 流出。虽然通过线圈的电流方向改变了，但两个线圈边受力仍使电刷逆时针转动。这就是直流电动机的工作原理。

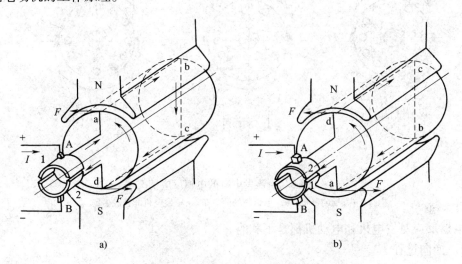

图 11—2　直流电动机基本原理示意图

a）线圈 ab 边在 N 极、cd 边在 S 极范围时的电流方向与受力方向

b）线圈 ab 边转到 S 极、cd 边转到 N 极范围时的电流方向与受力方向

二、直流电动机的换向

1. 电枢反应

直流电动机主磁极产生的磁场叫主磁场。主磁场的分布情况如图 11—3a 所示。磁场的轴线与磁极的轴线 YY′重合。两极之间通过电动机轴与 YY′垂直的平面称为几何中性面。通过电动机轴的平面与电枢圆周表面相交的两直线处，磁通密度为零，这两条直线所在的平面称为物理中性面。在图 11—3a 中，物理中性面与几何中性面重合，当电动机有负载时，电枢绕组中有电流通过，也产生一个磁场，叫电枢磁场，其分布如图 11—3b 所示。在有负载的电动机中，主磁场与电枢磁场是同时存在的。电枢磁场对主磁场的分布会发生影响，这种影响叫电枢反应。

（1）直流发电机的电枢反应　设发电机的主磁场如图 11—3a 所示，则合成磁场如图 11—3c 所示，发生了偏转，结果使总磁场的物理中性面顺电枢转动方向移过了一个 β 角，几何中性面处的磁通密度不再为零了。这是电枢反应的第一个影响。每个磁极的一边的磁通受到削弱，另一边得到加强，由于磁极工作在近似饱和状态，使得加强的量小于削弱的量，结果，主磁场被削弱了，这是第二个影响。

由于上述两个影响，使发电机的电动势有所减小，同时换向器与电刷间火花增大。

（2）直流电动机的电枢反应　与发电机类似电枢反应的第一个影响是使物理中性面偏移了一个 β 角，但是逆电枢旋转方向偏移。电枢磁场也削弱了主磁场，是第二个影响。由于电枢反应使换向器火花增大，电动机输出转矩有所减小。

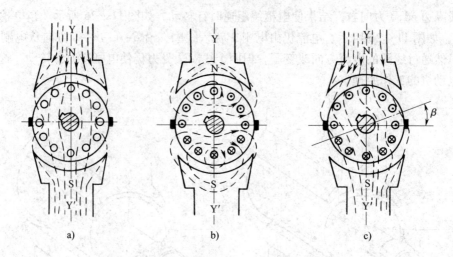

图11—3 直流发电机的电枢反应情况

a）主磁场的分布 b）电枢磁场的分布 c）发电机的合成磁场

电枢反应对发电机和电动机都是不利的。

2. 换向过程

直流电动机的电枢旋转时，电枢中的绕组元件从一个支路经电刷进入另一个支路，这时元件中的电流方向改变一次，称为换向。换向不良，将使电刷下产生火花，火花超过一定限度时，会损坏电刷和换向片，严重时使电动机不能继续运行。

3. 换向故障分析

电流换向时，电刷下会出现火花。若火花很小，呈蓝色，对电动机的正常运行没有什么影响。若火花过大，呈红色甚至白色，对电动机的电刷和换向片便有危害，火花将烧坏电刷和换向片，造成接触不良，于是火花更大，形成恶性循环，甚至无法工作。产生换向火花的原因主要有下述几个方面：

（1）电磁方面

1）电枢反应 它使几何中性面与电枢表面相交处的磁通密度不为零，导体经过此处会产生电势，此时绕组元件被电刷短接，于是元件与电刷间产生环流。此环流使电刷与换向片表面的电流密度不均匀，产生火花。

2）自感电势影响 绕组元件的换向过程时间短，电流变化率大，自感电势也很大，使电刷与换向片产生火花。

（2）机械方面 压紧电刷的弹簧压力不适宜，电刷跳动；换向片间绝缘物凸出；电刷与换向器接触不良；电动机装配不良，转动时发生振动；电刷在刷握中跳动或被卡住等。

（3）工作环境方面 空气中有尘土、烟雾、化学气体及高空缺氧等情况，都会使换向火花加剧。负载突然变化过大，也会造成过大火花。

4. 改善换向的方法

（1）选用适当的电刷 不同牌号的电刷，有不同的接触电阻。维修中，更换电刷应采用与原牌号相同的电刷，不宜随便更改。

（2）移动电刷的位置　把电刷从几何中性面移到合成磁场的物理中性面处即可。但这种方法只能用于负载不变的电动机中。

（3）加装换向磁极　为了解决移动电刷的困难，一般都装置换向磁极，加装在相邻两个主磁极之间。换向极的励磁绕组必须和电枢串联，使磁场强弱能跟随电枢电流变化。同时换向极的磁场方向必须与电枢磁场的方向相反，以抵消电枢磁场对主磁场的影响。如直流电动机电枢反应使物理中性面逆旋转方向偏移 β 角，那么换向极的极性与旋转方向前一个主磁极极性相同，如图 11—4 所示。直流发电机换向极极性则与旋转方向前一主磁极极性相反。

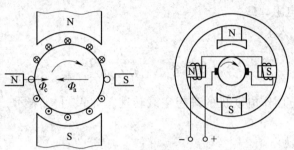

图 11—4　直流电动机的换向磁极位置和接线

三、直流电机的电磁转矩与机械特性

1. 电磁转矩

通电导体在磁场中会受到力的作用，在直流电动机中电枢表面导体受力方向与电枢直径垂直，形成的电磁转矩为：

$$T = \frac{PN}{2\pi a}\Phi I_a$$

对已制成的电动机，P（磁极对数）、N（导体总数）、a（并联支路数）是已确定的数值，上式可写为：

$$T = C_T\Phi I_a$$

式中　$C_T = \dfrac{PN}{2\pi a}$ ——电动机转矩常数，与电动机结构有关；

$\qquad I_a$——电枢总电流，A；

$\qquad \Phi$——每极的气隙磁通，Wb；

$\qquad T$——电动机的电磁转矩，N·m。

对于电动机来说，电磁转矩是驱动转矩。它是电源供给电动机的电流与磁场作用而产生的；对于发电机来说是制动转矩，因为它的方向和电枢旋转方向相反，原动机必须克服制动转矩才能使电枢旋转发电。

2. 直流电动机机械特性

在分析电力拖动问题时，经常要研究电动机的转速与转矩的关系。在端电压 U、励磁电路电流 I_B、电枢电阻 R_a 都等于常数的条件下，转速 n 与转矩 T 的关系称为电动机的机械特性。

直流电动机一般根据励磁绕组与电枢绕组的连接方式不同而分为：并励电动机（励磁绕组与电枢绕组并联）、串励电动机（励磁绕组与电枢绕组串联）、复励电动机（励磁绕组有两个，其中一个与电枢串联；另一个并联）及他励电动机（励磁绕组与电枢绕组互相独立）。下面介绍并励和串励电动机的机械特性。

（1）并励电动机机械特性　其公式如下：

$$n = \frac{U}{C_e \Phi} - \frac{R_a}{C_e \Phi} I_a$$

式中　C_e——由电动机结构决定的电动势常数；

R_a——转子电阻，Ω。

将 $T = C_T \Phi I_a$ 代入上式得：

$$n = \frac{U}{C_e \Phi} - \frac{R_a}{C_e C_T \Phi^2} T$$

该式第一项 $\frac{U}{C_e \Phi}$ 叫作电动机的理想空载转速。如果用 n_0 表示 $\frac{U}{C_e \Phi}$，用常数 a 表示 $\frac{R_a}{C_e C_T \Phi^2}$ 则上式可写为：

$$n = n_0 - aT$$

这是一个直线方程，如图 11—5a 中直线 1 所示，这条直线称为并励电动机的自然机械特性。电动机从空载到额定负载时，转速下降不多，称为硬机械特性。

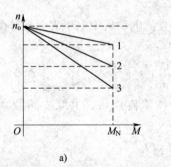
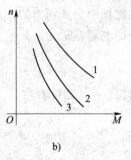

a)　　　　　　　　　　　　b)

图 11—5　直流电动机机械特性
a）并励　b）串励

如果在电枢回路串入电阻 R_{pa}，则机械特性表达式为：

$$n = \frac{U}{C_e \Phi} - \frac{R_a + R_{pa}}{C_a C_T \Phi^2} T$$

式中 R_{pa} 越大，直线越陡，如图 11—5a 中直线 2、3 所示，称为并励电动机的人造机械特性；负载增大时，转速下降较多，称为软机械特性。

（2）串励电动机机械特性　如图 11—5b 所示，其特点是励磁绕组与电枢绕组串联，励磁电流等于电枢电流。磁极未饱和时基本上与电枢电流成正比，写成 $\Phi = CI_a$，因而可得：

$$T = C_T \Phi I_a = C_T C I_a^2$$

把上式代入　$n = \dfrac{U}{C_e \Phi} - \dfrac{R_a}{C_e \Phi} I_a$　即得：

$$n = \frac{U - \sqrt{\dfrac{T}{C_T C}} R_a}{C_e C \sqrt{T / C_T C}} = \frac{U}{\dfrac{C_e C}{\sqrt{C_T C}} \sqrt{T}} - \frac{R_a}{C_e C} = C_1 \frac{U}{\sqrt{T}} - C_2 R_a$$

式中　C_1、C_2——常数。

图 11—5b 中曲线 1 称为串励电动机的自然机械特性。电动机轻载时，I_a 小，Φ 也小，转速很高；负载增加时，I_a 大，Φ 也大，n 下降较多；负载较大时，磁极的磁性接近于饱和，Φ 增加不多，故 n 下降较慢。

如果在电枢回路中串入不同的附加电阻 R_{pa}，则可得到图 11—5b 中的曲线 2、3，称为人工特性。

（3）串、并励机械特性比较　并励电动机有硬机械特性，串励电动机特性较软。负载变化时，前者转速变化不大；后者变化较大，并励电动机启动转矩与启动电流成正比，串励电动机启动转矩与启动电流的平方成正比；并励电动机启动转矩不大，而串励电动机启动转矩较大。

综上所述，并励电动机适用于启动转矩要求不高且负载变化时要求转速稳定的场合；串励电动机适用于有较大启动转矩，负载变化时转速允许变化的场合。

必须注意，串励电动机空载或轻载时，转速过高，造成换向困难，甚至使电枢因过大的离心力而甩坏。故串励电动机不允许空载或轻载启动，同时不准用带或链条传动，防止因带、链条断裂造成电动机转速过高。

四、直流电力驱动系统的一般知识

1. 直流电动机的启动、制动、反转

（1）启动　直流电动机转子由静止到转速达到额定值的过程叫启动过程。使用直流电动机时，如直接合闸，则启动电流很大，启动瞬间，启动电流 $I_q = U / R_a$，由于 R_a 很小，所以启动电流可达额定电流的 10 倍以上。这样大的启动电流，会使电刷下产生强烈的火花，同时产生很大的启动转矩，对转轴及电动机形成很大冲击。一般不允许直接启动，而要在电枢回路中串电阻以限制其启动电流。图 11—6 所示为并励直流电动机启动线路。电动机启动后，随转速升高，反电势增大，电枢电流逐渐减小。当电动机达到额定转速时，把启动电阻从线路中切除。

目前直流电动机大多采用晶闸管电路作可调电源，启动时使电源电压从零逐步升到额定值，而不必串启动电阻。

（2）制动　与交流电动机制动类似，直流电动机的电气制动也有能耗制动、反接制动等。

1）能耗制动　一台并励电动机在切断电枢电源后，把它的电枢两端接到一只适宜的电阻上，如图 11—7 所示。把开关 S1 从位置 1 转到位置 2，这样电动机就能迅速停止。

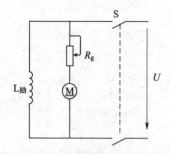

图11—6　并励直流电动机启动线路

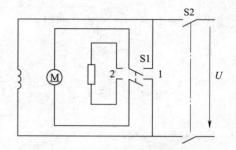

图11—7　并励电动机能耗制动线路

　　因为切断电枢电流后，保持励磁电流，电枢靠惯性转动时，电枢导体切割磁力线而产生电动势和与旋转方向相反的电磁转矩，因而起到制动作用。制动过程中，电枢的动能变成了电能而消耗在电阻上，所以称为能耗制动。能耗制动减速平稳，停止位置准确。

　　2）直流电动机反转与反接制动　使直流电动机反转的方法有两种：保持电枢两端电压极性不变，把励磁绕组反接；保持励磁绕组的电流方向不变，把电枢绕组反接。磁通和电流方向中，任意改变一个，即可改变电动机的转向。一般采用电枢反接的方法。

　　直流电动机反接制动的方法是，把电枢或把励磁绕组反接，产生与原转向相反的电磁转矩，从而实现制动。进行反接制动时注意，电枢反接时，电枢必须串外加电阻，以限制制动电流；当电动机转速接近于零时，要切断电源，否则电动机将反向转动。

　　反接制动法适用于要求制动迅速的场合，制动时，机械冲击较大，消耗电能较多。

　　2. 直流电动机调速

　　在电动机负载不变的条件下改变电动机的转速称为调速，调速的方法可由电动机的机械特性 $n = \dfrac{U}{C_e\Phi} - \dfrac{R_a}{C_e\Phi^2}T$ 看出，当 T 不变时，影响电动机转速的有电源电压 U、电枢电阻 R_a 和主磁通 Φ 三个因素。改变其中的任何一个，电动机的转速就可以得到调节。

　　（1）改变电枢回路电阻调速　一般在电枢回路串接一个电阻来进行，如图11—6所示。但应注意，调速电阻可用于启动，启动电阻不能用于调速，因为设计时，启动电阻是按短时工作制考虑的。这种调速法的特性，如图11—5a中的曲线2、3所示。

　　这种调速的特点是：

　　1）电动机的机械特性变软，转速只能降低。

　　2）低速时，调速电阻 R_{pa} 上电流较大，耗能较多。

　　3）负载若有变化，电动机的转速就会有较大的变化。

　　其优点是设备简单、对转速的稳定性要求不高、功率不大，目前还常被采用。

　　（2）改变励磁回路电阻的调速法　为了改变主磁通，在励磁电路中串一只调速电阻 R_{PE}，当电枢回路电阻 $R_{pa} = 0$ 时，调节励磁回路中的 R_{PE} 以调节转速。调整后的特性如图11—8所示中曲线2、3所示。

　　在负载不变时（即 T 不变），由 $T = C_T\Phi I_a$ 可见，Φ 减小则 I_a 增大，如果电枢电流若超过了额定电流，必须减小负载的转矩才行。

这种调速法的特点是：

1）可得到平滑的无级调速。

2）因励磁电流小，调速时，R_{PE}上功耗小。

3）专门用来调速的电动机，其最高转速可以达到最低转速的 3 ~ 4 倍。

4）调速的稳定性较好。

这种调速法只能使转速升高，因为不能增加 Φ 来调速（否则磁极的磁性饱和），所以又称为弱磁调速。

（3）改变电枢电压调速　晶闸管整流设备作为可调电压的直流电源，使这种调速方法得到广泛应用。调速特性曲线如图 11—9 所示。其特点是：

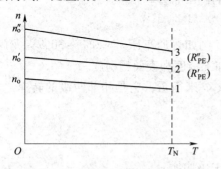

图 11—8　电阻调速特性

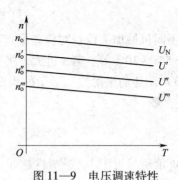

图 11—9　电压调速特性

1）可以得到平滑无级调速。

2）机械特性硬，转速稳定。

3）转速只能调低不能调高。因为电枢电压不能超过额定值。

在调速性能要求较高的场合，一般把改变电枢电压和改变励磁的调速法配合使用，可以得到良好的调速性能和宽广的调整范围。

3. 晶闸管—直流电动机调速系统简介

（1）调速系统静态指标

1）调速范围（D）　在额定负载下，电动机所能达到的最高转速 n_{max} 与最低转速 n_{min} 之比叫调速范围。即 $D = n_{max}/n_{min}$。不同的生产机械的调速范围要求不同，如金属切削机床 $D = 4 ~ 100$，造纸机 $D = 10 ~ 20$，轧钢机 $D = 3 ~ 15$ 等。

2）静差率（s）　又称静差度或调速的稳定度，表示负载转矩变化时转速变化的程度。其含义为电动机由理想空载变为满载时的转速降落 Δn_N 与理想空载转速 n_0 之比的百分数，用 s 表示，即：

$$s = \frac{\Delta n_N}{n_0} \times 100\% = \frac{n_0 - n_N}{n_0} \times 100\%$$

静差率与机械特性的硬性能有关。图 11—10a 中特性 1 与特性 2 硬性能不一样，较硬的特性、转速降为 Δn_1，较软的特性 2 转速降为 Δn_2，显然 $\Delta n_2 > \Delta n_1$。因 n_0 相同，故较软的特性 2 静差率大。

注意图 11—10b 中特性 1 与 2 硬性能相同，但它们的 n_0 不同，n_0 越低，静差率越大。因此，对一个系统的静差率要求，就是对最低速的静差率要求。

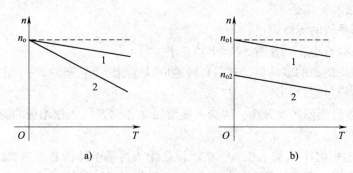

图 11—10　不同机械特性下的静差率

a）硬性能不同　b）硬性能相同

不同机械加工设备对静差率有不同的要求，例如普通车床 $s = 20\% \sim 30\%$；龙门刨床 $s = 5\% \sim 10\%$ 等。若 s 过大，将影响工件的加工精度和表面粗糙度。

3）调速的平滑性　平滑的程度用平滑系数 Φ 来衡量，它是相邻两级的转速之比，即

$$\Phi = \frac{n_i}{n_i - 1}$$

Φ 值越接近于 1，平滑性越好。$\Phi = 1$ 称为无级调速。

（2）调速系统　实用的调速系统千差万别，但从信号传递的角度看，不外乎两种：开环调速系统与闭环调速系统。

1）开环调速系统　图 11—11 所示为晶闸管—电动机开环系统原理框图。

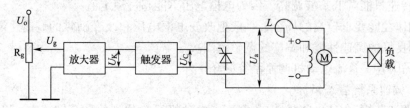

图 11—11　晶闸管—电动机开环调速系统原理框图

当改变电位器 R_g 的滑动触头时，U_g 相应变化，从而改变了触发电路的控制角及整流器的输出电压 U_a，使电动机有不同的转速。在这个系统中，电动机是被控对象，电动机的转速是被控量，U_g 是给定量，也即控制量。此系统只有控制量对被控量 n 的控制作用，而被控量 n 对控制量没有反作用。这种控制量决定被控量，而被控量对控制量不能反施影响的控制系统称为开环控制系统。

该系统在一般情况下可正常工作，但电源电压波动，负载变化等因素（称扰动）会对转速产生影响，而开环系统对这些扰动的影响无法克服。开环调速系统不具备抗干扰能力。

2）闭环调速系统　在开环调速系统中，若在电动机轴上装一个转速表，若发现转速偏离给定值，由人工调节 U_g，使转速恢复到给定值，那么就构成了一个闭环调速系统，这时被控量对给定量的影响是靠人工完成的，称为人工闭环系统，在实际运行中，

对控制的质量和反应速度越来越高，靠人工是无法胜任的。如果用测速发电机 TG 代替转速表，然后将其电压的一部分 U_f 反馈到系统的输入端，与 U_g 进行比较，形成偏差信号 $\Delta U = U_g - U_f$。用该信号控制触发电路，从而控制电动机的转速。如图 11—12 所示，这就构成了转速负反馈闭环调速系统。该系统的调整过程如下：

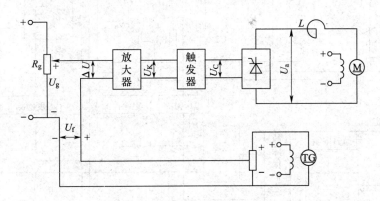

图 11—12　转速负反馈闭环调速系统框图

设电动机正常情况下稳定运行，转速为 n_1，且电磁转矩 T 与负载转矩 T_C 相等。如果由于某种原因使负载转矩 T_C 增加，则电动机转速降低；在 U_g 不变时，$\Delta U = U_g - U_f$ 增大，于是触发电路脉冲前移，整流器输出增加，电动机转速回升。上述过程如下：

$$T_C \uparrow \rightarrow n \downarrow \rightarrow U_f \downarrow \xrightarrow{\Delta U = U_g - U_f \uparrow} \rightarrow \alpha \downarrow$$
$$\rightarrow U_a \uparrow$$
$$n \uparrow$$

3）闭环调速系统的静特性　在开环系统中，当负载增大时，电枢压降也增大，其转速自然就降低了；而闭环系统有反馈装置，转速一旦有所下降，反馈电压就降低，通过比较与放大，提高晶闸管装置的输出电压 U_a，使系统工作在新的特性上。由于这种自动调节作用，每增加一点负载，就相应提高一点整流电压，因而就更换一条新的开环特性线。闭环系统的静特性就是在每条不同的机械特性上取一个工作点，再把这些点集合而成的，如图 11—13 所示。显然，闭环系统静特性比原开环系统机械特性硬得多。

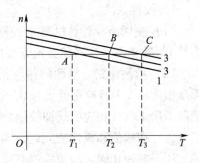

图 11—13　闭环调速特性

五、计算机数字控制双闭环直流调速系统

计算机数字控制双闭环直流调速系统如图 11—14 所示，硬件系统由主电路、检测电路、控制电路、给定电路、故障综合等几部分组成。计算机数字控制系统的控制规律是靠软件来实现的，所有的硬件也必须由软件实施管理。计算机数字控制双闭环直流调速系统的软件有：主程序、初始化子程序、中断服务子程序等。

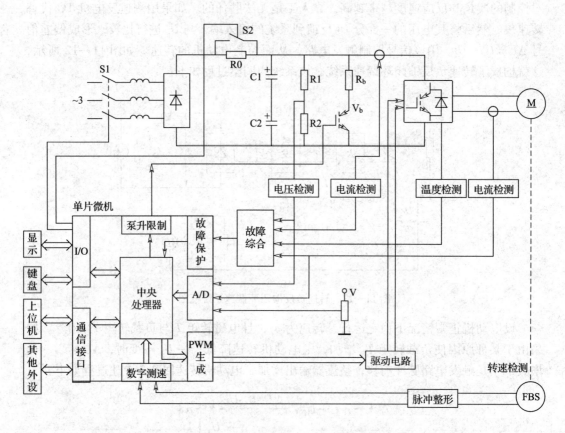

图 11—14　计算机数字控制双闭环直流调速系统框图

1．硬件系统

（1）主回路　计算机数字控制双闭环直流调速系统主电路中的 UPE 有两种方式：直流 PWM 功率变换器和晶闸管可控整流器。

（2）检测回路　检测回路包括电压、电流、温度和转速检测，其中电压、电流和温度检测由A／D转换通道变为数字量送入计算机；转速检测用数字测速。电流和电压检测除了用来构成相应的反馈控制外，还是各种保护和故障诊断信息的来源。电流、电压信号也存在幅值和极性的问题，需经过一定的处理后，经 A／D 转换送入计算机，其处理方法与转速相同。转速检测有模拟和数字两种检测方法：

1）模拟测速一般采用测速发电机，其输出电压不仅表示了转速的大小，还包含了转速的方向，在调速系统中（尤其在可逆系统中），转速的方向也是不可缺少的。因此必须经过适当的变换，将双极性的电压信号转换为单极性电压信号，经 A／D 转换后得到的数字量送入计算机。但偏移码不能直接参与运算，必须用软件将偏移码变换为原码或补码后，然后进行闭环控制。

2）对于要求精度高、调速范围大的系统，往往需要采用旋转编码器测速，即数字测速。

（3）数字控制器　数字控制器是该系统的核心，可选用单片计算机或数字信号处理器（DSP），如 Intel 8X196MC 系列或 TMS320X240 系列等专为电动机控制设计的微处理器，本身都带有 A/D 转换器、通用 I/O 和通信接口，还带有一般计算机并不具备的故障保护、数字测速和 PWM 生成功能，可大大简化数字控制系统的硬件电路。

（4）系统给定　系统给定有两种方式：

1）模拟给定　模拟给定是以模拟量表示的给定值，例如给定电位器的输出电压。模拟给定须经 A/D 转换为数字量，再参与运算。

2）数字给定　数字给定是用数字量表示的给定值，可以是拨盘设定、键盘设定或采用通信方式由上位机直接发送。

（5）故障综合　利用计算机拥有强大的逻辑判断功能，对电压、电流、温度等信号进行分析比较，若发生故障立即进行故障诊断，以便及时处理，避免故障进一步扩大。

2. 软件系统

（1）主程序　完成实时性要求不高的功能，完成系统初始化后，实现键盘处理、刷新显示、与上位计算机和其他外围设备通信等功能。

（2）初始化子程序　完成硬件元件工作方式的设定、系统运行参数和变量的初始化等。

（3）中断服务子程序　中断服务子程序完成实时性强的功能，如故障保护、PWM 生成、状态检测和数字 PI 调节等，中断服务子程序由相应的中断源提出申请，CPU 实时响应。中断服务子程序主要有转速调节中断服务子程序、电流调节中断服务子程序和故障保护中断服务子程序。

第二节　同步电机

同步电机就是转子转速与旋转磁场转速相同的电机。按功率转换关系，同步电机分为同步发电机、同步电动机和同步补偿机三类。三相交流同步发电机应用比较广泛，目前世界上各大发电厂发出的三相正弦交流电，都是三相同步发电机产生的；同步电动机一般只用在容量较大转速稳定的场合；同步补偿机专门用来产生或吸收电网的无功功率，以改善电网的功率因数。

一、同步电机的结构与工作原理

1. 同步电机的结构

有两种形式，一种是旋转电枢式，即三相绕组装在转子上，磁极装在定子上；另一种是旋转磁极式，它与前者相反，把磁极装在转子上，三相绕组装在定子上。这是同步电机的基本结构形式。旋转磁极式结构有下列优点：励磁电流比电枢电流小，电压也低，向转子输入励磁功率时，电刷与滑环的负荷较小，减少故障的出现；同步电机容量较小，电枢电流大，导线粗，绝缘要求高。装在定子上，便于嵌装、加强绝缘、散热，强大的电流向负载输出时，不需经电刷与滑环，避免电刷与滑环间产生火花。

旋转磁极式，又分隐极式与凸极式，隐极式的转子像个圆柱体，凸极式的转子上有明显凸出的磁极，图11—15所示为隐极式、凸极式同步电机构造示意图。

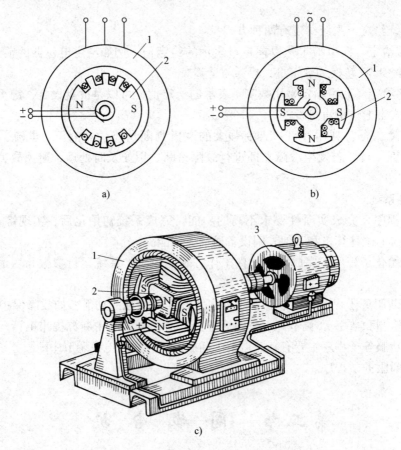

图11—15 隐极式与凸极式同步电机构造示意图
a）隐极式 b）凸极式 c）凸极式同步电机
1—定子 2—转子 3—励磁机

同步电机定子绕组通三相交流，要用硅钢片做铁心。转子上的磁极用直流电励磁，不会产生涡流和磁滞损耗，可用1～1.5 mm钢片叠成，也可用整块铸钢做成。

2. 同步电机的工作原理

同步电机的构造与同步发电机相同。使用时，要给定子的三相绕组通以三相交流电，还要给转子通直流电。

其工作原理是：三相交流电通过定子绕组时，产生旋转磁场。转子绕组通直流电产生极性固定的磁极。磁极的对数必须与定子磁场数相等。转子上的S极与旋转磁场的N极对齐时（转子N极则与旋转磁场的S极对齐）靠异性磁极间互相吸引，转子就跟着旋转磁场转动了。其工作原理示意图如图11—16a所示。

电动机空载时，转子的轴承和转子与空隙总有阻力，实际上转子上的磁极总要比旋转磁场的磁极落后一个小角度 θ，如图11—16b所示。当电动机加上部分负载时（轻载情况），转子磁极落后于旋转磁场磁极的角度有所增大，如图 11—16c 所示（磁力线被拉长很多）。但转速仍不变。若负载再加大，则转子磁极落后的角度更大，落后一定角度后，又以同步速度跟随旋转磁场转动。如果负载过大。磁力线就要被拉"断"，旋转磁场已不能把转子吸引着转动了。这时电动机就要停止转动。如图 11—16d 所示。

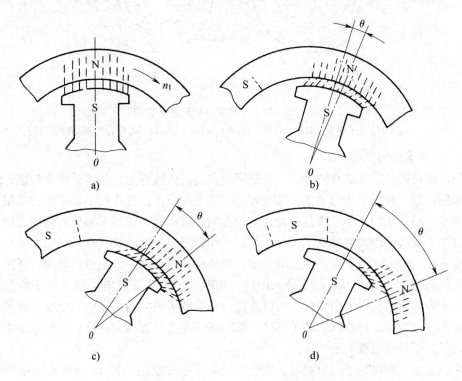

图 11—16　同步电机工作原理示意图

a）理想空载时，转子、定子磁极相对位置　b）实际空载时，转子、定子磁极相对位置

c）有负载时，转子、定子磁极相对位置　d）负载过大，转子不能转动

同步电机的转速除了负载增加或减小的一瞬间有少许变化外，转子的转速总是与旋转磁场的转速相同。负载在一定的变化范围内变化，电动机的转速不变，此特性是同步电机最主要的特点。负载太大以致转子转不动时，通过定子绕组的电流将会很大，应尽快切断电源。

二、同步电机的启动方法

1. 启动转矩

凡是转子惯量较大的同步电机，没有启动转矩，不能自行启动，原因如图 11—17 所示。设磁极的相应位置如图 11—17a 所示，旋转磁场顺时针转，由于异性相吸引，旋转磁场欲把转子驱动，但是转子惯性较大，而旋转磁场的转速很快，经 1/100 s 后，旋转磁场 N 与 S 就转了半个圆周如图 11—17b 所示。这时由于同极性相斥，转子自然不会转动，且有反转的斥力，又由于惯性，转子不会反转。在工频交流电的一个周期内，旋转磁场对转子的作用力平均为零，结果，转子不能启动。

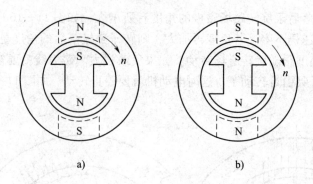

图 11—17　同步电机无启动转矩示意图

a）刚通电时，定子磁极与转子磁极的位置　b）1/100 s 后，定子磁极与转子磁极的位置

2. 同步电机的启动方法

同步电机的启动方法有两种：一种是同步启动法，该方法设备多，操作烦琐，已基本不采用；另一种是异步启动法，这种方法不需另加设备，操作简单，广泛被采用。

异步启动方法的工作原理是：设计与制作同步电机时，在转子磁极的圆周表面上加装一套笼型绕组，作为启动绕组。绕组的形式和笼型异步电动机一样。启动步骤是先给定子通三相交流电，由于笼型绕组的作用，电动机开始启动并增至空载转速，转速达同步速度的 95% 以上时就可向转子通入电流，切断定子三相交流电。因为转子的速度比较高，不像静止时有很大的惯性，所以旋转磁场与转子磁极间的吸引力能够把转子拉到同步转速。达到同步转速后，转子导体与旋转磁场间已没有相对速度，笼型绕组中再没有电流了，笼型绕组就失去了作用。

应该注意：在向定子通电流前，要用阻值约为励磁绕组电阻 10 倍的电阻把转子的励磁绕组短接。因为刚启动时，旋转磁场与转子的相对转速很大，励磁绕组切割磁力线产生很大的电动势，对工作人员可能造成危险。另外，容量较大的同步电机，为限制定子中的启动电流，应该采用降压启动法。其方法与异步电动机相同。

三、同步发电机的励磁

同步发电机的励磁电流是直流电。励磁直流电的来源，目前有以下几种方法。

1. 同轴直流发电机励磁法

一台较小的直流并励发电机与交流同步发电机装在同一个轴上。直流发电机所发出的电，直接供给交流发电机的励磁绕组。如图 11—18 所示，直流电流首先经直流发电机的电刷流出，然后又经一对电刷流入交流发电机的励磁绕组。这种方法采用的时间最长，但由于电刷易出故障，维修麻烦，使用已逐渐减少。

2. 同轴交流发电机励磁法

把上述第一种励磁方法中的直流发电机换成一台单相或三相小交流发电机。小交流发电机发出的电，经硅二极管整流后供给大交流发电机的励磁绕组。二极管也固定在轴上，使励磁电流不需经过电刷，故又称为无刷励磁。这种方法工作可靠，维护容易。其工作原理线路如图 11—19 所示。

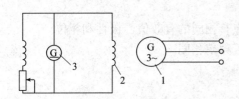
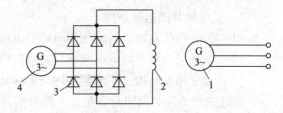

图 11—18　同轴直流发电机励磁工作原理线路
1—同步交流发电机　2—交流发电机励磁绕组
3—直流励磁发电机

图 11—19　同轴交流发电机励磁工作原理线路
1—同步交流发电机　2—交流发电机励磁绕组
3—硅二极管整流器　4—交流励磁发电机

3. 晶闸管整流励磁法

把同步发电机发出的电,用晶闸管整流后供给发电机自身的励磁。因晶闸管整流电压可方便地调整,所以发电机电压也可方便地得到调整。其优点是不需小型同轴发电机;缺点是还需使用一对电刷。其工作原理线路如图 11—20 所示。

4. 三次谐波励磁法

在交流发电机的定子槽中装一套三次谐波绕组,它被气隙磁通的三次谐波切割,产生频率如 150 Hz 的交流电动势,经整流后供给发电机的励磁。其优点是:三次谐波磁通是发电机气隙所固有而又未被利用的,现在利用了,就节约了电能。另外,发电机负载增大时,端电压要下降,但三次谐波电流却随之上升。三次谐波磁通又起到自动稳压的作用。其安装、检修较容易。所以这种励磁法的应用日渐增多。

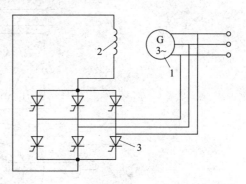

图 11—20　晶闸管整流励磁工作原理线路
1—同步交流发电机　2—交流发电机励磁绕组
3—晶闸管整流器

四、同步发电机的并网条件及操作方法

1. 同步发电机并网运行的必要性及优点

电网的负荷相当大,单台发电机的容量不可能很大,所以每个发电厂要用多台发电机并联供电。多台发电机并网运行的好处是明显的。

(1) 发电机总是要检修的,如果单独供电,当发电机出故障时就必须停电;如果并联供电,某一台出了问题,可利用其他发电机提供电力。多个发电厂并联供电,可以减少每个发电厂对发电机的备用量。

(2) 可以充分合理地利用动力资源　火力发电厂发电要用大量燃料,成本高;水力发电厂发电成本较低。夏季水量充足,让水力发电厂多发电,充分利用水力资源,让火力发电厂少发电以节约燃料。冬季则相反,如果不采用并联供电,就不可能相互调整供电。

(3) 提高供电质量　电网的负载是经常变化的,负载变动会使电网电压变化。如果电网容量小,电压波动大,频率波动也大;如果电网容量大,电压与频率变化都小。

发电机并联运行后，电网容量增大，对提高供电质量有好处。

2. 发电机并网运行条件

（1）欲并网的发电机的电压与电网的电压应有相同的有效值、极性和相位。

（2）欲并网的发电机电压频率应与电网电压频率相同。

（3）对三相发电机，要求其相序与电网相同。

上述三个条件必须同时满足，才能合闸并网。

3. 发电机并网方法

实用的并网方法有两种：准整步法与自整步法。

（1）准整步法　把发电机完全调整到合乎投入并网的条件，然后投入电网称为准整步法。为判断是否满足投入条件，常常采用同步指示器。最简单的同步指示器由三个同步指示灯组成，这三个灯常接在电网的 U 相与发电机的 U 相、电网的 V 相和发电机的 V 相、电网的 W 相和发电机的 W 相之间，如图 11—21 所示。

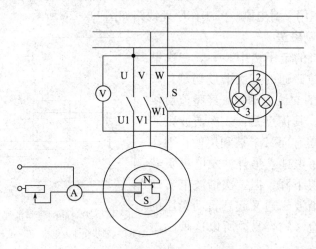

图 11—21　准整步法的指示灯接线

发电机的相序和转向已在出厂前标定，只要按规定的标志连接即可保证发电机相序与电网相序相同。如果三盏灯同时时亮时暗、闪烁不定的，说明发电机频率与电网频率不一致。调节发电机的速度，使三灯的亮度变化很慢时，就实现了发电机频率与电网频率基本一致。再调整发电机电压的大小与相位，到三盏灯同时熄灭，且电压表的指示亦为零时，就表示发电机已经满足并网条件，此时就可合闸。

上面介绍的是最简单的同步指示器。现代发电厂里通常装有比较先进的同步指示器和相应的自动化装置，以减少并联投入时误操作的可能。准整步的优点是投入瞬间对电网基本没有冲击，缺点是手续较复杂。尤其当电网发生故障时，电网电压和频率时刻都在变化，投放较困难。为把发电机迅速投入电网，可用自整步法投入。

（2）自整步法　投入步骤为：先校验发电机的相序，并按规定的转向把发电机驱动到接近同步转速，然后在未励磁、励磁绕组接到限流电阻的情况下，把发电机投入电网，再立即加上励磁，此时依靠定子和转子主磁极磁场间形成的电磁转矩，即可把转子自动拖入同步。自整步法的主要缺点是并网时冲击电流稍大。

第三节　电弧炉、中频炉和高频炉

一、电弧炉

1．用途及特点

电弧炉是利用气体电弧放电产生热量，来加热和熔化金属的电加热设备。主要用于特种钢、普通钢、活泼金属等的冶炼和制取，与后面将介绍的中频炉、高频炉相比容量比较大，但污染较严重。

2．结构与工作原理

电弧炉结构如图 11—22 所示。它由电极、炉衬、炉体以及相应的电气设备构成，其工作原理是利用图 10—21 中电极 1 以及炉底电极 4 间的高电压，将空气击穿产生电弧，利用电弧产生的高热来熔化炉内的金属进行冶炼。

3．运行、维护及操作

电弧炉的冶炼过程是：按冶炼要求装入合适的原料，将电极降到炉料上方，电压分接头选在中挡位置，合上电源，当三根电极都起弧时，正常的三相电熔化就开始了，然后根据熔炼需要输入合适的功率；在冶炼过程中如果炉料塌陷引起电极折断，这时应迅速提升电极；操作者利用控制电极的位置和输入电压及功率来控制冶炼过程正常进行。

电弧炉的维护包括炉体的维护和电气设备的维护，下面仅讨论电弧炉的有关电气设备特点及维护。

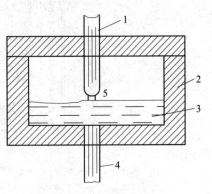

图 11—22　直接电弧炉
1—电极　2—炉衬　3—钢水
4—炉底导电电极　5—电弧

电弧炉的电气设备除了常规的电气设备外，最主要的是：电弧炉变压器以及电极。

电弧炉变压器是一种特殊的变压器，其设计、制造比普通变压器更严格，要求更高。电弧炉变压器在正常工作时条件较恶劣。

（1）电炉变压器遭受频繁的接通与断开。24 h 中电流通断可达 70～100 次。变压器要能承受较频繁的冲击。

（2）在工作中电弧炉变压器要遭受频繁的次级单相或三相短路，短路时间还较长。

（3）电弧炉变压器经常处于三相不平衡工作状态。

电弧炉的电极经常处于高温恶劣环境中，尤其是连接电极的电缆要求比较高，常用水冷软电缆。

电炉运行时，首要的目标是以每吨最低的成本生产最大量的钢。一般开始时用中等电压，主熔炼时用最大电压，精炼时用低压。

二、中频炉与高频炉

1. 用途及特点

中频炉与高频炉利用电磁感应原理对金属加热，来熔化及冶炼金属。主要用于合金钢、铸铁、有色金属冶炼、锻压前的加热、各种热处理及粉末冶金。

2. 结构与工作原理

常见的无芯感应炉（中频炉、高频炉都属于感应炉）的结构如图11—23所示。感应熔炼的原理就是利用电磁感应原理，在炉子周围装置一组线圈，线圈中通以不同频率交流电时，处于炉内的金属产生感应电动势，从而产生涡流，利用涡流产生的热能熔化金属。

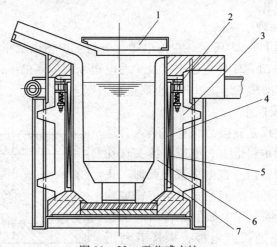

图11—23 无芯感应炉

1—炉盖 2—线圈紧固装置（500 kg 炉以上的） 3—轭铁
4—线圈 5—线圈绝缘 6—炉衬 7—漏炉检测

中频炉指的是线圈中交流电频率为工频的 3～9 倍（150～450 Hz）。

高频炉指的是线圈中交流电频率在 9 倍工频以上，工作原理同中频炉。

3. 运行、维护与操作

由于感应炉应用于金属熔炼、金属热处理等各种不同的场合，应按生产对象的工艺要求进行操作。维护时，注意线圈的绝缘情况。至于产生中频电源的装置，现在多用晶闸管中频电源，以前多采用中频机组。

第四节 供 电 理 论

一、互感器的接线方式及特点

1. 电压互感器

电压互感器有单相和三相之分，供电系统常采用的接线方式（见图11—24）有如下几种：

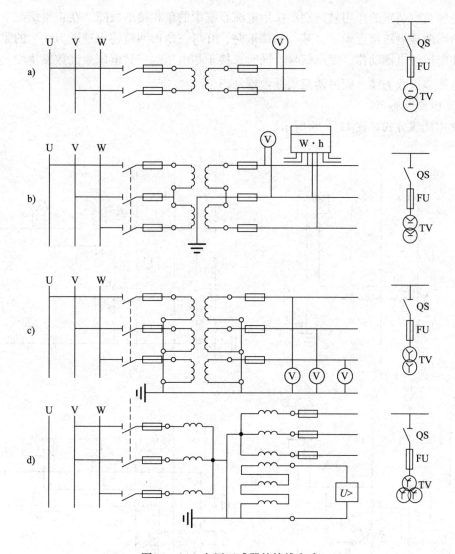

图 11—24　电压互感器的接线方式

a) 一个单相电压互感器　b) 两个单相接成 V/V 形　c) 三个单相电压互感器接成 Ⅴ／Ⅴ 形

b) 三个单相三绕组电压互感器或一个三相五芯柱三绕组电压互感器接成 Ⅴ／Ⅴ／△形

（1）一个单相电压互感器——通过互感器将仪表、继电器接于一个线电压。

（2）两个单相电压互感器接成 V/V 形　通过互感器将仪表、继电器接于三相三线制电路的各个线电压，它广泛地应用在 6～10 kV 的高压配电装置中。

（3）三相单相电压互感器接成 Ⅴ／Ⅴ 形　供电给要求线电压的仪表、继电器，并供电给接相电压的绝缘监察电压表。

（4）三个单相三绕组电压互感器或一个三相五芯柱三绕组电压互感器接成 Ⅴ／Ⅴ／▷（开口三角形）　接线 Ⅴ 的二次绕组，供电给需线电压的仪表、继电器及作为绝缘监察的电压表，而接成开口三角形的辅助二次绕组，供电给用作绝缘监察的电压继电器。广泛用于小接地电流系统中。

　　绝缘监察装置的作用是判别小接地电流系统中的单相接地故障。在正常情况下，开口三角形两端电压接近于零，某一相接地时，开口三角形两端将出现近 100 V 的零序电压，使电压继电器动作，发出信号。同时，接于相电压的三只电压表读数发生变化，接地相电压表读数为零，而另两只表读数增加 $\sqrt{3}$ 倍。

　　2. 电流互感器

　　常用接线方式如图 11—25 所示。

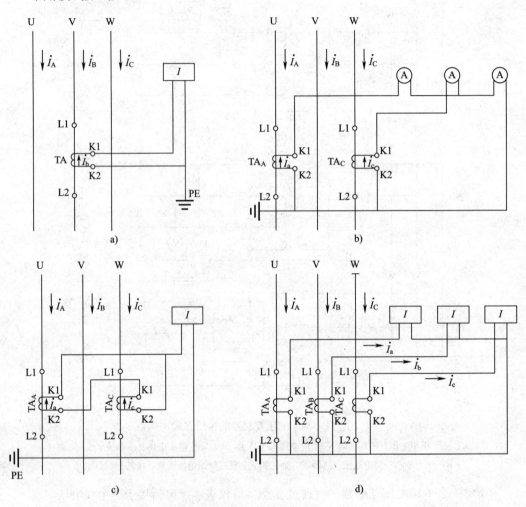

图 11—25　电流互感器的接线方式

a）一相式　b）两相 V 式　c）两相电流差　d）三相丫式

　　（1）一相式接线　通常用在负荷平衡的三相电路中测量电流或在继电保护中作为过负荷保护接线。

　　（2）两相 V 式接线　广泛用于三相三线制中供测量三个相电流之用。继电保护装置中也大量使用这种接线。

　　（3）两相电流差式　这种接线主要用于小接地电流系统中的继电保护装置之用，与两相 V 式接线相比，少用了一个电流继电器，节省了设备投资。

（4）三相丫式接线　广泛用于大接地电流的三相三线制和三相四线制系统中，用于测量及继电保护。

3．接线系数

在电流互感器的接线方式中，两相 V、两相差、三相丫接线广泛用于继电保护装置中，应注意接线系数问题。尤其是两相差式接线，在不同的短路故障下，接线系数不一样。

（1）接线系数的定义 K_w

$$K_w = \frac{\text{流入继电器线圈的电流}}{\text{电流互感器的二次电流}} = I_{KA}/I_2$$

按这个定义，可以发现，两相 V 式及三相丫式接线的接线系数 $K_w = 1$，即流入继电器线圈的电流就是电流互感器的二次电流。

（2）两相差式的接线系数　如图 11—26 所示。

1）当 K_1 两相短路时，短路电流只在 U、V 两相中流动，且方向相反，U 相互感器二次电流将全部流入继电器，故继电器接线系数 $K_w = 1$。同理，V、W 两相短路时，接线系数也是 1。

2）当 K_2 短路时，短路电流经过 U、W 两相，且方向相反，反映到互感器的二次电流也是方向相反，这样流过继电器电流也就是互感器次级电流的 2 倍，即 $K_w = 2$。

3）K_3 短路时，三相中均有短路电流，且三相对称（相位互差 120°，大小相等）。这样流入继电器的电流就是 V 相和 W 相电流之差，为线电流，是互感器二次电流的 $\sqrt{3}$ 倍，故 $K_w = \sqrt{3}$。

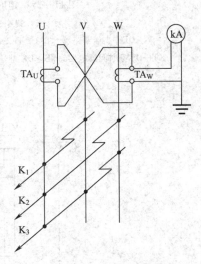

图 11—26　两相差式接线

二、继电保护原理及整定值计算

1．线路过流保护

它是一种带动作时限（延时）的继电保护，有定时限和反时限两类。定时限是指保护的延时时间与过电流的大小无关，是一个定值。反时限是指保护的延时时间与过电流大小有关，过电流较大时，延时较短；过电流较小时，延时则较长。

（1）定时限的过流保护　如图 11—27 所示。电路中，继电器均采用电磁式，其操作电源由专门的直流电源提供。电流互感器采用两相 V 式接线。一次侧电路中发生短路故障时，电流继电器 KA1、KA2 中至少有一个瞬间动作触点闭合，使时间继电器 KT 启动，经过一定的时限，其延时触点闭合，使信号继电器 KS 和中间继电器 KM 动作。KS 动作接通信号回路并掉牌。而 KM 动作，接通断路器跳闸线圈 YR，使 QF 跳闸，从而切断短路故障。在故障切除后，继电器 KA1、KA2、KT、KM 失电自动复位，KS 可手动复位。

（2）反时限过流保护　反时限过流保护一般采用感应式电流继电器，操作电源直接由交流电源提供。图 11—28 所示为反时限过流保护电路图。其工作原理较简单，读者可自行分析。

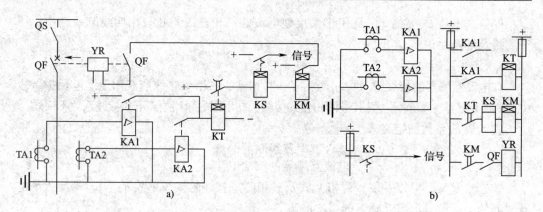

图 11—27　定时限过电流保护原理的电路图

a）集中表示法　b）分开表示法

QF—高压断路器　TA1、TA2—电流互感器　KA1、KA2—DL 型电流继电器

KT—DS 型时间继电器　KS—DX 型信号继电器　KM—DZ 型中间继电器　YR—跳闸线圈

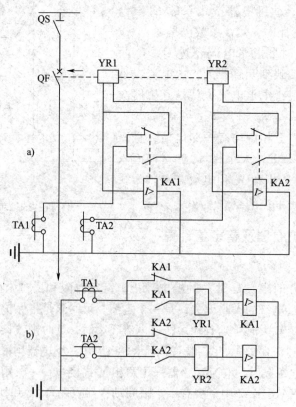

图 11—28　反时限过电流保护的原理电路图

a）集中表示法　b）分开表示法

（3）过流保护动作电流的整定　整定原则是电流继电器的返回电流 I_{re} 应大于线路中的最大负荷电流 I_{Lmax}。根据这个原则可以得出动作电流 I_{op} 的整定值计算为：

$$I_{op} = \frac{K_{rel}K_w}{K_{re}K_i}I_{Lmax}$$

式中　I_{op}——电流继电器的动作电流；

　　K_{rel}——可靠系数，对 DL 型电流继电器取 1.2；GL 型电流继电器取 1.3；

　　K_w——接线系数；

　　K_{re}——保护装置的返回系数 $K_{re} = \dfrac{\text{返回电流 } I_{re}}{\text{动作电流 } I_{op}}$（可取 0.8 ~ 0.85）；

　　K_i——电流互感器的变化。

（4）过电流保护的动作时限整定　动作时限的整定原则称为"阶梯原则"，即相邻两级过电流保护的动作时限相差一个时限阶段 Δt。其整定说明如图 11—29 所示。时限阶段 Δt 的取值：定时限取 0.5 s，反时限取 0.7 s。

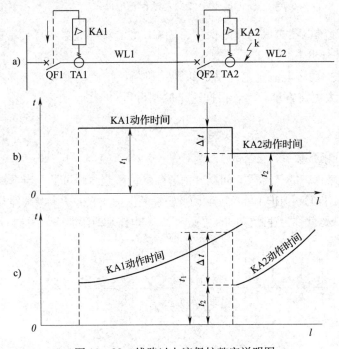

图 11—29　线路过电流保护整定说明图

a）电路图　b）定时限过电流保护的动作时限曲线　c）反时限过电流保护的动作时限曲线

（5）过流保护灵敏度校验　灵敏度是对继电保护装置的要求之一，反映灵敏性的参数就是灵敏度 s_p，其定义如下：

$$s_p = \frac{\text{本级线路末端的最小短路电流}}{\text{动作电流折算到初级的值}} = \frac{I_{kmin}}{I_{opl}}$$

过流保护要求 $s_p \geqslant 1.25 \sim 1.5$，即：

$$s_p = \frac{I_{kmin}}{I_{opl}} = \frac{K_w}{K_i} \frac{I_{kmin}}{I_{op}} \geqslant 1.25 \sim 1.5$$

2. 线路速断保护

速断保护是一种反应严重短路故障的电流保护形式，一般动作是没有延时的。图 11—30 所示为速断保护电路图。与图 11—28 相比较，仅仅少了一个时间继电器，其动作过程读者可自行分析。

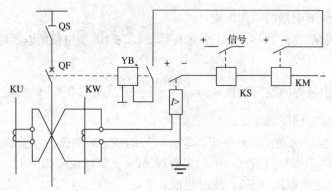

图 11—30　线路速断保护电路图

由 GL 型电流继电器构成的速断保护，因 GL 型电流继电器本身具有速断保护功能，故电路图与图 11—30 相同。

（1）速断保护动作电流整定　整定原则：速断保护的动作电流 I_{qb} 应躲过它所保护的线路末端的最大短路电流 I_{kmax}。根据这个原则可得：

$$I_{qb} = \frac{K_{rel}K_w}{K_i}I_{kmax}$$

式中　K_{rel}——可靠系数，对 DL 取 1.2~1.3，对 GL 取 1.4~1.5。

（2）电流速断保护的"死区"问题　由速断保护整定原则可见，当本级线路末端发生最严重的短路故障，速断保护不能反应。因此，速断保护只能保护本级线路靠近电源的一部分线路，另一段线路就称为速断保护的"死区"。其电路和时限曲线如图 11—31 所示。

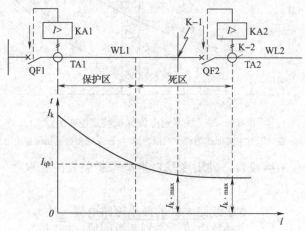

图 11—31　线路电流速断保护的保护区和死区

a）电路图　b）时限曲线

I_{kmax}—前一级保护应躲过的最大短路电流　I_{qb1}—前一级保护整定的一次速断电流

（3）速断保护灵敏度的检验　速断保护的灵敏度，应按其安装处（即线路首端）的两相短路电流作为最小短路电流来校验，即：

$$s_p = \frac{K_w}{K_i}\frac{I_k^{(2)}}{I_{qb}} \geqslant 1.25 ~ 1.5$$

式中　$I_k^{(2)}$——线路首端的两相短路电流。

3. 线路两段式电流保护

上述两种保护都存在一定缺陷：对于过流保护，由于延时与短路电流无关，所以保护的速动性就不好，有可能使短路造成严重的危害；对于速断保护，又存在死区。因此，一般规定过流保护的时限超过 1 s 时，就应装设速断保护。这种将过流保护和速断保护装设在一起的电流保护就称为两段式电流保护。这样，在速断区发生短路故障，由速断保护来反应，而过流保护作为后备保护。在速断保护的死区，由过流保护来作为主保护。图 11—32 所示为两段式保护电路图。

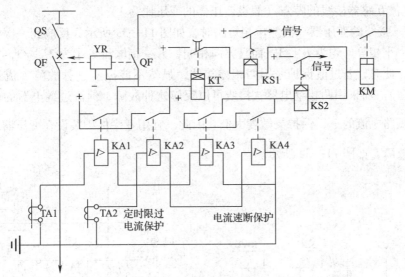

图 11—32　线路的定时限过电流保护和电流速断保护电路图

4. 电力变压器的保护

（1）电力变压器常见的故障　电力变压器的故障分为内部故障和外部故障。内部故障有：线圈对铁壳绝缘击穿（接地短路）、匝间或层间短路、高低压各相线圈短路及铁心烧损和漏油等。外部故障有：各相输出线套管间短路（相间短路）以及套管对铁壳的短路等。变压器的不正常工作状态主要是过负荷，长时间过负荷将造成变压器温度升高，绝缘老化，从而缩短使用寿命。

（2）电力变压器的继电保护类型　电力变压器采用的继电保护装置有：过电流、过负荷、单相接地、速断、气体及差动保护。通常根据变压器的容量来设置不同的保护。

对 400 kV·A 以下的变压器通常采用高压熔断器保护。

对 400～800 kV·A 的变压器，一次侧装有高压熔断器时，可装设带时限的过流保护；时限超过 0.5 s，还应装设电流速断保护。若一次侧装有负荷开关时，则只能采用高压熔断器保护。若低压侧为干线 Y－y0 接线的变压器，还应装设单相接地保护。安装在车间内容量越过 320 kV·A 的变压器还应装设气体保护。

对 800 kV·A 以上的变压器，应装设过流、气体、过负荷保护及温度信号等。如过流的时限超过 0.5 s，还应装设电流速断保护。

对 2 000~6 300 kV·A 的变压器，如果速断保护灵敏度不能满足要求时，则应采用差动保护。

对并列运行的容量为 5 600 kW 及以上的和单独运行的容量为 7 500 kW 及以上的变压器，均应装设差动保护代替电流速断保护。

（3）变压器的过流保护与速断保护　变压器的过流和速断保护通常用来反应变压器内部和外部的相间短路故障及严重的匝间、层间短路。过流保护还可以反应严重的过载。这两种保护装应装设在变压器一次侧断路器下方。速断保护一般只能保护变压器一次，而过流保护则可保护整个变压器（包括二次侧的母线）。

1）电流互感器接线的特点（假设变压器的变压比为 1）

①Y—y 接线的变压器一次侧单相短路时，如图 11—33 所示，反应到一次侧的短路电流两相大小相等，均为 $I_k^{(1)}/3$，而且方向相同，另一相电流大小为 $2I_k^{(1)}/3$，方向与前两相相反。此时，若过流保护采用两相差接线，显然不能反应这种故障（流过继电器的电流为零）。而采用两相继电器式接线可以反应这种故障，但流过继电器的电流只有单相接地短路电流的 $\dfrac{1}{3}$，保护灵敏度太低。因此，宜用零序保护装设在变压器二次侧来反应这种故障，如图 11—34 所示。

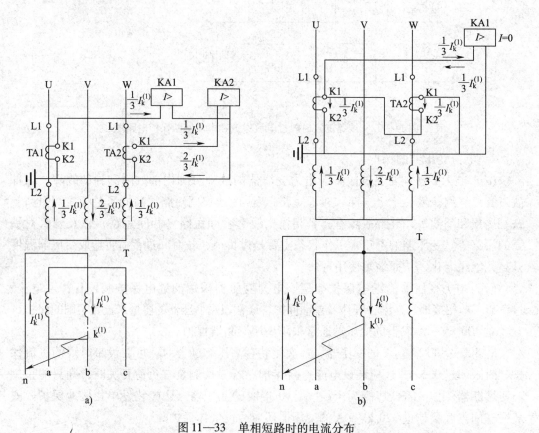

图 11—33　单相短路时的电流分布

a）Y—y0 联结的变压器，高压侧采用两相两继电器的过电流保护，在低压侧发生单相短路时的电流分布

b）Y—y0 联结的变压器，高压侧采用两相一继电器的过电流保护，在低压侧发生单相短路时的电流分布

②丫—△接线的变压器二次侧发生两相短路时，由图 11—35 可见，具有与 Y—y 单相短路类似的情况。

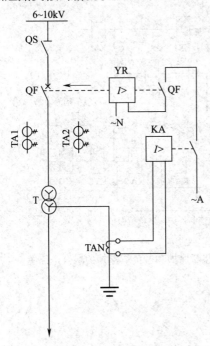

$\frac{1}{\sqrt 3}I_k^{(2)}$　$\frac{1}{\sqrt 3}I_k^{(2)}$　$\frac{2}{\sqrt 3}I_k^{(2)}$

$\frac{1}{\sqrt 3}I_k^{(2)}$　$\frac{2}{\sqrt 3}I_k^{(2)}$　$\frac{1}{\sqrt 3}I_k^{(2)}$

图 11—34　变压器的零序过电流保护　　　图 11—35　丫—△变压器二次侧发生两相短路时
QF—高压断路器　TAN—零序电流互感器
KA—电流继电器　YR—断路器跳闸线圈

2）变压器过流、速断保护的综合电路图　如图 11—36 所示。该电路的工作原理读者可结合线路的二段式电流保护自行分析。

3）变压器过流、速断保护的整定计算

①过流保护　整定公式与线路过流保护基本相同，只是式 $I_{op}=\frac{K_{rel}K_w}{K_{re}K_i}I_{Lmax}$ 中的 I_{Lmax} 应取为 $1.5\sim3I_{1NT}$，I_{1NT} 为变压器的一次侧额定电流。动作时限的整定原则同样是"阶梯原则"。灵敏度的校验按变压器高压侧在系统最小运行方式时发生两相短路（换算到高压侧的电流值）来进行。$s_p\geq1.5$，个别情况可取 $s_p\geq1.25$。

②速断保护　动作电流的整定计算与线路速断基本相同，只是式 $I_{qb}=\frac{K_{rel}K_w}{I_i}I_{kmax}$ 中的 I_{kmax} 应取二次侧母线三相短路电流换算到高压侧的电流值。灵敏度的校验按变压器高压侧在系统最小运行方式时发生两相短路的短路电流 $I_k^{(2)}$ 来进行，要求 $s_p\geq2$。

③变压器的零序电流保护　图 11—34 所示的零序电流保护，其动作电流 $I_{op(0)}$ 按躲过变压器低压侧最大不平衡电流来整定，其计算为：

$$I_{op(0)}=\frac{K_{rel}K_{dsq}}{K_i}I_{2NT}$$

式中　I_{2NT}——变压器二次侧的额定电流；

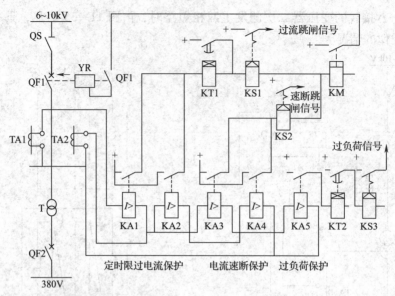

图 11—36　变压器的定时限过电流保护、电流速断保护和过负荷保护的综合电路图

K_{dsq}——不平衡系数，取 0.25；

K_{rel}——可靠系数，取 1.2 ~ 1.3；

K_i——零序电流互感器的变化。

零序电流保护的动作时间一般取 0.5 ~ 0.7 s。灵敏度按低压干线末端发生单相短路来校验，对架空线 $s_p \geqslant 1.5$；对电缆线 $s_p \geqslant 1.25$。

（4）变压器的气体保护，气体保护是油浸式电力变压器特有的一种基本保护装置。它可以很灵敏地反应变压器油箱内部的各种故障（包括非电性故障）。气体保护的主要元件是气体继电器，又称气体继电器。

1）气体继电器的结构和工作过程　气体继电器安装在变压器油箱与油枕之间的连通管上，如图 11—37 所示。油箱在安装时对地平面有 1% ~ 1.5% 的倾斜度，以便油箱内气体的排出。

气体继电器的结构老式的为浮筒式，而现在多采用开口杯式。FJ$_3$ - 80 型气体继电器的结构如图 11—38 所示。气体继电器的工作过程如图 11—39 所示。

变压器正常运行时，继电器内两油杯中是充满油的，受平衡锤作用，油杯升高，使上、下两触点均断（见图 11—39a）。

当变压器内部有轻微故障时，将产生少量气体，并缓慢上升沿联通管进入气体继电器内部。随气体的增多，气体继电器内部油面逐渐下降，使上油杯露出，从而失去浮力落下，接通触点，这种情况称"轻气体"动作。一般只给出音响及灯光信号（见图 11—39b）。

当油箱内部有严重故障时，将产生大量的气体，这些气体将迅速通过气体继电器冲向油枕。从而冲击了下开口杯的挡板，使下油杯降落，其触点闭合，这种情况称"重气体"动作，将使断路器跳闸并发生报警及跳闸信号（见图 11—39c）。

当变压器油箱漏油时，气体继电器内的油面将缓慢下降，轻气体先动作，重气体后动作（见图 11—39d）。

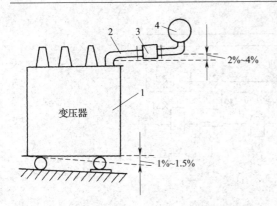

图 11—37　气体继电器在变压器上的安装示意图

1—变压器油箱　2—联通管　3—气体继电器　4—油枕

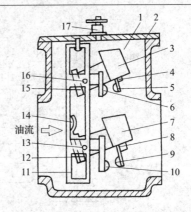

图 11—38　FJ₃-80 型气体继电器的结构

1—容器　2—盖板　3—上油环　4、8—永久磁铁
5—上动触点　6—上静触点　7—下油环
9—下动触点　10—下静触点　11—支架
12—下油杯平衡锤　13—下油杯转轴　14—挡板
15—上油杯平衡锤　16—上油杯转轴　17—放气阀

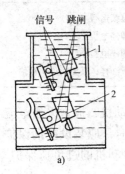 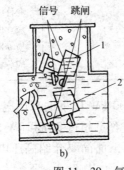 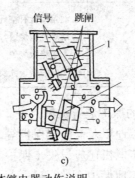 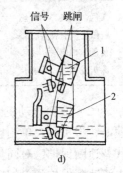

图 11—39　气体继电器动作说明

a）正常时　b）轻微故障时（轻气体动作）　c）严重故障时（重气体动作）　d）严重漏油时

1—上开口油杯　2—下开口油杯

2）瓦斯保护的工作原理　图 11—40 所示为变压器气体保护的电路图。当气体继电器 KG 的 1、2 点闭合时，表示轻气体动作，将接通变电所内的信号回路。当 3、4 点闭合时，将接通信号继电器 KS，同时接通中间继电器 KM，使高压断路器 QF 跳闸，切除变压器。中间继电器的 1、2 触点是防止瓦斯继电器触点"抖动"而采取的自保措施。

当新变压器或大修换油后的变压器初投入运行时，由于变压器油中溶解的空气受热后从油中分解出来而导致气体继电器误动作，可将切换片 XB 切换到电阻 R 上，待变压器运行一段时间后再切换过来。

3）变压器气体保护动作后的故障分析　变压器气体保护装置动作后，可采集气体继电器内部的气体进行一定的物理、化学分析来判断故障的原因。其故障分析和处理措施见表 11—1。

5. 高压电动机的保护

（1）高压电动机常见故障　不正常运行状态相或两相短路、一相碰壳（接地）以及匝间短路等。最常见的不正常运行状态是由过负荷造成。

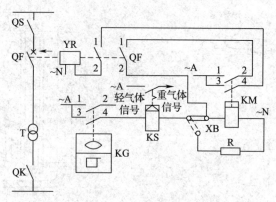

图 11—40　变压器气体继电保护原理电路图

T—电力变压器　KG—气体继电器　KS—信号继电器　KM—中间继电器

QF—高压断路器　YR—断路器跳闸线圈　XB—连接片　R—限流电阻

表 11—1　　　　　　　气体继电器动作后的气体分析和处理措施

气体性质	故障原因	处理措施
无色，无臭，不可燃	油箱内含有空气	允许继续运行
灰白色，有剧臭，可燃	纸质绝缘烧毁	应立即停电检修
黄色，难燃	木质绝缘烧毁	应立即停电检修
深灰或黑色，易燃	油内闪络，油质炭化	应分析油样，必要时停电检修

（2）高压电动机的保护装置类型　对 2 000 kW 以下的高压电动机，通常采用电流速断，过负荷、单相接地以及低电压保护等。容量超过 2 000 kW 时，应装设差动保护代替速断保护，对同步电机还应设失步保护。下面简要介绍高压电动机的过负荷保护，电流速断保护和单相接地保护。

（3）高压电动机的过负荷保护　这种保护通常装在容易引起过负荷的电动机上。当过负荷保护作用于切除电动机时，应采用两相差式或两相 V 形接线，过电流继电器一般用 GL 型。

动作电流可按下式整定：

$$I_{op} = \frac{K_{rel}}{K_{re}}\frac{K_w}{K_i}I_N$$

式中　K_{rel}——可靠系数，作用于跳闸时取 1.2，作用于信号时取 1.05；

I_N——电动机的额定电流。

动作时间的选择应躲过电动机正常启动时间。对异步电动机，常取 10 ～ 16 s。

（4）电流速断保护　电流速断保护是 2 000 kW 以下电动机的主要保护。对于易过负荷的电动机常采用 GL 型继电器与过负荷保护结合在一起；对不易过负荷的电动机，可采用 DL 型电磁式继电器组成无时限的速断保护。

动作电流应按躲过电动机最大启动电流 $I_{st.\,max}$ 来整定，计算为：

$$I_{qb} = \frac{K_{rel}K_w}{K_i}I_{stmax}$$

式中 K_{rel}——可靠系数，对 DL 型取 $1.4 \sim 1.6$，对 GL 型取 $1.8 \sim 2.0$。

灵敏度 S_{p} 应按最小运行方式下电动机端子的两相短路电流 $I_{\text{kmin}}^{(2)}$ 来校验，即：

$$S_{\text{p}} = \frac{I_{\text{kmin}}^{(2)}}{I_{\text{op}}} \geqslant 2$$

（5）高压电动机的单相接地保护 高压电动机所在的 $6 \sim 10$ kV 系统是小电流接地系统，当电动机发生单相接地其电容电流大于 5 A 时，则认为是危险的，有可能过渡到相间短路。因此，当电容电流大于 5 A 时，应装设接地保护，可作用于信号或跳闸。如果接地电流大于 10 A，接地保护一般作用于跳闸。单相接地保护的电路图如图 11—41 所示。

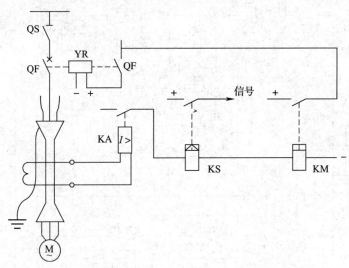

图 11—41　单相接地保护的电路图

接地保护的动作电流应大于无故障时的电容电流，计算如下：

$$I_{\text{op}} = K_{\text{rel}} I_{\text{c}}$$

式中 K_{rel}——可靠系数，不带时限取 $4 \sim 5$，有 0.5 s 的动作时限时，则取 $1.5 \sim 2$；

I_{c}——电动机正常时本身的电容电流。

灵敏度应按下式校验：

$$S_{\text{p}} = \frac{I_{\text{e}\Sigma} - I_{\text{c}}}{I_{\text{op}}} \geqslant 2$$

式中 $I_{\text{e}\Sigma}$——电动机线路发生单相接地时，流过故障点的接地电流。

6. 自动重合闸装置

自动重合闸装置（ZCH）是电力系统中广泛采用的一种自动化装置。在电力线路中，大多数短路故障都属于暂时性的。当保护装置动作后，故障点电压消失，其绝缘一般会自行恢复，这时仍可将高压断路器重新投入，继续供电。ZCH 就是使跳闸的断路器实现自动再投入的装置。

（1）对自动重合闸装置的要求

1）当用控制开关断开断路器时，ZCH 不应动作，但当保护装置跳开断路器时，在故障点充分去游离后，应重新投入工作。

2）当用控制开关投入断路器于故障线路上而被保护装置断开时，ZCH 不应动作。

3）自动重合的次数应严格符合规定，当重合失败后，必须自动解除动作。

4）当 ZCH 的继电器及其他元件的回路内发生不良情况时，应具有防止多次重合于故障线路的环节。

下面介绍一种由 DH–2A 型继电器组成的一次式 ZCH，图 11—42 所示为这种 ZCH 的电路图。

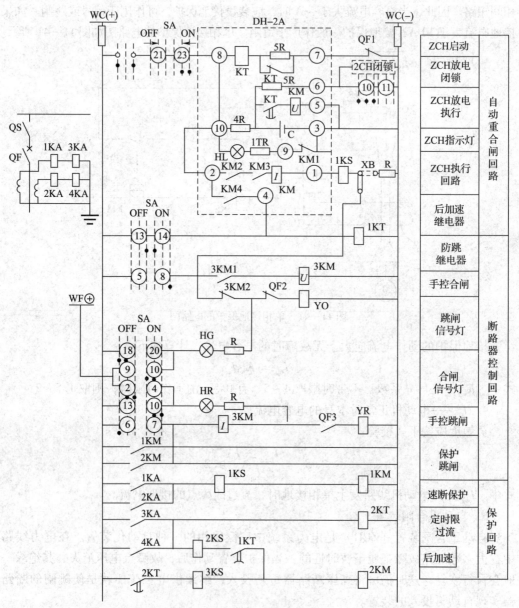

图 11—42　用 DH–2A 型继电器构成的一次 ZCH 电路图

WC—控制小母线　HG—绿色指示灯　HR—红色指示灯　YR—跳闸线圈

GF$_{1~3}$—断路器辅助触点　WF—闪光信号小母线　SA—控制开关

YG—电源合闸线圈　ON—合闸　OFF—分闸

（2）ZCH 的工作原理分析

1）转换开关 SA 的位置状态　转换开关 SA 采用
LW2 - 1a · 4 · 6a · 40 · 20/F8 型，它有六种位置状
态，如图 11—43 所示。

①假设要将断路器合闸，操作前 SA 处于分闸后
位置操作过程如下：

a. 先将 SA 旋至预备合闸处。

b. 将 SA 转至合闸位置，断路器合闸。

c. 松开手柄，SA 自动返回到合闸后位置。

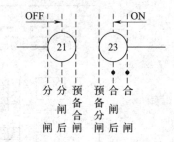

图 11—43　转换开关 SA 的位置状态

②若要将断路器分闸，操作前 SA 处于合闸后位置，其操作过程如下：

a. 先将 SA 旋至预备分闸处。

b. 将 SA 旋至分闸位置，断路器分闸。

c. 松开手柄，SA 自动返回到分闸后位置。

2）正常情况下，断路器处于合闸状态时，此时 SA 处于合闸后位置，SA21 - 23 接
通，使 DH - 2A 型继电器内部的电容 C 通过 R4 充电，并达到稳定状态，极性左"＋"
右"－"。ZCH 指示灯 HL 得电发亮。由于断路器辅助触点 QF1 是断开的，故 DH - 2A
型内部的时间继电器 KT 不得电。SA10 - 13 通，使红灯 HR 通时，QF3 和 YR 得电 HR
发亮，表示断路器处于合闸位置。

3）断路器自动跳闸时　当线路出现故障，过流或速断保护动作。中间继电器 1KM
或 2KM 得电，常开触点闭合，接通跳闸线圈 YR，断路器第一次跳闸。QF1 闭合，启动
ZCH，使 KT 得电，经一定时间延时（通常整定为 0.8 ~ 1 s），其延时闭合触点闭合，
使电容 C 对中间继电器 KM 的电压线圈放电，KM 动作，触点 KM1 断开使 ZCH 指示灯
熄灭。KM2、KM3 闭合，经信号继电器 1KS 接通断路器合闸线圈 YO，使断路器合闸。
KM4 接通后加速时间继电器，其触点 1KT 瞬时闭合。为下次跳闸做好准备。若线路故
障已消失，则重合闸成功，各元件返回。若线路故障仍存在，则继电保护装置将再次动
作使断路器第二次跳开，由于 1KT 触点的作用，故第二次跳闸是瞬时的，这即所谓
"后加速"作用。由于电容 C 来不及充电（C 的充电时间为 15 ~ 25 s），故 DH - 2A 型
中的 KM 不会再得电，这样就保证了 ZCH 只重合闸一次。

4）断路器手动跳闸时　SA 旋至分闸位置，SA21 - 23 断开，ZCH 将不会动作。同
时，电容 C 的电荷将通过 SA10 - 11 接通放掉。

5）断路器手动合闸于故障线路时　继电保护装置将动作，使断路器跳闸。由于此
时电容 C 还来不及充电，故 ZCH 也不会动作。

图 11—42 中的 3KM 称为防跳继电器，其作用是防止 DH - 2A 型内部中间继电器
KM 的触点"粘住"时，引起多次重合闸动作。

（3）计算机控制自动重合闸控制器　CH - 40 型自动重合控制器（操作面板及外围
设备如图 11—44 所示）以十六位 CPU 为核心的微处理器结构，是集线路保护、遥测、
遥控及遥调于一体的综合自动控制装置。它采用电流—电压复合控制，既能在故障的情
况下以电流为基准进行可靠的过流、速断、重合等保护，又可实现单侧加压延时合闸，

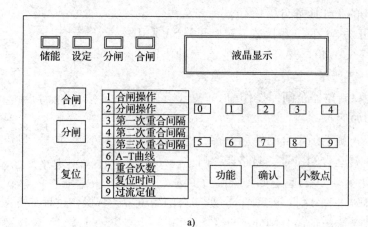

a)

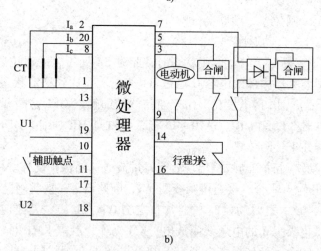

b)

图 11—44　CH - 40 型自动重合控制器

a）操作面板　b）外部设备

失压自动分闸，双侧加压不合闸，自动隔离故障段等功能，尤其适用于环网运行模式。

该装置在满足国标及部颁标准（JB/T 7570—1994）的基础上，增加了 10 kV 线路继电保护功能、就地远方控制功能、四遥及计算机通信功能等。

CH - 40 型自动重合控制器与 10 kV 柱上开关配合构成自动重合器，可用于城网和农网变电所及站外散点开关。

三、短路电流的计算

1. 无限大容量系统发生三相短路时的物理过程

所谓无限大容量电力系统，是指电力系统的容量相对于用户的设备容量来说大得多，以致发生短路时，用户变电所母线上的电压保持额定值不变。

（1）三相短路的等效电路　系统发生三相短路时，三相的短路电流仍然是对称的。即大小相等，相位互差120°。因此，可以将三相电路等效为单相电路，如图 11—45 所示。利用图 11—45b 等效电路，就可以计算三相短路电流 $i_k^{(3)}$。

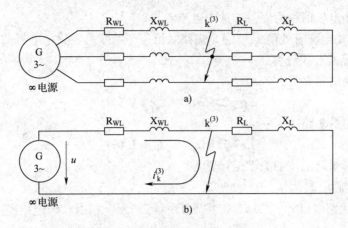

图 11—45　无限大容量电力系统中发生三相短路

a）三相电路图　b）等效单相电路图

（2）短路时的物理过程及有关的物理量　首先，看一下无限大容量系统在三相短路时的物理过程，如图 11—46 所示。在 $t=0$ 处，发生了三相短路，i_k 就是短路电流的变化曲线，i_k 称为短路的全电流。它由暂态和稳态两个部分组成，暂态又由两部分组成，一是 i_{np} 称为非周期分量，二是一个按指数规律衰减的曲线。稳态是 i_p，称为周期分量，它是由欧姆定律决定的，是一个稳定的正弦波曲线。经过一段时间后，i_{np} 衰减到零，$i_k=i_p$。系统就进入稳定的短路状态。

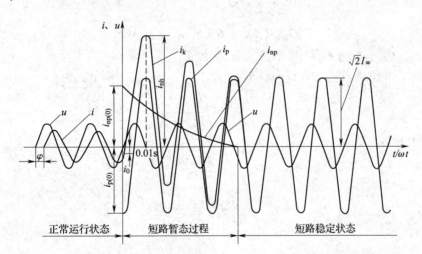

图 11—46　无限大容量系统发生三相短路时的电压、电流曲线

在整个短路过程中，需要计算的短路电流有：

1）短路周期分量有效值 I_k　这是一个短路全过程中始终不变的值，取决于短路线路的电压及阻抗。

2）短路稳态电流有效值 I_∞　衰减过程完成后（一般为 $0.1 \sim 0.2$ s），短路全电流的有效值就是 I_∞，显然 $I_\infty = I_k$。

3）短路冲击电流 i_{sh}　由图 11—46 可见，短路发生后 0.01 s 处，短路电流瞬时值达到最大，这个电流值称为短路的冲击电流 i_{sh}。

4）短路冲击电流有效值 I_{sh}　它是短路后第一个周期内短路全电流的有效值。一般 i_{sh} 和 I_{sh} 按下列经验公式计算：

①高压电路的短路为：

$$i_{sh} = 2.55I_k \qquad I_{sh} = 1.51I_k$$

②低压电路的短路为：

$$i_{sh} = 1.84I_k \qquad I_{sh} = 1.09I_k$$

可见，计算短路电流的关键是计算 I_k。

2. 短路电流 I_k 的计算

（1）三相短路电流 $I_k^{(3)}$ 的计算　按图 11—45 所示，根据欧姆定律得：

$$I_k^{(3)} = \frac{U_c}{\sqrt{3} \sqrt{R_{WL}^2 + X_{WL}^2}}$$

式中　U_c——短路线路的线电压，一般比额定电压高 5%。
R_{WL}，X_{WL}——分别为短路电路相线单线的总电阻和总电抗。

（2）两相短路电流 $I_k^{(2)}$ 的计算　由图 11—47 可知，有下式

$$I_k^{(2)} = \frac{U_c}{2 \sqrt{R_{WL}^2 + X_{WL}^2}}$$

（3）单相短路电流 $I_k^{(1)}$ 的计算　由图 11—48 可知，计算公式为：

$$I_k^{(1)} = \frac{U_c}{\sqrt{3} \sqrt{(R_{WL} + R_{WN})^2 + (X_{WL} + X_{WN})^2}}$$

式中　R_{WN}、X_{WN}——分别是中性线的电阻和电抗。

当相线与中性线截面积相同时，$R_{WL} = R_{WN}$，$X_{WL} = X_{WN}$，则上式为：

$$I_k^{(1)} = \frac{U_c}{2\sqrt{3} \sqrt{R_{WL}^2 + X_{WL}^2}}$$

比较上述各式有：

$$I_k^{(2)} = \frac{3}{2}I_k^{(3)}$$

$$I_k^{(1)} = \frac{1}{\sqrt{3}}I_k^{(2)} = \frac{1}{2}I_k^{(3)}$$

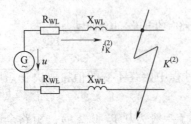 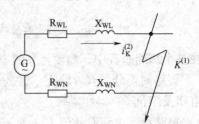

　　　　图 11—47　两相短路　　　　　　　　　图 11—48　单相短路

第五节　企业管理及安全文明生产

一、提高劳动生产率的知识

1. 劳动定额

劳动定额是指在一定的生产技术组织条件下，合理规定在一定时间内产生的合格产品数量称为产量定额；或规定生产一件合格产品需要多少时间叫时间定额，也称为工时定额。这是劳动定额的两种基本的表现形式。

工时定额由作业时间、布置工作时间、休息与生理需要时间及准备与结束时间四个部分组成。

作业时间是指直接用于完成生产任务，实现工艺过程所消耗的时间。它是定额时间中最主要的组成部分。作业时间按其作用可分为基本时间与辅助时间。

2. 缩短基本时间的措施

提高劳动定额水平是不断提高劳动生产率的重要工具。缩短基本时间是提高劳动定额水平的重要方面。一般缩短基本时间的措施有：

（1）提高工艺编制水平。

（2）加强职工培训，提高操作者的技术水平和操作熟练程度。

（3）尽量采用新工艺、新技术。

（4）加快技术更新、技术改造的力度，提高企业装备水平。

（5）及时总结经验，促进技术革新和巩固革新成果。

3. 缩短辅助时间的措施

辅助时间是指为实现基本工艺过程而进行的各种辅助操作所消耗的时间，辅助时间大都是手动时间。缩短辅助时间的措施有：

（1）正确编制工艺，减少不必要的辅助时间。

（2）提高操作作者技术水平，由于辅助时间大多是靠人工来完成的，操作者的技术水平和熟练程度对辅助时间的影响相当大。

（3）引进新工艺、新技术、新设备。

（4）大力提倡技术改革与技术改造。

（5）改善劳动条件和劳动环境，使操作者能够精力充沛地投入工作。

（6）总结经验，不断推出先进的操作法。

二、变、配电所的运行管理知识

1. 年度运行管理工作的要点

变、配电所的运行工作在各季、各月均有不同的要求，而全国各地季节情况相差很大，这里仅谈谈有关管理工作随季节、月份不同的要点，供参考。

（1）春季　节假日较多，注意节假日的特别巡检；气温低，注意防寒、防冻工作；

气候干燥，注意防火；要做好防雷准备工作等。

（2）夏季　注意防汛、降温、防雷工作；夏季是用电高峰，应做好迎接负荷高峰前的设备检查等。

（3）秋季　继续注意降温工作，并做好迎接冬季来临的防寒准备工作。国庆节检修、防火等项工作。

（4）冬季　主要是防寒、防卫工作，并做好避雷器停役检修工作以及迎接元旦、春节用电高峰前的设备检查工作。

2．变、配电所的设备管理

设备完好是确保电网安全运行的物质基础。加强设备管理要坚持以维护为主、检修为辅的原则，做好设备维护保养工作，使设备经常处于良好状态。明确设备负责人，加强缺陷管理制度，搞好设备评级、升级等工作，是设备维护保养必不可少的工作内容。

供电设备评级是供电设备技术管理的一项基础工作。设备定期评级既可全面掌握设备技术状态，又可加强对设备的维护及改造。由设备评级所确定的设备完好率是变配电所管理的主要考核指标。

设备的评级分以下三级：

（1）一级设备　技术状况全面完好，外观整洁，技术资料齐全、正确，能保证安全、经济、合理运行。其绝缘定级、二级设备定级均为一级。重大的预防事故措施或完善化措施已完成。

（2）二级设备　个别次要电气元件或次要试验结果不合格，但尚不致影响安全运行，外观尚可，主要技术资料具备，检修或预防性试验超过周期，但不超过半年。其绝缘定级、二次设备定级均为一级或二级。

（3）三级设备　有重大缺陷，不能保证安全运行；"三漏"严重，外观不整洁，主要技术资料不全，检修预防试验超过一个周期加半年仍未修试；上级规定的防止重大事故的措施未完成。

技术资料全是指该设备至少具备：铭牌和设备技术卡片；历年试验或检查记录；历年大、小修和调整记录；历年事故及异常记录；继电保护、二次设备具有与现场设备符合的图纸。

一、二级设备均称完好设备，完好设备与参加评比设备在数量上的百分比称完好率。

三、安全文明生产

在电气设备上工作，保证安全的组织措施为：工作票（操作票）制度；工作许可制度；工作监护制度；工作间断、转移和总结制度。

保证安全的技术措施主要是在全部停电或部分停电的电气设备上工作，必须完成下列措施：停电；验电；装设接地线；悬挂警示牌和装设遮栏。以上内容已在有关章节中讨论过。下面主要介绍在各类电气设备上工作时的安全要求。

1．高压电动机

检修高压电动机时应做好下列安全措施：

（1）断开电源开关、刀闸，经验证实无电压后装设接地线或在刀闸间装绝缘隔板。

手车式开关应从成套装置中拉出并关门上锁。

（2）在开关、刀闸把手上悬挂"禁止合闸，有人工作！"的警示牌。

（3）拆开后的电缆头须三相短路接地。

（4）做好防止被其他驱动的机械引起电动机运转的措施，并在阀门上悬挂"禁止合闸，有人工作！"警示牌。

2．变、配电室

变、配电室应选取在负荷比较集中的地方，并应考虑到进线和出线的方便。做到"五防一通"，即防火、防水、防漏、防雨雪、防小动物；保持通风良好。变、配电室应用不可燃材料建成，变、配电室的门应当是向外开的。变、配电室除了备有常用安全工具外，还应备有消防器材、急救箱、手电筒等物。

3．高压配电装置

配电装置设置在室内时，必须设置相应的遮栏。变、配电装置应采用必要的联锁，一般有以下几种：

（1）断路器与隔离开关的联锁　断路器处在合闸位置时，只有先断开断路器才能拉开隔离开关；断路器在分闸位置时，次序正好倒过来，只有先合上隔离开关后才能合上断路器。

（2）母线隔离开关与配电装置的门联锁　只有在母线隔离开关拉开后，配电装置的门才能打开，只有在门闭合的情况下母线隔离开关才能合上。

（3）补偿电容器的开关与其他放电负荷间也要安装适当的联锁装置。

4．低压配电装置

低压回路停电的安全措施：

（1）将检修设备的所有电源切断，取下熔丝，在刀闸操作把手上挂"禁止合闸，有人工作！"警示牌。

（2）工作前必须验电。

（3）根据需要采取其他安全措施。

低压配电装置与高压配电装置宜分室安装，如在同一室内单列布置时，两者距离不小于 2 m。

5．二次回路

所有电流互感器、电压互感器的二次绕组应有永久性的、可靠的保护接地。在带电的电流互感器二次回路上工作时，应采取下列安全措施：

（1）严禁将电流互感器二次开路。

（2）短路电流互感器二次绕组，必须使用短路电或短路线，短路应妥善可靠。

（3）严禁在电流互感器与短路端子间的回路和导线上进行任何工作。

（4）工作必须谨慎，不得将回路的永久接地点断开；工作时，必须有专人监护，使用绝缘工具，并站在绝缘垫上。

在带电的电压互感器二次回路上工作时，应采取下列安全措施：

（1）严格防止短路。应使用绝缘工具，戴绝缘手套。必要时，工作前停用有关保护装置。

（2）接临时负载，必须装有专用的刀闸和熔断器或合适的熔丝。

电压互感器的二次回路通电试验时，为防止二次侧向一次侧反充电，除应将一次回路断开外，还应取下一次熔断器或断开刀闸。

6．电力电缆

工作前必须详细核对电缆名称，警示牌是否与操作票所写的符合，安全措施正确可靠后，方可开始工作。

第6部分

高级电工技能要求

第十二章 高级电工内、外线安装技能

第一节 晶闸管直流驱动系统安装调整

一、系统识图

图 12—1 所示为转速、电流双闭环不可逆调速系统框图。它由速度调节器 AV、电流调节器 AI、触发电路 P、电流检测单元 U、速度检测单元 TG、晶闸管调整流电路、直流电动机等单元构成。其中，速度调节器 AV、电流调节器 AI 都是由运算放大器构成的比例—积分调节器（PI），即其输出信号是输入信号的比例—积分运算。

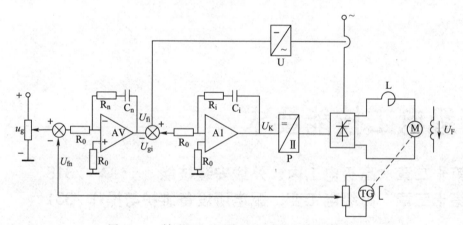

图 12—1 转速、电流双闭环不可逆调速系统框图

下面简单分析一下该系统的启动过程，整个启动过程可分为三个阶段：

1. 第 1 阶段是电流上升阶段

当突加给定信号 u_g 后，由于电动机惯性，转速还很小，即转速反馈信号很小，因而 AV 的输入信号很大，其输出很快达到饱和值 U_{gi}。而 U_{gi} 是电流调节器的给定，其值与电动机最大充许电流对应。U_{gi} 加在 AI 的输入端，使其输出 U_k 上升，晶闸管整流电压和电枢电流上升很快，且电枢电流在 AI 的作用下，始终以最大电流 I_{am} 使电动机升速。

2. 第 2 阶段是恒流升速阶段

从电流升到 I_{am} 开始直到转速达到给定值为止，由于 $U_{fi} < u_g$，AV 一直饱和，在 U_{gi} 作用下，使电枢电流始终维持在 I_{am}，电动机以最大允许电流使转速线性上升。

3. 第 3 阶段是转速调节阶段

这个阶段从电动机转速上升到给定值开始。当转速上升到给定值并超出给定值时，$u_g < U_{fi}$，AV 开始退出饱和，u_g 从 U_{gi} 开始下降，I_a 也开始下降，直到将转速稳定在给

定值。

双闭环系统由于电流调节器 AI 的作用，能够使电动机在启动过程中保持恒定的最大允许启动电流，实现了"最短时间控制"，使电动机的启动速度最快，且系统的动态、静态性能都令人满意，成为实际应用中较广泛的系统。

二、晶闸管整流电路的安装调整

关于晶闸管整流电路的安装可参见第八章第四节有关内容。这里主要谈谈有关三相整流电路及正弦波或锯齿波触发电路的调试问题。有关整流电路及触发电路工作原理见第十章第三节有关内容。

1. 正弦波触发电路调试要点

（1）按图 10—71 所示检查触发器印制电路中元件焊接是否牢固正确，熟悉各测试点位置与波形（见图 10—75）。并将 u_b、u_c 电压调节旋钮先调到零位。

（2）接通 +15 V，u_b，u_c 及同步电源，用示波器观察各点波形是否正常，输出脉冲的波形与极性是否正常。

（3）根据整流电路的形式确定触发脉冲初相始位。

（4）确定电源相序，用双踪示波器根据三相互差 120°的关系，确定相序，并要求晶闸管阴极电压的相和触发电路同步电压的相序必须一致。

（5）整流变压器与同步变压器次级相对相序、相位的测定。

（6）模拟负载调试，一般用白炽灯作负载，用示波器观察主电路各 α 角时输出 u_d 波形的变化。

（7）电动机负载调试，接入电动机，调节 u_c，使 u_d 由零逐渐上升到额定值。用示波器观察不同 α 角时 u_d、i_d 波形。

2. 全控桥及锯齿波触发电路

该电路图参见第十章图 10—76 及图 10—81，触发电路各点波形如图 10—82 所示。

（1）按电路图装接整流与触发电路。

（2）用双踪示波器观察触发电路各点波形，并参照图 10—82 进行分析。

（3）确定交流电源相序，确定整流变压器与同步变压器的二次侧相对相序及相位。

（4）调整各触发器锯齿波斜率，用双踪示波器依次测量相邻两块触发板的锯齿波电压波形，间隔应为 60°，斜率要求一致。

（5）观察输出脉冲、双窄脉冲是否正常。

（6）偏移直流电压 u_b 的调节。触发电路正常后，$u_c = 0$，初始脉冲应对 $\alpha = 120°$处。

（7）仔细检查无误后，接上模拟负载，合上电源，观察 a 从 120° ~ 0°变化的 u_d 波形。

（8）换上电动机负载，调节 u_c 电位器，使电动机转速升到额定转速。

三、控制回路的安装调整

1. 电源电路的安装调试

按照电源电路的图样要求组装，单件预先调试好，放入控制箱的安装位置中进行到位调试。调试前检查电源接通后，是否所有控制组件的工作电源都能送到。

2. 速度（AV）、电流（AI）调节器的调试

（1）AV、AI 的电路结构和工作原理均相同，都是由运算放大器构成的。其调试步骤和方法如下：

1）调零　调零前，将原 PI 断开，接成 P 调节器，如图 12—2 所示。当 u_i 接地时，$u_o = 0$，如果 $u_o \neq 0$ 可通过调节器外附的调零电位器调零，目前大多数采用 LM224、LM324 等集成运算放大器，调零的步骤可略去。

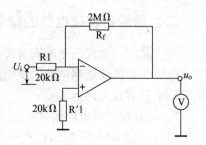

图 12—2　AV、AI 的调零

2）AV、AI 限幅值调整　一般将 AV、AI 最大输出电压调整在 8～10 V（根据系统工作需要）。

（2）比例—积分（PI）调节器特性测试　测试电路和特性曲线如图 12—3 所示。

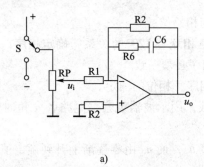

a)

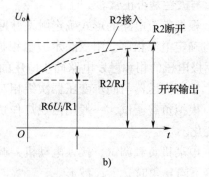

b)

图 12—3　PI 调节器电路及特性

a）电路图　b）曲线图

四、系统调试

1. 调试原则

（1）先部件、后系统　首先对构成系统的各部件进行调试，以保证工作正常进行，性能符合设计要求，然后再进行系统调试。

（2）先开环、后闭环　先将反馈断开进行调试，然后再接入反馈进行调试。

（3）先内环、后外环　双闭环系统 AV 构成外环、AI 是内环，应先调试 AI，后调试 AV。

（4）先阻性负载、后电动机负载　先用阻性模拟负载进行调试，正常后再接电动机进行调试。

2. 调试前检查

（1）按照电路图，检查系统中各设备及电气元件型号、规格。

（2）根据电路图，检查主电路各部件及控制电路各部件的连线是否正确，线头标号是否符合图样要求，导线规格是否符合要求，接插件的接触是否良好。

（3）检查设备的绝缘及接地是否良好。注意检查绝缘时，必须将电气元件的插件全部拔出，否则会损坏电气元件。

3. 开环调试

在各单元调试完毕并检查后，即可进行开环调试，步骤如下：

（1）安全保护措施

1）将系统装置中所有控制单元取下，所有开关均处于断路。

2）根据调试程序进行，逐步合上需用的开关。

（2）相序及相位检查　在前面已述。

（3）控制电源测试　用万用表测量各点电源是否符合要求。

（4）AV、AI 插入系统

1）先插入 AV，改变 u_g，观察 AV 输出是否随 u_g 变化，并注意 AV 的输入、输出极性相反。

2）然后插入 AI，按上述 1）项方法调试。

（5）触发脉冲检查

1）插入触发板，用示波器观察脉冲是否送到晶闸管的 G、K 端。

2）观察脉冲幅值、前沿、宽度及移相是否符合电路要求。注意，此时主电路不能送电。

（6）定相　使晶闸管的触发脉冲起始相位与阳极电压相位保持一定的相位差。如三相全控桥大电感负载，触发脉冲的起始相位在 $\alpha = 90°$。将六只晶闸管的触发脉冲相位一一定好。观察 u_k 信号改变时，各组脉冲移动情况是否符合要求。

（7）系统联调　将全部控制单元接入，且使 $u_k = 0$。接通电源后，观察 u_d 波形，如果各相波形间隔均匀，幅值整齐，则可慢慢调节 $u_k \uparrow$，使 u_d 慢慢上升。若 u_d 的波形能平滑连续地跟随 u_k 变化，则说明系统开环正常，则开环调试完毕。

4. 闭环调试

开环调试完成后，系统可进行闭环调试，闭环调试一定要按照"先内环、后外环"的步骤，这样易于发现故障。调试步骤和方法如下：

（1）电流环（内环）调试

1）电流负反馈极性测定　通常先将反馈断开，让转子回路通过一小电流，然后把反馈信号往 AI 的输入端瞬间点一下，如果极性正确，则转子电流立即减小；否则，极性接反。

2）反馈强度整定　缓慢增加 u_g，注意电流变化情况，直到 I_a 达到最大允许值并稳定。

（2）速度环（外环）调试

1）极性测定　同电流环。

2）反馈强度整定　使最大给定对应最高转速，且在调整过程中转速与给定信号基本是线性关系。

（3）精调　通过精调使系统获得良好的动态特性，观察或拍摄下列情况下的转速波形 $n = f(t)$：

1）突加给定。

2）突减给定。

3）突加负载。

4）突减负载。

适当改变一些参数，如比例系数、积分时间、反馈强度等，直到获得较满意的过渡过程。

图12—4所示为突加给定信号时的几种不同过渡过程。

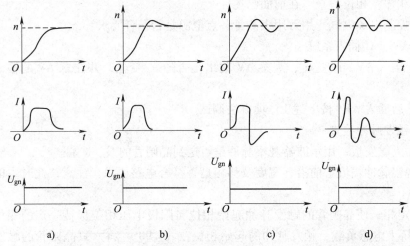

图12—4　双环系统突加给定时的几种过渡过程

a）响应过慢，转速无超调　b）过渡过程平稳，几乎无超调

c）转速有超调，但响应速度快　d）转速稳定性较差，系统不能运行，需要重新调试

第二节　同步电机的操作技能

一、同步电机的启动操作

由于同步电机的启动转矩为零，不能自行启动，所以常采用异步启动法进行启动。

图12—5所示为按电流大小自动投入励磁电流的同步电机的控制电路。其操作过程如下：

（1）合上电源开关QF1和QF2。

（2）按启动按钮SB2，接触器KM1得电吸合并自锁，电动机经R1做降压异步启动。由于定子回路的启动电流很大，电流继电器KI动作。其常开触点闭合使KT1线圈得电，KT1的常开延时断开触点（23 - 27）瞬时闭合，使KT2得电吸合。同时KT1的常闭延时闭合触点（3 - 17）瞬时断开，避免KM3、KM4误动作。

（3）当电动机转速接近同步转速时，定子电流下降，使KI释放，KT1随之释放，经一定延时后，KT1的触点（3 - 17）闭合，接通KM3并自锁，同步电机在全压下继

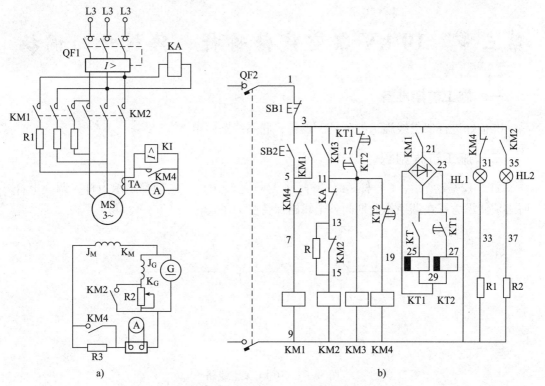

图 12—5　按定子电流原则加入励磁的启动控制电路图

a）主电路　b）控制电路

续启动。同时 KT1 的触点（23－27）断开，KT2 线圈失电，KT2 的常闭延时闭合触点（11－19）经延时后闭合，使 KM4 得电吸合，短接电阻 R3，并给同步电机投入励磁。KM4 的另一对常开触点短接电流继电器 KJ 线圈，KM4 的一对常闭触点（5－7）断开，使接触器 KM1 释放，切断定子启动回路及 KT1、KT2 线圈的电源。至此，启动过程结束。

二、同步电机的制动控制

同步电机停止时，如需进行电力制动，最方便的方法是采用能耗制动，其制动原理与异步机能耗制动相同。简化的同步电机能耗制动的主电路如图 12—6 所示。

停止时，将运行中的同步电机定子绕组电源断开，再将定子绕组接于一组外接电阻上，并保持转子励磁绕组的直流励磁。这时电动机就成为转子被 R 短接的发电机，从而实现能耗制动。同步电机能耗制动控制线路类似于一般的异步电动机的能耗制动线路。这里不再重述。

三、同步电机并网运行

参见第十一章第二节有关内容。

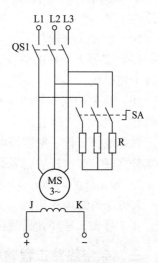

图 12—6　简化的同步电机能
耗制动主电路

第三节 10 kV 架空线转角杆、终端杆的调换

一、施工前期准备

准备好进行架空线施工的工具、设备，联系线路停电。

二、施工过程组织

如图 12—7 所示，1 号杆是终端杆，4 号杆是转角杆，它们都是承力杆，调换电杆时必须使承力杆在调换作业期间整个线路保持受力平衡。

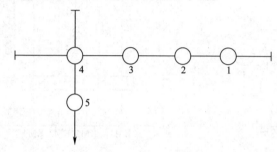

图 12—7   10 kV 架空线路

1. 1 号终端杆的调换

（1）首先在 2 号杆上作临时拉线，使 1 号杆拆除后，2 号杆保持受力平衡。

（2）解开 2 号杆上所有导线的瓷绝缘子绑线，将导线牢固地绑扎在横担上。

（3）解开 1 号杆上所有导线的瓷绝缘子绑线，慢慢地放松 1 号杆和 2 号杆之间的导线。对于截面较大的导线，应在松开瓷绝缘子绑线前用紧线器将导线紧住，或用绳索由人力向相反方向拉紧，瓷绝缘子绑线松开后再缓缓使导线松弛，避免导线松开对 2 号杆产生危险的冲击。

（4）拔除 1 号电杆。

（5）在原 1 号杆的位置挖坑，立新杆并埋土，夯实，在新换电杆上安装横担、瓷绝缘子和拉线。

（6）恢复原架空导线，在 1 号电杆上将导线进行紧线、绑扎固定，将 2 号杆上的导线在瓷绝缘子上绑扎固定。

调换电杆工作一般需停电进行，若停电时间有限，为了节省时间，可在未停电前先将新杆立好，此电杆应紧靠原终端杆。

2. 转角杆的调换

其方法与终端杆相似。由于转角杆一般有两根拉线，所以调换前须做两根临时拉线。在 3 号和 5 号杆做临时拉线，其他与终端杆调换相类似。

三、架空线路工程验收

工程验收一般应按以下程序进行：隐蔽工程验收检查；中间验收检查；竣工验收

检查。

1. 隐蔽工程验收检查

隐蔽工程是指在竣工后无法检查的隐蔽工程部分。线路施工中的隐蔽工程有以下几项。

（1）基础坑深。

（2）基础浇制。

（3）预埋基础埋设。

（4）各种连接管等。

以上工程在施工过程中，应认真检查并做好记录。

2. 中间验收检查

这是指当完成一个或数个分项成品后进行的验收检查。包括电杆及拉线安装质量、接地情况、架线情况。

3. 竣工验收检查

它是工程全部或部分完成后进行的验收检查。其项目除中间验收项目外，尚需补充下列项目：

（1）线路路径、电杆形式、导线与避雷器规格及线间距离。

（2）障碍物的拆迁。

（3）是否有遗留未完项目。

4. 竣工试验

在竣工验收合格后，应进行下列电气试验：

（1）线路绝缘测定。

（2）线路相位、相序测定。

（3）冲击合闸三次。

以上项目合格，方可投入运行。

第四节　35 kV 电力电缆敷设

一、施工前期准备

1. 观察电缆外观有无力学损伤，电缆两头是否封好。

2. 检查电压等级和截面是否符合要求。

3. 对电缆进行有关试验，检查绝缘性能。

二、施工过程组织

1. 根据电缆线路设计图样要求，组织材料、工具、机械设备和人员安排。

2. 按实际线路和设计要求结合电气设备技术规程组织施工。

3. 做好线路敷设、终端头制作等原始记录。

4. 做好施工过程中的组织和检查。

5．做好安全文明生产监督工作。

有关具体施工过程参见初、中级电工技能要求的有关内容。下面就 35 kV 电缆头制作介绍如下：

（1）检查校对及清洗分线盒元件，核对相位。

（2）装好支架及临时工作台。

（3）根据支架间距离决定分线盒位置，并在分线盒下 60 mm 处绑扎钢线，剥除铠装。

（4）装上分线盒，弯好角度。

（5）将终端盒的下半部套在电缆上，临时固定到支架上。从盒下口量 675 mm，把电缆锯掉。

（6）从端部量 625 mm 进行剖铅及胀喇叭口。

（7）在缆芯端部量 100 mm 将绝缘纸剥除。绝缘纸末端用油浸细绑扎线扎牢。

（8）在喇叭口处留 5 mm 屏蔽纸，其余屏蔽纸剥除。喇叭口 10 mm 处向上 200 mm 段绝缘上用油浸漆带增包绝缘应力锥，其厚度为 12.5 mm，并包紧、包平。在应力锥上包二层锡纸，再用 $\phi 2.0$ 或 $\phi 3.0$ mm 的软铅丝从喇叭口紧密排列绕缠，绕至离应力锥最大直径处 100 mm，然后用 $\phi 8 \sim \phi 10$ mm 铅丝围绕一周作均压环，最后用烙铁将铅丝与铅包焊牢。

（9）装好底座、瓷套及各部零件，用封铅将底座根部与铅包焊牢，然后在瓷套内浇进 $140 \sim 150℃$ 电缆油除潮，然后用 130℃ 左右电缆油注满套管，待冷却至 50℃ 左右再补加一次，最后盖好盖子，拧紧四周螺钉。

（10）接好地线，并在顶部铜盖上涂好相色，将分线盒下口用电缆麻填堵后，加灌沥青。从分线盒至套管封焊处统包二层保护带，在铅包及封焊处涂防腐漆。拆除工作台，清理现场。

电缆头结构及应力锥尺寸如图 12—8 所示。

三、电缆故障点的测寻及组织检修

1．电缆线路故障的原因

电缆线路故障的原因有如下几种：

（1）力学损伤　电缆直接受外力损伤，如振动、热胀冷缩等引起铅护套损伤等。

（2）绝缘受潮　因终端头或连接盒施工不良使水分侵入。

（3）绝缘老化。

（4）护层腐蚀。

（5）过电压　雷击或其他过电压使电缆击穿。

（6）过热　过载或散热不良，使电缆击穿。

2．电缆故障测寻方法

电力电缆在运行中可能发生各种故障，如单相接地、多相短路接地、相间短路、断线及不稳定击穿的闪络性故障等。电缆故障一般难于直接检查，要借助于各种仪器测寻故障点。测寻时应先了解电缆线路的状况和长度，并用兆欧表在电缆两头分别测量各芯对地及芯间绝缘电阻，以便确定故障性质，然后采用适当的仪器和方法测寻。

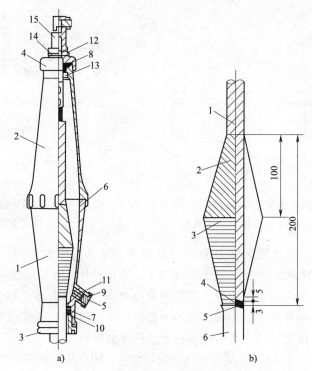

图 12—8　电缆结构及应力锥尺寸

a）5791 型电缆终端头结构

1—下壳体　2—上壳体　3—压盖　4—顶盖　5—油嘴盖　6—O 形圈　7—螺旋密封圈　8—密封圈　9—密封圈

10—垫圈 2 个　11—加油阀　12—出线杆　13—出线杆销子　14—出线杆螺母　15—帽盖及轧头

b）5791 型电缆终端头应力锥尺寸

1—线芯绝缘　2—油浸黑玻璃丝带　3—φ1.95mm 软铅丝　4—屏蔽层　5—锡焊　6—铅护套

（1）单相接地或多相短路接地　新安装的电缆较常见的是接地故障，即铅包与线芯间绝缘击穿，其中最常见的是终端头制作工艺不良。一般可用图 12—9 所示电桥法决定接地的位置，图中 l 是电缆的全长，l_x 是测量点至故障点的长度，r_g 是故障点的过渡电阻。因电缆芯截面都是均匀的，其长度与直流电阻成正比，故当电桥平衡时，检流计指针指到零，可得下列等式：

$$\frac{R_1}{R_2} = \frac{2l - l_x}{l_x}$$

即

$$l_x = 2l\,\frac{R_2}{R_1 + R_2}$$

故接地测量端的距离 l_x 可由电缆的长度及桥臂电阻 R_1、R_2 算出，测量可使用一般单臂电桥进行。

单相短路接地故障测量接线如图 12—10 所示。因为这时无完整的线芯可利用，故增设一对临时线，可用较细的导线，设每根临时线的电阻为 R，则故障点到测量端的距离为：

$$l_x = \frac{R_L}{R_1 + R_2 + R}l$$

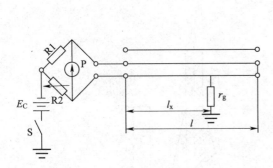

图 12—9　测量电缆接电故障点的
桥式接线（三相短路接地）

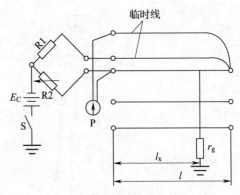

图 12—10　测量电缆接地故障点的
桥式接线（单相接地）

上述两图中的过渡电阻 r_g 的值在 10 kΩ 以下，称为低阻性故障，电桥电源可用干电池或 220 V 以下电源。若 r_g 达数十千欧以上，即使使用 220 V 电源，一般检流计灵敏度也不够，此种故障称高阻性故障，需要用高压电源，这时电桥和检流计均是高电位，须置于绝缘台上，用绝缘工具操作，很不方便。一般是先用高压将故障点进一步击穿，使高阻故障转化为低阻故障，然后按前述方法测寻故障点。

（2）断线故障　图 12—11 所示断线故障示意图，图中从左端算起在 l_x 处发生一相完全断线。两根完好线芯间电容为 C，一根完好线芯与断线间各段电容分别为 C_1 和 C_2，则 C_1、C_2、C 可用交流电桥测出，那么有：

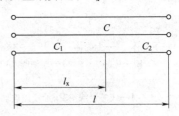

$$l_x = \frac{C_1}{C_1 + C_2}l = \frac{C_1}{C}l \quad (C = C_1 + C_2)$$

如果不完全断线，则须通交流电将其完全烧断，然后按上述方法测寻。

图 12—11　断线故障示意图

3．闪络性故障

电力电缆有时在耐压试验时出现这种情况：电压升到某一值时发生击穿，去掉电压，测量绝缘电阻却很高，再升压又击穿，这种现象称闪络性击穿。遇到这种故障，最好反复击穿几次，使之转化为稳定性击穿，然后按前述方法测寻。

测寻电缆故障的方法还有很多，如感应法、声测法、冲击检流计法等，不再一一介绍，读者可自行查阅相关资料。

4．电缆故障诊断仪

充分应用现代高科技手段，如选用合适的电缆故障巡测仪，可以极大地方便电气工程技术人员完成电缆故障的判断、巡测工作。常用的电缆巡测仪器如 HL – GZ 电缆故障测试仪、DMS – 4000 型智能彩色电缆故障测试仪、DM – 40D3 型电缆故障定位系统和 DGZ – 1 型电缆故障仪等。

大多数的电缆故障诊断仪都是利用地电位和电磁感应原理，精确测出电缆的接地故障。也可对井、管、隧道等铺设条件下的多线布置中的某一根电缆进行寻测定线，并确定故障区域。DGZ – 1 型电缆故障仪还可对低压电缆进行交、直流耐压试验，对塑料、橡胶电缆的老化区段进行鉴定。

电缆故障诊断仪通常包括主机、地电位测量仪、在线电流测量仪及附件，根据不同的测试要求，用主机并选配相应的测量仪器和附件，都可快速找到故障点，从而减少修复工程量和修复时间，减少工程费用及生产停顿引起的经济损失，保证生产正常进行。

电缆故障精密诊断仪的特点是：检测速度快，定点精度高；抗干扰能力强，携带方便，定点误差 $\leqslant \pm 50$ cm（直埋电缆以故障点为圆心）；定线有效率为 100%；最大可测电缆直径 100 mm。

5. 电缆线路的检修

电缆线路的故障点找出后，根据故障类型、故障点位置进行修复，通常是重做电缆头，修复后进行有关试验。验证电缆绝缘完全合乎要求后，方可重新投入使用。

第五节　电弧炉、中频炉、高频炉的电气安装与调整

一、施工前期准备

安装、调整前熟悉电气部分电路图和接线图等。图 12—12 所示为电弧炉电气接线图，图 12—13 所示为晶闸管中频炉电路图。

接图样准备材料及工具，检查设备。

二、施工过程组织

按照图样要求及电气设备安装规程进行，注意安装过程中的检查、监督。电弧炉与感应炉除了电气部分外，还有大量的机械安装，以及耐火材料铺砌等，应在工程安装负责人统一指挥下，协调地进行。

三、调试运行

图 12—13 所示的中频炉由整流器、逆变器及触发控制电路组成。

整流及触发电路的工作原理见第十章第三节有关内容。这是一个全控桥整流电路及锯齿波触发电路。

该电路的逆变器是无源逆变器，其工作原理参阅其他相关资料。该中频电源的框图如图 12—14 所示。

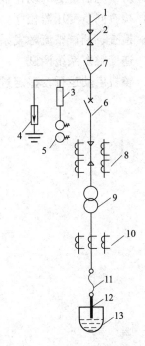

图 12—12　电弧炉电气接线图

1—架空线　2—电缆线　3—高压熔断器
4—避雷器　5—电压互感器　6—高压断熔器
7—高压隔离开关　8—高压侧电流互感器
9—电弧炉变压器　10—低压侧电流互感器
11—软母线　12—电极　13—电弧炉

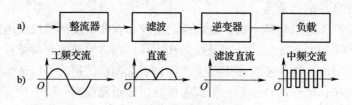

图 12—14　中频电源框图

a）框图　b）波形图

调试过程如下：

1．通电前检查

（1）核对主回路及控制回路接线。

（2）紧固所有螺钉。

（3）检查各种指示信号，使其必须正常。

（4）绝缘检查。

（5）接地检查。

2．通电调试步骤

（1）对继电器部分的动作程序进行检查调整，直到符合技术要求。

（2）检查同步变压器相序。

（3）检查、调试整流触发系统。

（4）逆变触发系统调试。

（5）整机启动运行，整定过流、过压保护动作值。

第十三章 高级电工变、配电所设备维护与操作

第一节 电气设备试验

为准确、及时判断电力系统的电气设备能否投入运行，预防设备损坏，保证系统安全和经济运行，必须按中华人民共和国电力行业标准 DL/T596—1996《电力设备预防性试验规程》（以下简称《试验规程》）的要求，对电气设备进行预防性试验。

试验的主要目的是检查设备的绝缘情况，如设备绝缘电阻的测量、泄漏电流的测量、介质损失角正切值（$\tan\delta$）的测量及耐压试验等。

试验的另外一个目的是对电气设备的电气或机械方面的某些特性进行测试，这种除绝缘试验以外的试验统称为特性试验。

电气试验的一般性要求概括的来说有以下几个方面：

1）电力系统的设备均应根据《试验规程》的具体要求进行预防性试验。

2）试验人员必须加强技术管理，健全资料档案，积极开展技术革新，不断提高试验技术水平。

3）试验人员必须坚持实事求是的科学态度，对试验结果进行全面、客观、历史地综合分析，把握设备性能变化的规律和趋势。

4）额定电压为 110 kV 以下的电气设备均应按《试验规程》之规定进行交流耐压试验。

5）成套设备除外，其他连接在一起的各种设备应分开后单独进行试验。

6）当采用额定电压较高的电气设备以加强绝缘者，应按照电气设备的额定电压标准进行试验。

7）当采用额定电压较高的电气设备，在已满足产品通用性的要求时，应按照设备实际使用的额定工作电压进行试验。

8）在进行与温、湿度有关的各种电气试验时，应同时测量被试设备及其周围环境的温度和湿度。

以下以电力变压器的各项试验为例介绍试验方法。

一、绝缘电阻和吸收比的测试

电力变压器绝缘电阻和吸收比的测量，主要指变压器绕组之间以及绕组对地之间的绝缘电阻和吸收比的测量。此项试验属于非破坏性试验，现场普遍用绝缘电阻表测量绝缘电阻，操作安全、简便。

测量变压器绝缘电阻和吸收比的目的是：初步判断变压器绝缘性能；检查有无放

电、击穿痕迹所形成的贯通性局部缺陷；检查有无瓷套管开裂、引线碰地、器身内有铜线搭桥等现象所造成的半通性或金属性短路的缺陷。不足之处是，测量绝缘电阻和吸收比不能发现未贯通的集中性缺陷，整体老化及游离缺陷。

变压器绕组的绝缘电阻可与出厂值进行比较，相同温度下，不应低于出厂值的 70% 。若无出厂值，可参考表 13—1 中的值。吸收比在温度为 10 ~ 30℃ 时，对 3.5 kV 及其以下变压器应大于或等于 1.3 。

表 13—1   油浸式电力变压器绕组绝缘电阻的允许值   MΩ

电压等级	温度（℃）							
	10	20	30	40	50	60	70	80
<1 kV	100	50	25	13	7	4	3	2
3 ~ 10 kV	450	300	200	130	90	60	40	25
20 ~ 35 kV	600	400	270	180	120	80	50	35
>35 kV	1 200	800	540	360	240	160	100	70

试验操作步骤如下：

1）断开变压器电源，拆除一切对外引线，将其接地并充分放电，放电时间不得少于 2 min。放电时，应使用绝缘棒、绝缘手套、绝缘钳等绝缘工具，禁止用手直接接触放电导线。

2）用清洁柔软的布擦拭高低压套管表面的污垢。

3）测量高压绕组对地绝缘电阻。图 13—1 所示为测量高压绕组对地绝缘电阻的接线图。

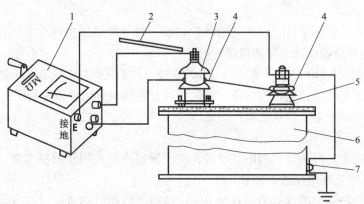

图 13—1   测量高压绕组对地绝缘电阻的接线图

1—绝缘电阻表 2—高压绝缘棒 3—高压瓷套管 4—屏蔽圈

5—低压瓷套管 6—被测变压器 7—变压器接地螺栓

①连接屏蔽圈。为测量准确，可在所有的瓷套管绝缘子上套屏蔽圈，并将它们都短接并接到绝缘电阻表的"G"端子上。

②绝缘电阻表试验。将绝缘电阻表水平放置，开路绝缘电阻表的"E"和"L"端子，以 120 r/min 的速度摇动绝缘电阻表手柄，指针指向"∞"刻度为正常；接着将绝缘电阻表的"E"和"L"端子短接，轻轻摇动绝缘电阻表手柄，指针迅速指向"0"刻度为正常；否则，该绝缘电阻表不能使用。

③将低压绕组与外壳一起短接后接地，并接到绝缘电阻表的"E"端。

④将绝缘电阻表平稳放在绝缘垫上，操作者也站在绝缘垫上，以 120 r/min 匀速摇动绝缘电阻表，待指针稳定后开始读取读数。

⑤读完数值，继续摇动绝缘电阻表，直到将高压绝缘棒所带 L 端与高压绕组分开后方可停止摇动。注意，防止损坏绝缘电阻表。

⑥用高压绝缘棒另接一根接地线，碰触高压绕组，时间不少于 2 min，以使变压器能够充分放电。

⑦填写试验记录单。

4）高压绕组对低压绕组绝缘电阻的测量。

①将图 13—1 中的低压绕组与外壳的连接线拆开，变压器外壳仍接地，绝缘电阻表的 E 端仍接低压绕组的出线端，其他接法不变。

②高压绕组对低压绕组绝缘电阻的测量过程与测量高压绕组对地绝缘电阻方法相同。

③测量完毕需对高、低压绕组充分放电。

④填写试验记录单。

5）低压绕组对地绝缘电阻的测量

①将图 13—1 中高压绕组的出线头接到变压器的外壳接地螺栓上并可靠接地，再接到绝缘电阻表的"E"端；低压绕组接到绝缘电阻表的"L"端。

②用上述测量绝缘电阻的方法测量低压绕组对地绝缘电阻。

③测量完毕放电。

④填写试验记录单。

⑤拆去短接线和屏蔽圈。

6）吸收比的测量。用绝缘电阻表按上述方法测量，分别读取 15 s 时的电阻 R_{15} 和 60 s 时的电阻 R_{60}，则 R_{60}/R_{15} 即为吸收比。试验完毕将测得数据填入记录单。

7）分析试验结果，详见本章第一节。

试验应该注意如下事项：

①试验连接导线必须绝缘良好，线间不交差，不碰触金属外壳。

②绝缘电阻表应远离强磁场，水平放置在绝缘垫上。

③每次测试完毕都必须充分放电，放电时间不能少于 2 min。

④测试及绕组对地放电时，绝缘电阻表的"L"端均要用高压绝缘棒操作。

⑤测量时，应记录变压器上层油温和气温情况，以便对测试结果进行分析。规定试验测定的变压器绕组连同套管的绝缘电阻不得低于出厂试验值的 70%，通常 20℃时 10 kV 绕组连同套管的绝缘电组不小于 300 MΩ，1 kV 以下的绕组不小于 50 MΩ。当测量温度与出厂试验时的温度不符合时，应按表 13—1 取值，或按表 13—2 进行换算。表中 K 为实测温度减去 20℃时的绝对值；A 为换算系数。

表 13—2　　　　油浸式电力变压器绝缘电阻的温度换算

K	5	10	15	20	25	30	35	40	45	50	55	60
A	1.2	1.5	1.8	2.3	2.8	3.4	4.1	5.1	6.2	7.5	9.2	11.2

查出换算系数 A 后，即可用式（13—1）或式（13—2）进行计算。

$$R_{20} = AR_t \qquad (13—1)$$

$$R_{20} = \frac{R_t}{A} \qquad (13—2)$$

式中　R_{20}——换算到 20℃ 时的绝缘电阻值，MΩ；

　　　R_t——实测温度下的绝缘电阻值，MΩ。

当实测温度为 20℃ 以上时，选用式（13—1）；当实测温度为 20℃ 以下时，选用式（13—2）。

二、泄漏电流测量

泄漏电流测试是预防性试验的基本方法之一。测量绕组连同套管一起的泄漏电流的试验原理与测量绝缘电阻相似，不同之处在于，前者试验电压较高，并可任意调节，测量结果用微安表显示，试验灵敏度、准确度都较高。所以，泄漏电流测试能更加有效地检查出绕组和套管的绝缘缺陷。读者注意这两方面的比较。

电压为 35 kV 及以上且容量为 10 000 kV·A 及以上的电力变压器，必须进行泄漏电流的测量，其他变压器不做此规定。读取 1 min 时的泄漏电流值，试验电压标准见表 13—3，泄漏电流允许值见表 13—4。

表 13—3　　　　　　　　　　泄漏试验电压标准　　　　　　　　　　kV

绕组额定电压	3	6 ~ 15	20 ~ 35	44 ~ 220
直流试验电压	5	10	20	40

表 13—4　　　　　　　　变压器绕组泄漏电流允许值　　　　　　　　μA

额定电压（kV）	试验电压峰值（kV）	温度（℃）							
		10	20	30	40	50	60	70	80
2 ~ 3	5	11	17	25	39	55	83	125	170
6 ~ 15	10	22	33	50	77	112	166	250	240
20 ~ 30	20	33	50	74	111	167	250	400	570
63 ~ 220	40	33	50	74	111	167	250	400	570

泄漏电流测试的不足之处在于它不能发现未贯通的集中性缺陷以及绝缘整体老化、游离缺陷等。

操作步骤如下：

1）按图 13—2 所示进行接线操作。

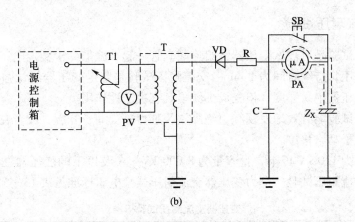

(b)

图 13—2 泄漏电流测试接线图

T1—调压器 V—电压表 T—试验变压器 VD—高压硅堆 R—保护电阻

C—滤波电容 SB—常闭按钮 Z_X—被试品 PV—电压表 PA—微安表

2）合闸通电前应检查指示仪表是否已调零，调压器是否已在零位，被试品是否已经充分放电。必须由别人仔细检查连接线路无误。

3）接通电源，将电压逐渐调升至规定试验值，按要求停留一定时间后再读取泄漏电流值，并做好记录。

4）试验过程中，若发现微安表指示值太小，则可能是实际试验电压未升至规定值，或接线有误；若发现指示针来回摆动，则可能是回路中存在反充电或者是被试品的周期性放电所致；若发现指针冲击过大，则可能是被试品出现闪络或内部放电。

5）试验完毕，将调压器退回零位，切断电源，并将被试品对地放电。

6）试验结果分析。

若被试品为电力变压器绕组，可对照表 13—4 所规定的泄漏电流允许值进行比较，得出结论。其他的被试品允许值可参阅相关的技术资料。

影响试验结果的因素主要有以下三方面：

①温度影响：温度的高低对泄漏电流测试影响最大。按规定必须将实际温度下测量的泄漏电流统一换算到 75℃时的泄漏电流值，B 级绝缘要求的被试品可按下式进行换算

$$I_{75} = I_t \times 1.6^{\frac{75-t}{10}}$$

式中 I_{75}——75℃时的换算电流，μA；

t——试验时被试品的实际温度，℃；

I_t——t℃时泄漏电流测量值，μA。

通常要求被试品温度为 30~80℃时，进行泄漏电流的测试工作。

②表面泄漏电流的影响：主要指被试品的表面脏污、受潮等因素，可采用加屏蔽环的方法来消除这一影响。

③其他影响：如仪表的测量精度差、高压导线过长或线径过小等因素对泄漏电流的影响等，均需采取相应的措施来消除。

三、交流耐压试验

交流耐压试验是对被试变压器绕组连同套管一起，施加高于额定电压一定倍数的正弦工频试验电压，持续时间为 1 min。交流耐压试验是鉴定变压器绝缘强度最有效的方法，对考核变压器绝缘强度、检查局部缺陷具有决定性作用。

交流耐压试验能有效地发现绕组绝缘是否脏污、受潮、开裂；或者在运输过程中震动引起的绕组松动、移位。

额定电压为 110 kV 以下，且容量为 8 000 kV·A 及以下的变压器在绕组大修或更换后应进行交流耐压试验。电力变压器交流耐压试验电压标准见表13—5。

表 13—5　　　　　　　　　　变压器交流耐压试验标准　　　　　　　　　　　　kV

额定电压	0.4	3	6	10	15	20	35	60	110
出厂试验电压	5	18	25	35	45	55	85	140	200
交接或大修试验电压	2	15	21	30	38	47	72	120	170
非标准试验电压	2	13	19	26	34	41	64	105	—

因为交流耐压试验在绝缘试验中属于破坏性试验（抽验），也是对绝缘进行的最后检验，所以，该项试验必须在绝缘电阻、吸收比、泄漏电流、介质损耗角正切值等非破坏性试验均合格之后才能进行。这点读者应特别注意，被试品无论是否合格均不得使用。

试验操作步骤如下：

（1）高压绕组试验　通常变压器 10 kV 高压绕组工频交流耐压试验电压选 30 kV。

1）用干净的布擦拭被试绝缘子的表面。

2）按图 13—3 所示接线，并保证接地良好。

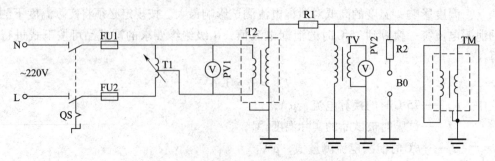

图 13—3　工频交流耐压试验接线图

QS—电源开关　FU1、FU2—熔断器　T1—调压器　PV1、PV2—电压表

T2—试验变压器　R1—限流电阻　TV—电压互感器　B0—球形放电间隙　TM—被试变压器

3）空载测试试验设备及线路是否正常，调整保护间隙的放电电压为 34.5~36 kV。

4）将变压器的低压出线端头全部短接，并接地；高压出线头也全部短接，并接到试验变压器的高压瓷套管端部。

5）将自耦调压器调至零位。

6）合上电源开关，均匀调高调压器的电压，升到 30 kV 为止，持续 1 min。然后调低电压直到零，断开电源，将被试变压器对地放电。

7）将试验结果填入试验记录单。

（2）低压绕组试验　试验电压为 4 kV。

1）高压绕组全部短接后接地，低压绕组全部短接后接试验变压器高压瓷套管的端部，其他元件接线同上。

2）按上述步骤进行试验。并将试验接果填入试验记录单。连同前面的变压器绝缘电阻和吸收比的测试结果、绕组直流电阻测量结果、变压器工频电压击穿试验结果三项一起填入表 13—6。

表 13—6　　　　　　　　　　　电力变压器试验数据记录单

6~10 kV 电力变压器试验报告					
委托单位　　　　　　　　　　　　　　　　　　报告编号					
站内编号　　　　　　　铭　牌　规　范　　　试验日期　　年 月 日					
形　式　　　　　　　　容　量　　kV·A　相数　　　天气　　温度　　℃					
额定电压　　　kV　额定电流　　A　阻抗电压　　　%　频率　　Hz					
联结组别　　　　　制造厂　　　　　厂号　　　　出厂日期　　　年 月					
试验性质　　　　　（绝缘部分）					
绝缘电阻 （MΩ）	温度　　（℃）	R_{15}		R_{60}	R_{60}/R_{15}
	一次对二次及地				
	二次对一次及地				
直流电阻 （Ω）	一次分接位置	Ⅰ	Ⅱ	Ⅲ	Ⅳ　　Ⅴ
	UV				
	VW				
	WU				
	二次　　ao		bo		co
油击穿电压	三次平均　　　　（kV）			（平均电极间隙 2.5 mm）	
工频耐压 时间　min	一次对二次及地			二次对一次及地	
	（kV）			（kV）	
结论：					
批准　　　　　审核　　　　　校阅　　　　　试验					

（3）试验分析

1）绝缘良好的变压器在交流耐压试验中不应击穿。

2）若高压侧电压表指示明显下降，表明变压器的绝缘已被击穿。

3）若试验过程中出现断续放电、冒烟、焦臭、闪络、燃烧等现象，则表明变压器绝缘存在缺陷或击穿。

（4）试验时注意以下事项：

1）高压危险，试验时应有专人负责安全。

2）升压必须从零开始，不可冲击合闸；还应避免在试验电压下直接断开电源。

3）油浸变压器注油后，应静置 10 h 以上，才能做交流耐压试验。

4）由于工频交流耐压试验的试验电压比运行电压高得多，对电气设备的绝缘有一定的破坏性，它既可使有绝缘缺陷的设备发生击穿，也可以使有局部缺陷或隐蔽缺陷的设备在高压下进一步恶化。因此，交流耐压试验又称破坏性试验。这就要求工频交流耐压试验必须在其他试验项目合格后方可进行。

四、介质损耗角正切值 $\tan\delta$ 的测量

测试介质损耗角正切值（$\tan\delta$）也是预防性试验的基本方法之一。

所谓介质损耗是指在周期性变化的交流电压作用下，绝缘材料产生的功率损耗。这种损耗的大小正比于无功电流与总电流的夹角 δ 的正切 $\tan\delta$，δ 称为介质损失角，$\tan\delta$ 称为介质损耗角正切值。测试介质损耗角正切值一般在测量绝缘电阻和泄漏电流之后测试。

测试变压器绝缘绕组的介质损耗角正切值（$\tan\delta$）是判断变压器绝缘性能的有效方法。该检查方法主要用于检查变压器是否受潮、绝缘老化、油质劣化、绝缘上附着油泥及严重的局部缺陷等。因测试结果易受外界电场、空气湿度等因素的干扰，故必须采取有效的措施来消除这种干扰所带来的误差。消除外电场干扰的措施主要有减少干扰电源、加屏蔽罩、倒相取平均值以及移动试验电源的相位等方法。

注意：新装的电力变压器交接验收时的介质损失角正切值（$\tan\delta$）不应大于出厂试验值的 1.3 倍。高压绕组的介质损耗角正切值（$\tan\delta$）标准见表 13—7。同一台变压器的中压和低压绕组的介质损耗角正切值（$\tan\delta$）与高压绕组相同。

表 13—7   变压器绕组介质损失角正切值（$\tan\delta$）的允许值   （％）

高压绕组电压等级	温度（℃）						
	10	20	30	40	50	60	70
>35 kV	<1.0	<1.5	<2.0	<3.0	<4.0	<6.0	<8.0
<35 kV	<1.5	<2.0	<3.0	<4.0	<6.0	<8.0	<11.0

试验操作步骤如下：

1）由于现场装设的电气设备大多安装在基础或地上，故通常采用图 13—4 所示的电桥反接法进行介质损耗角正切值 $\tan\delta$ 的测量。QS1 型交流电桥工作原理示意图如图 13—5 所示。

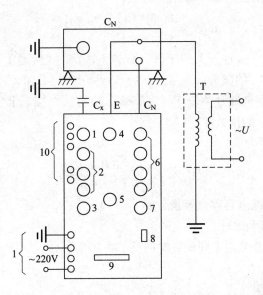

图 13—4　QS1 型电桥反接法测量介质损失角正切值 tanδ 原理示意图

1—分流计开关　2—tanδ（%）调节旋钮　3—极性转换开关 S1　4—检流计频率调节

5—滑线电阻 RP　6—R3 调节旋钮　7—检流计灵敏度调节　8—电源开关

9—检流计　10—低压法测量接线柱　11—电源接线柱

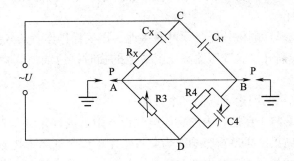

图 13—5　QSI 型交流电桥工作原理示意图

2）检查极性转换开关 S1 是否处于断开位置，tanδ（%）调节旋钮、R3 调节旋钮、检流计灵敏度旋钮等是否处于零位。

3）选择合适的分流电阻位置。一般根据被试品电容电流大小进行选择。

4）电桥调零。

5）合上电源开关，调节调压器的电压逐渐升至规定试验电压 8 ~ 10 kV。

6）反复调节 R3、滑线电阻 RP 及 tanδ（%）调节旋钮，直到电桥平衡。

7）记录此时的分流电阻 R_n、电阻 R3、滑线电阻 RP 以及 tanδ（%）的数值。

8）将检流计灵敏度开关旋至零位，断开极性开关，调低电压后断开试验电源，最后将变压器的高压端接地。

9）测量结果处理。

被试品介质损失角正切值 tanδ 的计算为：

$$tan\delta = \frac{tan\delta_1(\%) + tan\delta_2(\%)}{2}$$

式中　　$tan\delta_1$（％）——极性开关位于 "+tanδ（％）"、"接通 I" 位置时的 tanδ（％）的读数；

　　　　$tan\delta_2$（％）——极性开关位于 "+tanδ（％）"、"接通 II" 位置时的 tanδ（％）的读数。

电容量 C_x 的计算为：

$$C_x = C_N \frac{R_4(100 + R_3)}{R_j(R_3 + R_p)}$$

式中　　C_N——无损标准电容器电容量，μF；

　　　　R_4——无感电阻，Ω；

　　　　R_j——分流器开关在不同位置时的计算电阻值，Ω；

　　　　R_3——调节电阻，Ω；

　　　　R_p——滑线电阻，Ω。

试验时注意以下事项：

1）QS1 型电桥测量介质损耗有三种方法，即正接线法、反接线法和低压法。两极对地绝缘的被试品宜采用正接法，电桥本体处于低电位，操作安全，测量准确性高；对于现场安装的一极接地的被试品宜选用反接法；低压法一般只用来测量电容量。

2）反接法测量时，电桥外壳必须可靠接地，以确保操作者的人身安全。

3）试验前，应断开试验变压器高压引线上的临时接地线；试验结束断电后，应将变压器的高端接地。

4）影响测量结果的因素有以下三个方面：

①外部磁场的影响　在运行中的高压电气设备附近进行介质损耗的测量试验时，外部电磁场将对测量结果产生严重影响，为此可采用被试品远离干扰源、对被试品加屏蔽罩、移动试验电源的相位使试验电流和干扰电流的相位重合等方法来消除或减少这一干扰对测量结果的影响。

②试验电压的影响　当被试品的绝缘内部有缺陷时，其 tanδ 将随试验电压的升高而明显增加。

③温度的影响　温度对 tanδ 的影响随被时品的材料、结构等不同而不同，《电力设备预防性试验规程》规定：测量 tanδ 时试品和环境温度不得低于 +5℃，因此尽可能在 10~30℃ 的温度下进行 tanδ 的测量。

五、温度试验

温度对绝缘材料的各种性能有很大影响。在高温下绝缘材料的重要质量指标一般都变坏，特别是温度升高到一定程度时，绝缘材料会发生本质的变化。各类型绝缘材料的内部结构不同，在高温下的变化是不相同的。绝缘材料能短时或长时处于高温下，而其重要性能不受损伤的能力称为耐热性。按照材料耐受高温作用的时间分为短时耐热性（简称耐热性）和长时耐热性（即热老化寿命）。所以，绝缘材料的耐热性试验一般分为短时耐热性试验与热老化试验。

1. 耐热性测定

耐热试验要点是让被试材料的样品承受一定机械力的作用，并以一定的速度升高试样所承受的温度，以该温度作为耐热性指标。

2. 热老化试验

一般采用老化恒温箱进行。在老化过程中，经过一定的时间间隔把绝缘材料从恒温箱中取出进行性能变化测定。大多以击穿电压降到工作电压以下作为绝缘寿命告终。

第二节 复杂的倒闸操作

一、双母线倒闸操作

双母线倒闸操作的接线图如图 13—6 所示。

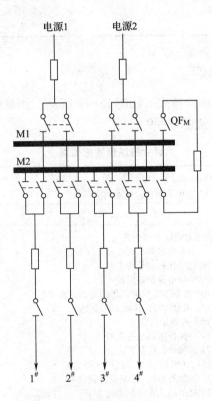

图 13—6 母线倒闸操作接线原理示意图

为了对母线进行定期检修和清扫，需将工作母线停电，进行倒母线操作，其操作票填写见表 13—8。

表13—8　　　　　　　　　　　　倒母线操作票

记号打钩	操作顺序	操作内容	操作时间
		_____年_____月_____日, 开始_____时_____分, 结束_____时_____分。	
		操作任务; 停止工作母线, 并把电源和负荷倒至备用母线上。	
		用母联断路器向备用母线充电时, 必须先投入母联断路器的继电保护装置。	
√	(1)	调整母联断路器的继电保护整定值	
	(2)	合上母联断路器, 向备用母线充电 5 min	
	(3)	对备用母线进行外部检查, 恢复母联断路器继电保护整定值	
	(4)	检查母联断路器确在合闸位置	
	(5)	取下母联断路器的直流操作熔断器	
	(6)	依次全部合上备用母线侧隔离开关	
	(7)	依次全部拉开工作母线侧隔离开关	
	(8)	放上母联断路器的直流操作熔断器	
	(9)	拉开母联断路器	
	(10)	检查母联断路器确在断开位置	
	(11)	取下母联断路器的直流操作熔断器和合闸熔断器	
	(12)	拉开母联断路器两侧的隔离开关	
	(13)	检查母联断路器两侧的隔离开关确在断开位置	
	(14)	取下电压互感器二次侧的熔断器	
	(15)	拉开停电母线的电压互感器的隔离开关	
操作人_____监护人_____班长_____			发令时间_____
值班人_____			发令人_____

二、桥式母线倒闸操作

桥式母线结构分内桥式和外桥式, 如图13—7所示。如要检修图13—7b中电流进线 WL1, 其倒闸操作票填写见表13—9。

表13—9　　　　　　　　　　内桥式母线倒闸操作票

记号打钩	操作顺序	操作内容	操作时间
		_____年_____月_____日, 开始_____时_____分, 结束_____时_____分。	
		操作任务: 切断 WL1 电源, 由 WL2 电源给两台变压器供电。	
	(1)	确定两路电源相序是否一致	
	(2)	检查 QF10 的操作电源是否正常	
	(3)	检查 QF10 的操作机构是否正常	
	(4)	调整 QF10 的继电保护整定值	
	(5)	检查 QS101 和 QS102 的操作机构是否正常	
	(6)	合上 QS101 和 QS102, 并确定已合上	
	(7)	合上 QF10, 并确定已合上	
	(8)	检查 QF11 的操作电源是否正常	
	(9)	检查 QF11 的操作机构是否正常	
	(10)	检查 QS111、QS112 的操作机构是否正常	
	(11)	切断 QF11 并检查 QF11 分闸是否到位	
	(12)	检查 QF11 处的电流表读数是否为零	
	(13)	检查 QF10 处的电流表读数是否正常	
	(14)	切断 QS111 和 QS112, 并检查是否确已分断	
操作人_____监护人_____班长_____			发令时间_____
值班人_____			发令人_____

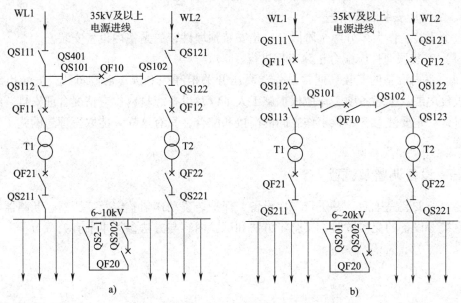

图 13—7 桥式接连的总降压变电所主电路图

a) 外桥式线路 b) 内桥式线路

第三节 5 000 kV·A 变、配电所电气安装

一、前提准备工作

首先应详细阅读施工图样，了解工程的安装位置，电缆的敷设路径和敷设方法。了解所有设备的电路图和接线图。只有在弄懂所有施工图样的基础上，才能组织安排好整个工程的施工。

二、施工组织

1. 变电所电气设备的安装

它大致包括以下内容：

（1）接地装置。

（2）基础及预埋件。

（3）变压器、高压开关柜、低压配电盘及母线的安装。

（4）所内电缆支架安装。

（5）电缆的敷设、做电缆头和连接。

（6）所内照明的安装。

（7）蓄电池组和直流屏安装。

（8）二次设备、保护装置安装。

（9）其他设备（如避雷装置、通信设施等）安装。

2．变电所安装工作阶段

整个安装工作大体分两个阶段：一是安装预埋件；二是室内设备安装。

（1）安装预埋件应配合土建工程进行。

（2）室内设备的安装　通常是先立高压开关柜和控制屏；后配母线，安装电缆支架和敷设电缆。上述各项工作应根据施工人员以及设备、材料供应情况合理安排。组织施工时，一定要注意各步骤工作之间的衔接和配合，只有这样才能取得理想的施工质量和进度。

三、设备调整及试验

变电所安装完工后，要进行二次设备、保护装置动作值整定及变压器、断路器、母线、电缆等设备的交接试验，其整定方法和试验内容与方法参见本书有关章节。